工业升级和产业创新前沿研究丛书

国家现代农业产业技术体系"中国苹果产业经济研究"(编号:CARS-28)
陕西省哲学社会科学研究专项智库重点项目:"千万工程"牵引下陕西猕猴桃业价值链提升路径研究(2024ZD465)

感知价值、政府支持与农户绿色技术采纳行为研究

GANZHI JIAZHI、ZHENGFU ZHICHI YU NONGHU LÜSE JISHU CAINA XINGWEI YANJIU

项 雯 高建中 / 著

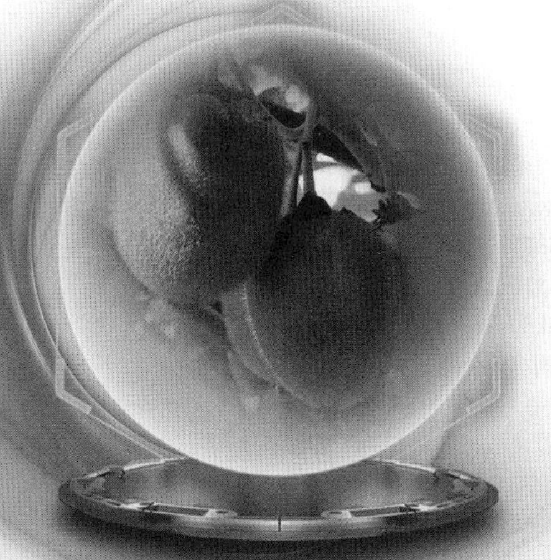

西安交通大学出版社
XI'AN JIAOTONG UNIVERSITY PRESS

图书在版编目(CIP)数据

感知价值、政府支持与农户绿色技术采纳行为研究 / 项雯，高建中著. — 西安 ：西安交通大学出版社，2025.1
(工业升级和产业创新前沿研究丛书)
ISBN 978-7-5693-3704-4

Ⅰ.①感… Ⅱ.①项… ②高… Ⅲ.①农业生产-无污染技术-研究-中国 Ⅳ.①S-01

中国国家版本馆 CIP 数据核字(2024)第 065318 号

书　　名 感知价值、政府支持与农户绿色技术采纳行为研究
著　　者 项　雯　高建中
策划编辑 杨　璠
责任编辑 杨　璠
责任校对 赵思睿　魏　萍　白　露
封面设计 任加盟

出版发行 西安交通大学出版社
(西安市兴庆南路 1 号　邮政编码 710048)
网　　址 http://www.xjtupress.com
电　　话 (029)82668357　82667874(市场营销中心)
(029)82668315(总编办)
传　　真 (029)82668280
印　　刷 西安五星印刷有限公司

开　　本 720 mm×1000 mm　1/16　**印张** 15.5　**字数** 318 千字
版次印次 2025 年 1 月第 1 版　2025 年 1 月第 1 次印刷
书　　号 ISBN 978-7-5693-3704-4
定　　价 88.00 元

如发现印装质量问题，请与本社市场营销中心联系。
订购热线:(029)82665248　(029)82667874
投稿热线:(029)82668804

前 言

党的二十大报告将“建设人与自然和谐共生的现代化”上升到“中国式现代化”的内涵之一，再次明确了新时代中国生态文明建设战略任务的总基调是推动绿色发展，促进人与自然和谐共生。然而在过去的几十年里，传统农业生产种植模式较为粗放，存在大量的资源浪费与生态破坏问题，事实验证了以牺牲环境为代价的经济发展模式是不可持续的。中央一号文件多次指出，要实现从高投入、高产出的集约化农业向高产、高效、高质绿色农业的转变，协同推进降碳、减污、扩绿、增长。绿色生产技术具有经济和环境的双重价值，能够在充分保证农产品安全和品质的同时，实现农业生产增收节支、优化产业结构以及降低农业面源污染。但是，在绿色生产技术实施过程中，农户存在采纳意愿不均衡、实际采纳率和持续采纳率偏低并且实际采纳行为与采纳意愿之间存在一定偏差等问题。

农户行为决策是外部影响因素和内部影响因素作用叠加的产物。感知价值与政府支持为农户绿色生产技术采纳行为的研究提供了全新的视角。感知价值是基于个体对感知到的收益和成本权衡后的综合评价，农户会根据自身对绿色生产技术的感知价值而做出相应的行为决策。同时，绿色生产技术具有正外部性，需要政府通过有效的政策宣讲、技术推广和生态补贴等方式降低农户采纳新技术的进入门槛。因此，本研究主要进行了以下方面的探索：感知价值对农户绿色生产技术采纳行为的影响路径是什么；政府支持是如何影响农户绿色生产技术采纳行为的；感知价值和政府支持二者之间又是如何共同作用于农户绿色生产技术采纳行为决策的制定；采纳绿色生产技术具有何种效应。对于上述问题的研究，找寻政策着力点并据此制定相应的措施，将有助于引导农户生产种植行为趋向绿色化。

本书以计划行为理论、农户行为理论、市场失灵理论、外部性理论和信息不对称理论为指导，基于眉县、周至县、武功县和杨陵区 1138 户猕猴桃种植户的微观调研数据，归纳总结了样本区内猕猴桃种植户绿色生产技术采纳行为的现状以及存在的问题。在对感知价值和政府支持进行测度的基础上，采用 Heckman 样本选择模型、二元 Probit 模型、二元 logit 模型、OLS 模型、Order Probit 模型、PSM 模型和中介效应模型等，实证检验了感知价值和政府支持对农户绿色生产技术采纳行为的影响，同时有针对性地提出了促进农户采纳绿色生产技术的政策建议，对实现农业的可持续发展具有重大理论和现实意义。本书得到以下研究结论。

(1)猕猴桃种植户绿色生产技术采纳行为现状和问题分析,研究发现:

第一,对于不同绿色生产技术,农户采纳意愿占比序次为:有机肥替代技术→绿色病虫害防治技术→节水灌溉技术;农户实际采纳行为占比序次为:有机肥替代技术→绿色病虫害防治技术→节水灌溉技术;农户持续采纳行为占比序次为:节水灌溉技术→有机肥替代技术→绿色病虫害防治技术。

第二,分别有51.93%和49.29%的农户认为采纳绿色生产技术可以提高直接收入和间接收入,有66.08%和23.02%的农户认为采纳绿色生产技术可以缓解农业污染和提高社会地位。

第三,目前猕猴桃种植户在绿色生产技术采纳行为中存在的问题主要有:对不同种类技术的采纳意愿不均衡、持续采纳率偏低、实际采纳行为与采纳意愿之间存在偏差。

(2)感知价值与政府支持的测度及特征事实分析,研究发现:

第一,在感知价值变量中,农户的感知价值主要以自身利益为出发点,并且对感知货币收益和感知货币成本更为敏感。对于高层次的归属感、尊重感和自我实现价值的感知相对较低。

第二,在政府支持变量中,农户获得支持的比例序次为:政策宣传→农技推广→情感关心→生态补贴→情感尊重。

(3)感知价值、政府支持对农户绿色生产技术采纳意愿的影响分析,研究发现:

第一,感知价值、政府支持对农户绿色生产技术的投资意愿以及意愿投资金额具有显著正向影响。同时,政府支持水平每提升1个单位,则感知价值对投资意愿的影响将提高39.6%,对农户绿色生产技术意愿投资金额的影响将提高35.4%。

第二,感知价值、政府支持对农户绿色生产技术的投劳意愿以及意愿投劳天数具有显著正向影响。同时,政府支持水平每提升1个单位,感知价值对投劳意愿的影响将提高58.6%,对农户绿色生产技术意愿投劳天数的影响将提高50.8%。

第三,通过分样本分析方法,将样本区猕猴桃种植户划分为老龄组和年轻组,对研究结果进行了稳健性检验。

(4)感知价值、政府支持对农户绿色生产技术采纳行为的影响分析,研究发现:

第一,感知价值对农户绿色生产技术采纳行为具有显著的影响。感知货币收益和感知非货币收益对农户绿色生产技术采纳行为具有显著的正向影响。相反,感知货币成本和感知非货币成本对农户绿色生产技术采纳行为具有显著的负向影响。

第二,政府支持对农户绿色生产技术采纳行为决策具有正向提升作用。情感支持(情感关心和情感尊重)和工具支持(政策宣传、农技推广、生态补贴)对农户绿色生产技术的持续采纳行为具有显著的正向影响。

第三,工具支持在感知货币收益对农户绿色生产技术采纳行为影响中起正向调节作用,在感知货币成本对农户绿色生产技术采纳行为影响中起负向调节作用。情感支持在感知非货币收益对农户绿色生产技术采纳行为影响中起正向调节作用,在感知非货币成本对农户绿色生产技术采纳行为影响中起负向调节作用。

第四,为了克服主观变量之间双向因果关系所带来的潜在内生性问题,本研究选择“村书记年龄”作为工具变量进行内生性分析。同时,在运用 OLS 模型对整体样本进行稳健性分析的基础上,通过重新计算农户感知价值变量值,采用二元 logit 模型对研究结果做了进一步的稳健性检验。

(5)感知价值、政府支持对农户绿色生产技术持续采纳行为的影响分析,研究发现:

第一,感知价值对农户绿色生产技术的持续采纳行为具有显著的影响。感知货币收益和感知非货币收益对农户绿色生产技术的持续采纳行为有显著的正向影响。相反,感知货币成本和感知非货币成本对农户绿色生产技术的持续采纳行为有显著的负向影响。

第二,政府支持及各维度对农户绿色生产技术的持续采纳行为具有显著的正向影响。

第三,工具支持在感知货币收益与绿色生产技术持续采纳行为影响中起正向调节作用,在感知货币成本与绿色生产技术持续采纳影响中起负向调节作用。情感支持在感知非货币收益与绿色生产技术持续采纳行为影响中起正向调节作用,在感知非货币成本与绿色生产技术持续采纳行为影响中起负向调节作用。

第四,为了克服主观变量之间双向因果关系所带来的潜在内生性问题,本研究选择“村书记年龄”作为工具变量进行内生性分析。同时,在运用 OLS 模型对整体样本进行稳健性分析的基础上,通过随机抽取 85%的样本农户,采用二元 logit 模型对研究结果做了进一步的稳健性检验。

(6)农户绿色生产技术采纳效应评价分析,研究发现:

第一,采纳绿色生产技术具有显著的经济效应(增加绝对收入和增加相对收入)、生态效应(减轻农业污染)和社会效应(提高社会地位)。

第二,采纳绿色生产技术对农户幸福感有显著的正向影响。采纳绿色生产技术农户的幸福感比不采纳绿色生产技术农户的幸福感高 28.6%,并且采纳的技术种类越多,农户的幸福感就越高。采纳节水灌溉技术、绿色病虫害防治技术、有机肥替代技术均可以有效地提高农户的幸福感,三种不同的绿色生产技术对农户幸福感影响的边际效应分别为 30.3%、19.8% 和 27.4%。通过进一步的异质性分析,本研究发现采纳绿色生产技术对不同人力资本、自然资本、经济资本和社会资本的农户幸福感的影响不同。

第三，农户采纳绿色生产技术可以通过增加绝对收入、增加相对收入、减轻农业污染和提高社会地位四条路径影响农户的幸福感，中介效应分别为11.3%、24.2%、25.6%和23.5%。

第四，通过替换被解释变量、部分样本中介效应再分析法进行稳健性检验。同时，选择倾向得分匹配法（PSM）以降低样本选择偏差，解决自选择和内生性问题。

根据上述研究结论，本书提出了以下针对性的对策建议：优化绿色生产技术政策宣传体系；完善农业技术推广服务机制；增大生态农业补贴力度和效度；切实满足农户情感反馈需求；创新市场体制，有效提升农户收入；完善农村治理体制，大力推动农户社会地位的提升。

本书研究获财政部和农业农村部国家现代农业产业技术体系“中国苹果产业经济研究”（编号：CARS－28）和陕西省哲学社会科学研究专项智库重点项目：“千万工程”牵引下陕西猕猴桃产业价值链提升路径研究（2024ZD465）支持。

作　者

2024年7月

目 录

第1章 导 论

1.1 研究背景

农地是民族生存、经济发展的根基，主要承担着生产供给职能、社会保障职能与生态景观职能（邱敏 等，2022）。随着农业生产资料的日益增加，通过实施家庭联产承包责任制，我国的农村经济取得了历史性的成就（康晓梅，2015）。中国的农地资源仅仅约占全世界的9%，却成功地利用有限的资源养活了占世界人口约21%的人口量。在“人多地少”的背景下，以提高农业生产效率为主要诉求的前提下，大量使用化学物质成为增产的主要方法（陈雷，2012）。基于我国农村经济的鲜明特征——小农经济，大多数农户很少主动减少农药化肥等环境有害要素的投入使用，仅仅将实现提高农业土地单产作为传统生产的重要目标之一（苗建青，2011）。农户倾向于使用价格便宜且见效快的有毒化肥和农药。即使是低毒性的化肥和农药，在农业生产中也普遍存在被过量使用的现象（Jardim et al.，2012；Li et al.，2020；Soares et al.，2009）。农户不懂得生态环境和农业可持续发展的重要性，才会采取这些不合理的土地利用方式和不适当的农业实践活动（孟凡杰 等，2020）。

原有的高投入、高产出、高污染的传统农业种植方式严重破坏了农业生态环境，制约了我国农业的可持续发展，危害了人民的生命健康（陈雨生 等，2016）。农业生产中长期过量和不恰当使用化肥、农药，导致农业耕地、水资源和大气环境污染严重并且农产品安全事件频繁发生（牛善栋 等，2021）。其次，农户长期使用农药和化肥的高毒性，以及农药和化肥施用过量和施用结构的不合理，令人担心它们对人类健康和环境产生的一系列不利影响（Wang et al.，2015）。例如农业种植的成本增加、农药和化肥利用率下降、农产品质量下降、土壤板结、肥力下降，水体富营养化等（韩洪云 等，2011）。此外，不规范地使用农药和化肥以及缺乏相应的保护措施对农户的皮肤健康、呼吸系统健康等也存在着显著的负面影响（王志刚 等，2009）。化肥农药已由过去农作物“保量”的工具转变为新时代背景下影响农产品质量安全、生态环境安全与农业生产安全的“罪魁祸首”之一(高杨,2019)。

农业面源污染加剧了人与自然的矛盾,危及子孙后代的利益,不利于整个社会经济的可持续发展(张复宏 等,2017;李雪娇 等,2018)。农业经营具有不变规模报酬的特征,并且农业在生产过程中带来了环境的负效应,这种“双重负外部性”不仅产生了水土资源污染和环境破坏,也产生了食品质量安全问题(胡平波 等,2019)。“以环境换经济”的方式加剧了污染状况,付出了不菲的生态环境代价,我国的生态环境亮起“红灯”(丁鹏程 等,2019)。在以 GDP 为核心的政绩考核体系推动下,部分地方政府以牺牲环境作为推动经济增长的重要动力(左翔 等,2016)。空间滞后模型实证检验说明了环境污染与经济增长之间存在倒 U 形关系,环境污染存在显著的空间自相关性(胡宗义 等,2017)。社会经济发展取得了长足的进步,大幅度改善了人们的生活条件,但是这样的发展不能以破坏资源作为代价。农村环境问题日益加重,环境污染已经成为民生之患、民心之痛,成为全面建成小康社会的突出短板(陈吉宁,2016;刘兆征,2009)。因此,我国农业必须通过转型升级才能实现全面绿色发展,从而破解农业生态与经济发展之间的矛盾(韩长赋,2010)。转变农业经济发展方式是发展转型的必然选择,是贯彻落实科学发展观的根本要求,是乡村振兴战略目标达成的有力支持。

另一方面,国际农产品市场竞争激烈。当产品被认为不够环保时会出现贸易壁垒的情况,这使得我国农业必须进行结构调整和模式转变(于法稳,2018)。因此,不能再采用以往的手段增加农业产量,而是需要采用更加可持续和变革性的绿色技术来提高农产品质量。绿色农产品以安全和优质的特性,越来越得到国际组织以及多个国家政府的支持。究其原因,农产品生产的绿色化不仅有利于保护农业生态环境,并且从长远来看,其兼顾农业可持续发展,代表未来农业发展的主要方向,还具有较为明显的经济功能(尹世久 等,2008)。因此从这个角度也说明我国长久以来以粗放型、资源依赖型为基本特征的传统经济发展模式的转变势在必行。在此背景下,发展绿色农业成为统筹协调经济增长与生态环境的必然选择(于法稳,2016)。绿色农业有助于协调环境保护和农业生产活动之间的关系。通过减少化肥、农药施用量和灌溉投入强度,建立耕地生态保护补偿机制等方式,可以在增加农业产出的基础上,优化耕地功能的协调性,实现有效利用资源、积极保护生态环境、保障农产品质量安全、促进农民增收的目标(孔祥斌,2020)。

有资料显示,实施相关治理政策和采纳绿色生产技术能够有效降低农业面源污染物排放量。这说明,农业经济增长与环境质量相互协调是可以实现的(葛继红 等,2011)。解决农业面源污染的核心关键是采纳无污染、高附加值的绿色生产技术。农户作为农业生产的微观主体,是农业生产的基础核心环节,也是农业污染产生的源头(黄京 等,2021)。坚持以人民为中心的发展理念在农村污染治理工作中自然地体现为坚持农民主体性(潘坤 等,2018)。因此研究影响农户绿色生产技术采纳行为的机制对于改善农业面源污染将会大有裨益。观察他们采纳绿色生产技术的意愿和行为,可以为促进农业经济的可持续发展提供线索和必要的建议。要从根本上解决农业污染和农产品安全问题,需转变种植微观决策主体——农户的生产观念(谢依林 等,2021)。而能否正确地引导农户进行绿色生产,关键在于能否抓住农户从事绿色生产的核心心理需求——收益与成本。生产者会根据其获得的生产经营信息合理安排农业生产活动,以使其利润最大化。农业绿色生产能否为农户带来经济和非经济的综合效益是农户进行绿色生产意愿和行为决策的关键。“最小成本获得最大收益”的感知价值程度是农户采纳绿色生产技术的原始动力。

发展绿色农业也引起了政府部门的高度关注。2015 年,农业部相继出台《关于打好农业面源污染防治攻坚战的实施意见》《到 2020 年化肥使用量零增长行动方案》《到 2020 年农药使用量零增长行动方案》《全国农业可持续发展规划(2015—2030 年)》。2017 年中共中央办公厅、国务院办公厅印发的《关于创新体制机制推进农业绿色发展的意见》明确指出:“推进农业绿色发展,是贯彻新发展理念、推进农业供给侧结构性改革的必然要求,是加快农业现代化、促进农业可持续发展的重大举措。”随后,在《农业部关于实施农业绿色发展五大行动的通知》中,提出了实现这些转变的五大行动路线图。2020、2021、2022 年的中央一号文件均指出,要深入推进化肥农药零增长行动,开展有机肥替代化肥试点,促进农业节本增效。并且把农业节水作为方向性、战略性大事来抓,规模实施农业节水工程。要加强农业面源污染防治,开展农业绿色发展行动,实现投入品减量化、生产清洁化、废弃物资源化。推进有机肥替代化肥、畜禽粪污处理、农作物秸秆综合利用、废弃农膜回收等。在《农业部关于实施农业绿色发展五大行动的通知》中,明确提出深入实施农业绿色生产五大行动,其中包括果菜茶有机肥代替化肥行动、东北地区秸秆处理行动和农膜回收行动等。2020 年 3 月,国家发展改革委和司法部共同印发了《关于加快建立绿色生产和消费法规政策体系的意见》。2020 年,党的十九届五中全会通过的《中共中央关于制定国民经济和社会发展第十四个五年规划和二〇三五年远景目标的建议》中提出要持续改善环境质量,这是党中央深刻把握我国生态文明建设及生态环境保护形势,着眼美丽中国建设目标,立足满足人民日益增长的美好生活需要作出的重大战略部署(孙金龙,2021)。可持续的生态文明建设推动中国人民转向绿色的生活方式和生产方式,让子孙后代享受富裕的生活和清洁的自然资源。生态文明建设是关系中华民族永续发展的千年大计,必须树立和践行“绿水青山就是金山银山”的理念,形成绿色发展方式和生活方式,坚定走生产发展、生活富裕、生态良好的文明发展道路,为人民创造良好生产生活环境作出贡献(逄锦聚,2021)。

我国社会主义市场经济体制有利于对生产要素的有效配置，但是对于农业的绿色发展，市场经济往往是失灵的（严法善，1998）。绿色农业是基于生态学原理，从可持续发展道路出发，以科技环保技术为支撑，集保护生态环境、发展农业生产为一体的经济模式（刘濛，2013）。但是农户采纳绿色生产技术时存在外部性和信息不对称，其环境效益由生产活动以外的其他人享有，农户很难切实享受到其所产生的效益。因此，农户对采用生态技术缺乏积极性，不愿意主动采纳。经济学市场失灵理论认为，由于农业的公共产品属性，农业绿色转型需要付出的代价不应该让普通农户来承担，而应该由国家在绿色农业转型过程中发挥积极主导作用（胡鹏辉 等，2014；龙冬平 等，2015）。不论出于经济原因还是社会原因，私营组织并不愿意承担所有农业绿色生产技术的技术推广和资金等支持，因此政策信息的传播、专业技术的培训活动、环保处罚和补贴、构建施用农药化肥以及节水灌溉的标准和政策等应始终在政府工作部门的责任范围内，是政府部门切实要履行的主体责任（杜志雄，2015）。政府支持对"绿色"发展具有相当程度的拉动效应（高翠云 等，2020）。政府的职责是制定绿色农业的发展规划、规范资源配置、完善和优化环境保护补助政策和操作机制、提高绿色农业技术推广的深度和广度、优化和创新绿色发展环境及体制、促进整个农业产业的绿色化（李宏岳 2017；李周，2018）。实证研究发现，政府提高技术培训、加大政策宣传教育和实施激励政策均能够更有效地引导农户采取绿色种植方式（黄祖辉 等，2016）。此外，如果财政自给能力比较弱的地区重视环保投入，经济发达地区加大环境监管，那么政府的环境保护补贴和项目支出行为、环保法治行为以及环保监督管理行为将对促进农户绿色生产技术采纳起到举足轻重的作用（张平淡，2018）。因此，从上述分析视角，探寻政府支持对促进农业绿色发展的有效路径具有重要的理论意义与实践价值。

猕猴桃也被称作奇异果，是维生素 C 含量非常高的水果之一，被誉为维生素之王。我国居于世界猕猴桃生产大国之列，但距离猕猴桃生产强国尚有一定差距。猕猴桃的适宜种植区主要分布于四川中东部、重庆中西部、贵州高原、湘西南和陕西秦岭北麓（屈振江 等，2017）。贺文丽等（2011）利用陕西关中地区近 30 年的气候资料，以年平均气温、无霜期、年降水量作为区划因子，采用 GIS 技术及模糊综合评价方法，判定关中猕猴桃适宜区主要分布在秦岭北麓至渭河北岸 29 县（区、市）海拔 1200 m 以下。陕西的秦岭北麓属于优质的猕猴桃适栽区，土壤、光照、温度、湿度等均适宜猕猴桃生长，因此陕西省成为目前我国猕猴桃种植面积较大的省份之一。迅猛发展的猕猴桃产业，成为振兴秦岭北麓果业经济和实现农民增收的重要支柱产业，但也面临猕猴桃种植户对果园栽培管理水平较低、农户缺乏环境保护的意识、节水灌溉技术采用率低、对化肥农药的依赖度较高等问题。这些问题不但对猕猴桃品质的提升产生了不利的影响，而且造成了一系列潜在的环境风险（姜雅莉 等，2007；同延安，2011）。而邻近陕西省的四川省猕猴桃产业发展势头正盛，已经形成工商资本自建基地、龙头企业、家庭农场、合作社带动农户，以及公司和合作社共同带动农户等模式（张红宇 等，2014）。猕猴桃绿色生产技术对管理水平要求较高，但明显陕西省部分地区目前的生产管理技术尚不够成熟，达不到与之相匹配的水平（汤荣丽 等，2011）。例如，李晓红（2010）通过对陕西省猕猴桃产业的现状分析，发现存在优质猕猴桃果品率低、违规使用膨大剂以及农药化肥施用不合理等问题。戴薇和张博（2012）根据陕西省周至县实地调研情况，提出科技含量低、销售渠道单一和政府支持力度不够等是猕猴桃产业发展中的主要制约因素。王清清和郑少锋（2017）利用DEA模型和Tobit模型分析了陕西省猕猴桃种植户的技术效率，发现影响技术效率的主要因素是灌溉投入、肥料投入、农药投入等要素的冗余。如果采用测土配方施肥、物理绿色防控技术、化肥农药减施增效技术，猕猴桃的平均产量可以得到有效的增加，并大大地提高果实的品质和商品性。由此可见，陕西省猕猴桃的种植现状是，猕猴桃种植户片面追求产量，生态环保和可持续发展意识缺乏。大部分种植户不愿意或没有条件采用有机肥、病虫害防治技术和节水灌溉等绿色种植技术，导致猕猴桃没有大面积产业化地向绿色农产品领域进军，无法获取绿色农产品的高附加值，严重影响了提高果品质量、增加果农收益和规范猕猴桃产业绿色发展。

综上所述，农户绿色生产技术采纳行为直接关乎农业绿色发展，关乎乡村产业振兴（马千惠 等，2022）。探析乡村振兴战略背景下农户绿色生产行为特征及其影响因素，对于科学制定乡村振兴政策、加快推进农业供给侧结构性改革具有重要意义（高昕，2019）。深化改善环境质量是新时期人民群众最迫切、最常态的需求。在如今“绿色发展”的引领下，本研究基于猕猴桃种植户对绿色生产技术的内在感知价值和外在政府支持两大关键因素，从双重视角出发，深入探讨几个重要问题：农户对绿色生产技术的感知价值是否会影响农户的采纳意愿和采纳行为？影响的机理是什么？政府支持是否会影响农户绿色生产技术采纳意愿和采纳行为？影响的机理又是什么？政府支持在农户感知价值对农户绿色生产技术采纳意愿和采纳行为影响中是否存在调节效应？而农户采纳了绿色生产技术后可以实现何种效果呢？针对这几个问题的研究，以期对促进农业绿色发展、改善农业面源污染提供有益的启示和决策参考。

1.2 研究目的与意义

1.2.1 研究目的

在农业生态环境日益恶化、食品安全问题频发的背景下，农业绿色发展已成为中国乃至全球农业经济发展的主导方向。本文根据计划行为理论、农户行为理论、市场失灵理论、外部性理论和信息不对称理论，基于微观农户视角，采用眉县、周至县、武功县和杨陵区猕猴桃种植户的样本数据，在对感知价值和政府支持进行测度的基础上，利用相关定量模型分析方法，探析感知价值和政府支持对农户不同绿色生产技术采纳行为影响的内在机理和影响路径，进而探寻优化农户绿色生产技术采纳行为的有效机制，以期促进农业绿色转型、实现农业可持续发展。通过本课题的研究，拟达到以下四个具体目标：

(1)理论分析方面。结合国内外研究文献，基于计划行为理论、农户行为理论、市场失灵理论、外部性理论和信息不对称理论，按照“绿色生产技术采纳意愿—采纳行为—持续采纳行为—采纳效应评价”的逻辑思路，诠释感知价值和政府支持对农户绿色生产技术采纳行为影响的作用机理和理论分析框架。

(2)揭示现状和问题方面。依据样本区域内猕猴桃种植户的一对一入户调查数据，梳理农户绿色生产技术采纳行为决策的现状，挖掘和提炼农户绿色生产技术采纳意愿、采纳行为决策和持续采纳行为决策中存在的现实问题。

(3)实证分析方面。深入阐述感知价值、政府支持、农户绿色生产技术的基本内涵，构建农户感知价值和政府支持的指标体系，根据微观实地调查数据，测度感知价值和政府支持的程度并描述其基本特征。按照“绿色生产技术采纳意愿—采纳行为—持续采纳行为—采纳效应评价”的逻辑思路，构建相应的计量经济模型，实证分析感知价值和政府支持对农户绿色生产技术采纳行为的影响，同时揭示政府支持在感知价值对农户绿色生产技术采纳行为影响中的调节作用。

(4)结论与建议方面。一方面从微观层面探究如何提高农户绿色生产技术的感知收益，降低感知成本，充分调动农户采纳绿色生产行为的积极性。另一方面探究如何推动绿色农业政府支持体系建设、开辟农户采纳绿色生产行为的现实路径，为促进农业绿色发展，为相关部门的政策制定提供参考和依据。

1.2.2 研究意义

1.2.2.1 理论意义

(1)有助于拓展和深化感知价值的理论内涵。通过梳理和归纳感知价值的相关代表文献与观点，结合调研区域的实际状况，厘清农户感知价值的定义和形成机理。基于农户对绿色生产技术的“感知货币收益、感知非货币收益”和“感知货币成本、感知非货币成本”权衡下的“感知价值”视角开展研究，运用因子分析法测度感知价值的总体和各维度，并实证研究感知价值对农户绿色生产技术采纳行为的影响。本书不仅搭建了一个全新平台，还建构了一个全新视角，是对以往农户生态行为感知价值研究领域的有益补充，具有重要的理论价值。

(2)有助于拓展和深化对农户行为意愿和行为决策的研究。通过农户问卷调查数据，运用内部因素感知价值和外部因素政府支持双重视角，定性和定量阐明感知价值和政府支持对农户绿色生产技术采纳行为的影响机制和影响路径。力图丰富绿色生产技术研究的全面性，为农户行为研究提供新的思路，弥补可能存在的不足。

(3)有助于拓展和深化绿色生产技术采纳行为效应评价。本研究分析了采纳绿色生产技术的经济效应(增加绝对收入和增加相对收入)、生态效应(缓解农业污染)、社会效应(提高社会地位)。同时通过中介效应分析研究了采纳绿色生产技术通过增加绝对收入、增加相对收入、缓解农业污染、提高社会地位四个中介变量对幸福感的影响机制。进一步拓宽了视野，改变了已有研究仅从生态效应和经济效应两个维度研究农户绿色生态行为效应的现状。

1.2.2.2 实践意义

(1)有利于政府建立绿色生产技术支持机制。本文从农户的视角出发，关注农户采纳绿色生产技术时政府支持的影响机理。研究结论可以为构建职责清晰、各负其责、合力推进的政府支持体系提供理论依据和专业建议。通过分析现状，针对核心环节和存在的重点问题，制定相应的方针政策和部署，完善运行机制，为其他地区推进农业绿色转型提供依据和参考，对推动绿色农业改革扩面、提速和集成具有重要的现实指导意义。

(2)有利于全面落实耕地保护责任，扎实推动乡村振兴。本研究有利于探索一条促使农业绿色化的可行路径，为引导并推进农户积极采纳绿色生产技术提供有效支持，为乡村振兴战略下的农业绿色生产转型提供决策参考和研究支持。另一方面，有助于树立大食物观，深化农业供给侧结构性改革，确保绿色农产品的有效供给。

(3)有利于增强农户转型绿色农业生产内生发展动力。绿色农业生产方式是通过农户采纳相应的绿色生产技术，实现保护生态环境、提高资源利用率、保障农产品质量安全和获得经济收益等多重目的。基于实地微观调研数据，本研究通过理论分析和实证分析研究了采纳绿色生产技术的经济效应、生态效应和社会效应。幸福是人类追求的终极目标之一，本文进一步研究了采纳绿色生产技术对农户幸福感的影响，以及经济效应、生态效应和社会效应在其中的中介作用。研究结论可为绿色农业生产相关政策的制定与完善提供决策支持依据，为促进农业农村绿色发展并建立长效机制提供理论参考。同时，进一步促进农户的生活更上一层楼，为转型绿色农业生产迸发内生发展动力。

1.3 国内外文献综述

本文遵循农户“绿色生产技术采纳意愿—采纳行为—持续采纳行为—采纳效

应评价”的研究框架，主要基于感知价值、政府支持、绿色生产技术采纳行为、绿色生产技术采纳效应评价的相关研究开展文献综述。

1.3.1 关于感知价值的相关研究

关于感知价值的研究，目前研究内容较为丰富。结合本研究内容，主要从感知价值的概念与维度、感知价值模型、感知价值的测度和感知价值与农户行为四个方面进行综述。

1.3.1.1 感知价值的概念与维度

哈佛大学教授迈克尔·波特(Michael Porter)1985年提出了价值链理论，他认为每一个企业都是在设计、生产、销售、发送和辅助其产品的过程中进行种种活动的集合体(陈小悦，2005)。所有这些活动可以用一个价值链来表明，通过有效管理组成价值链的内部活动，可以创造竞争优势。随后学者们将研究视角从企业内部转向外部，深入研究顾客价值的内涵，由此产生了感知价值的概念，有效克服了波特价值链理论的一些不足与局限性(裴正兵，2017)。感知价值是一个相对抽象的概念，最早起源于20世纪80年代，在企业形成核心竞争力及预测顾客购买行为方面起到了至关重要的作用(Bolton et al.，1991)，长期在经济学研究中备受关注。国内外学者从多个角度对感知价值进行诠释。梳理相关文献发现，学术界主要从权衡观点、多因素观点两个方面来对其进行定义。

1. 权衡观点

权衡观点是个体在购买产品或接收到服务后，对于自己所感知到的收获和付出进行比较后的结果，感知收获是产品或服务本身属性带来的实用价值，感知付出是为了获得产品或服务所付出的成本，包括经济、时间和相应的努力等。Zeithaml(1988)最早研究感知价值的概念，他认为感知价值是顾客在选择一项产品或者服务的时候，对感知到的利益和所付出的成本进行权衡后的总体感知，这一定义为后续研究奠定了坚实的基础。Parasurama(2000)继承Zeithaml的观点，认为感知价值是消费者对产品或者服务效用进行评估后，形成的感知得到与感知失去的认知，这一价值具有强烈的个人主观性，并不代表产品或服务本身的客观价值。同样，Berry(2000)和Ravald et al.(1996)也提出了感知价值是消费者消费产品或服务时的主观认知，是对产品本身效用的总体评估所形成的感知利得与感知利失。国内学者白长虹和廖伟(2001)也认同感知价值是感知利得与感知利失间的权衡。由此可见Zeithaml提出感知价值由感知收益和感知成本构成得到了大量学者的认同，之后又有学者对感知价值进行了进一步的探索和研究。

那么权衡后如何得到个体总的感知价值呢？感知价值是期望属性与利失属性间的权衡，是顾客在产品或服务的整个过程中的投入和所得满足原本期望程度的综合评价。Monroe（1991）认为感知价值是感知收益与感知成本的比值，而 Kotler(1997)认为感知价值是用户感知到的利益与付出成本的差值，其中感知利益包括产品、服务、人员和形象价值，而感知成本则由货币、时间、体力和精神成本所组成。除了顾客与卖家的角度，也有学者从供应商的角度展开研究。Flint et al.（1997）认为感知价值是顾客对供应商为自己带来价值的综合评价，是基于对所有相关消费产品或服务的利益和支出成本的比较和权衡。

Gronroos(1997)的研究认为，感知价值可以用公式表示为：

感知价值＝（情景利益＋关系利益）/（情景牺牲＋关系牺牲）

感知价值＝（核心解决方案＋附加服务）/（价格＋关系成本）

感知价值＝（核心价值＋附加价值）

2. 多因素观点

多因素观点认为将感知价值简单地认为是收获和成本的比较是不够完善的。感知价值是个体对于产品或服务在接触过程中亲身体验后做出的多维度评价，应该是具有情境性的评价，是使用的前、中、后各个环节的一个整体的感知过程，会根据不同的产品或服务产生不同维度的感受。Sheth et al.（1991）认为感知价值是由社会价值（societal value）、功能价值（functional value）、认知价值（epistemic value）、情感价值（emotional value）和情景价值（conditional value）组成的。Holbrook(1994)认为消费者是通过功利性和体验性两个维度对商品或服务进行价值的判断。Babin et al.（1994）认为感知价值是由功利主义与享乐主义两个部分的利益构成。Sweeney et al.（2001）在研究消费者对耐用消费品的价值感知时提出了情感维度、社会维度、价格维度和质量性能维度四个感知的维度。范秀成（2004）进一步研究了顾客感知价值的概念，提出顾客感知价值的功能价值，情感价值和社会价值。崔登峰和黎淑美（2018）在研究特色农产品时，从功能价值、情感价值、社会价值以及区域价值四个维度来评价顾客对于特色农产品的感知价值。袁人杰和袁勤俭（2021）在研究信息系统中的感知价值时，运用了感知价值驱动因素、信息系统用户行为、信息系统用户满意度和忠诚度三个维度对感知价值进行全面的分析。

通过文献回顾发现，目前感知价值的研究越来越受到学者的重视，但在其概念上还没有达成统一的认识。权衡评价角度是在单一维度进行权衡，多因素评价角度则由更丰富的维度组成。但是权衡观点忽略了现实情况的复杂性，多因素观点虽然全面，但过于细分的维度也会降低研究的可操作性。

1.3.1.2 感知价值模型

1.层次理论模型

Woodruff(1997)认为感知价值总共分为三个层次,提出了层次理论模型。他认为个体对产品或服务的感知价值取决于发生在什么样的消费情境中。第一层次是通过产品或服务这一媒介的具体属性和效能,顾客感知到的价值,也就是顾客具体消费目标的实现。第二层次不再是产品或服务的本身属性,而是消费者对产品或服务本身的期望,希望能够从中满足其目标和意图。在这一层次中,感知价值是消费者对产品或服务可能带来的价值的评价,并且消费者会从多个方面进行价值评估,而这一评价会随着情境的变化而产生变化,具有一定的主观性和动态性。第三层次是顾客购买前的预期和使用后的所得之间的对比,根据前两层的产品或服务的属性和感知进行权衡与比较得出满意或不满意的感觉,进而形成的感知价值。感知价值是与产品或者服务的使用紧密联结在一起的,是消费者在综合比较感知利得与感知利失之后的一种主观心理评价,不同消费者对于同一产品或服务的感知价值存在差异,即便同一消费者在不同的时期和环境对同一产品或服务的感知价值也会不相同(毕素梅 等,2004)。

2.权衡模型

感知价值通常来源于行为前预期和行为后结果之间的权衡和比较(Khan et al.,2017)。预期和结果主要包括产品或服务的质量、金钱的收益、情感满意度以及机会成本等(Kim et al.,1997;Zhang et al.,2020)。也就是说,权衡模型的研究基础是感知利得和感知付出会直接影响个体的行为意愿,行为的决策是对产品或者服务感知收益与感知成本之间进行权衡后得出的结论(Jagdish et al.,1991)。其中,感知利得是指个体对某一产品或者服务所获得的所有利益。感知利失是指个体对某一产品或者服务的所有付出,该付出可以是时间、精神、体力、货币、机会成本、风险。这些收益和付出可能是货币化的,也可能是非货币化的。因此,感知价值的大小就取决于感知收益和感知损失之间的关系形成的主观综合评价。感知收益大于感知损失越多时,个体的感知价值水平就越高。反之,感知收益小于感知损失越多时,个体的感知价值水平就越低(Li et al.,2020;Liao et al.,2018)。

1.3.1.3 感知价值的测度

感知价值概念包括产品属性、对产品效能的期望和消费情境的综合表现,包括定量和定性的研究。在测度方法上,目前学者们的研究主要集中在两维度及多维度的测度方法。

1.两维度测度方法

两维度主要是消费者所获得的收益和付出的成本,收益包括经济、社会、关系、企业形象等，付出的成本包括价格、时间、努力、精力、风险和不便利性（Cronin et al.，2000）。吴凌菲（2008）通过对感知价值概念和创业行为的研究，提出了衡量大学生创业意愿的“感知创业价值”概念框架，并得出由利得和利失构成的感知创业价值构成模型。其中，由情感价值维度、经济价值维度、社交价值维度、知识价值维度和自我实现价值维度构成利得维度，利失维度包括经济利失维度和非经济利失维度。李文兵（2011）从感知获得和付出两个维度测度了旅游情境的感知价值。张瑞金等（2014）也将感知价值的维度划分为效益和成本，并把效益和成本进一步细化为长期和短期进行测度。

2. 多维度测度方法

Sweeney 和 Soutar（2001）提出了 PERVAL 模型，实证测量顾客感知价值的大小，该模型包含功能价值、情感价值和社会价值等三个维度共十九项指标。王锡秋（2005）认为客户的感知价值可以通过经济价值、功能价值和心理价值进行测度。李爱国（2007）结合顾客的使用心理和产品或服务的特性，从功能性、情感性、经济性和社会性四个维度对感知价值进行测度。刘刚和拱晓波（2007）从功能性价值、体验性价值、象征性价值、成本与付出比较价值、体验性价值共五个维度构建了感知价值指标体系，并运用构成型模型对其进行了测度。窦璐（2016）通过感知资源质量、感知活动体验、感知服务质量、感知情感价值、感知成本付出共五个维度，研究旅游者的感知价值对其环境行为的影响。马睿等（2016）认为农户经历了征地的过程，感受到有地和失地的变化过程，是直接的信息反馈者，研究构建了经济价值感知、社会保障价值感知和景观价值感知三个维度的测度因子与评估指标，设计李克特（Likert）五级量表，并根据调研结果算出平均得分。电子书日益成为重要的阅读工具，李武（2017）在该主题基础上，将感知价值从社会价值、价格价值、内容价值、互动价值和界面设计价值共五个维度来进行总体表征。徐林等（2017）运用因子分析法从七个因素指标计算了感知价值的总值，探索性研究了感知价值对城市居民垃圾分类的影响。郭晓彬等（2021）研究认为生态系统文化服务感知价值包括地方感、教育价值和休憩价值，并运用结构方程研究了每一个维度对游客生态消费行为选择意愿的影响路径。

1.3.1.4　感知价值与农户行为研究

近年来，学者们开始将感知价值理论扩展到农户行为研究中，而随着农业生态文明的发展，有学者开始关注农民对资源性农业废弃物循环利用的价值感知以及农户对农业废弃物的价值感知的影响因素。韦佳培等（2011）和何可等（2014）定量分析感知价值对农业生产废弃物的价值感知情况及其影响因素，发现农民农业废弃物减碳化利用需求，发现感知有用性、感知易用性、便利条件是影响农户利用需求的关键因素。韩成英（2016）以感知价值相关理论为基础，对基于感知价值的农户农业废弃物资源化利用行为开展研究。提炼和开发了农户农业废弃物资源化感知与利益和感知风险的测量维度和测量量表，对农户农业废弃物资源化感知价值、资源化意愿与资源化行为的关系进行研究，构建了农户农业废弃物资源化感知价值权衡因素模型、农户农业废弃物资源化行为决策整体模型。刘庆强(2013)以消费和居住在农村新民居的农户为研究对象，探讨了在感知利益和感知风险权衡下，农户新民居消费和居住与感知价值影响之间的关系，农户的感知价值由感知核心利益、感知附加利益、感知关系利益、感知经济风险、感知心理风险和感知社会文化风险六个维度组成，感知价值是基于农户根据参照系统进行的静态和动态的综合评估。李海燕和蔡银莺(2012)研究了农户对于征地的感知价值，构建土地征收前后农民感知维度变化的测度因子与评估指标，运用结构方程模型实证检验了农民的征地意愿受到土地征收前后农民感知价值的变化的影响。杨钢桥等(2014)基于感知价值理论，从预期参与收益与预期参与成本两个方面建立模型，对农民参与农地整理项目的意愿进行了研究。参与预期收益包括货币收益和非货币收益，参与预期成本包括货币成本和非货币成本。王雨林等(2015)基于感知价值理论，研究农户对政策性生猪保险的支付意愿及其影响因素。刘胜林(2015)研究了感知价值理论视角下农户政策性生猪保险支付意愿，从感知费用、感知风险、认知态度和功能价值的角度展开农户感知价值研究。朱新华(2016)研究了感知价值、可行能力对农户宅基地退出意愿的影响及其代际差异。他认为感知价值对农户宅基地退出意愿产生显著影响:“利大于弊”的感知对农户退出意愿具有正向作用，而“弊大于利”的感知对农户具有负向作用;而且，“利大于弊”的感知对农民宅基地退出意愿的作用存在代际差异。任立(2018)研究了城市近郊区农户农地感知价值对其投入行为的影响，他认为感知价值的认知是其对农地感知利益与感知风险进行综合权衡的结果。农地的感知利益受到经济、心理、情境三个利益因子维度的共同作用，农地的感知风险受到经济、心理、情境三个风险因子维度的共同作用。程琳琳等(2019)基于社会嵌入理论，实证分析网络嵌入与风险感知对农户绿色生产技术采纳行为的影响路径及其群组差异，研究发现网络嵌入和风险感知对农户绿色生产技术采用行为具有显著的正向影响，同时风险感知在结构嵌入对农户绿色生产技术采纳行为的影响中具有中介效应。张嘉琪等(2021)研究认为农户的绿色生态行为受到感知有用性、感知易用性及环境责任意识的显著影响，进一步分析发现感知易用性的影响在低禀赋农户中更大，而在高禀赋农户中，环境责任意识越强，绿色生态行为越明显。张红丽等(2023)研究认为感知价值显著影响农户的绿色生态行为，在细分维度中感知技术适用性的影响最大，生态感知价值的影响最小。感知价值理论的核心是感知利益与感知付出之间的权衡。该理论受到众多学者的关注，他们从不同角度对感知价值的概念进行了深入研究，进一步完善和发展了感知价值理论。

1.3.2 关于政府支持的相关研究

本研究主要从政府支持与农户技术采纳行为、政府支持体系不足之处、对策建议和展望三个方面进行综述。

1.3.2.1 政府支持与农户技术采纳行为相关研究

采纳一项新的农业生产技术存在一定的潜在风险,新旧技术的更替过程中可能会造成农户收入的损失(Hall et al. 2009),并且大量学者认为绿色生产技术具有极强的正外部性,外部性并不能完全收益化。我国广大农户是否采纳绿色生产技术,努力实现污染治理和收入最大化的关键在于其投入是否能得到相应的补偿(任旭峰 等,2011)。如果没有额外补贴等相关资金的支持,农户在面对较高的治污成本时会缺乏动力(董红敏 等,2009)。为了解决绿色生产技术供给需求不足的矛盾,政府农业生态补贴政策成为农业绿色转型导向的关键因素。韩青(2005)利用完全信息静态博弈模型和利润最大化原则,分析了通过激励机制增加农户采纳绿色生产技术效应的预期以促进农户的合作行为。孔祥智等(2006)通过描述不同类型公共产品的农户支付意愿以及对政府补贴的态度,表明农户对政府补贴具有依赖性。但是农户绿色生产技术的采纳还需要政府、市场、组织机构以及农户本人等多方面成为一个有机的整体(周建华 等,2012)。此外,如果高校、科研机构或农业协会等第三方机构参与相关政策的实施,强化农户之间以及农户与其他社会关系的联系,也会提高农户采纳绿色生产技术的积极性(Falconer et al.,2001)。为持续调动农户的积极采纳意愿和行为,政府在生态补贴的基础上,需要构建积极的长效激励机制(张莉敏 等,2011)。也有学者研究得出补贴与农户绿色生产技术采纳之间呈负向影响的关系,颜廷武等(2017)基于安徽、山东等7省686份农户实地调研数据,运用 Binary Logistic 模型探讨了农民还田决策的影响因素,研究结果显示,相较于农户的个人禀赋和家庭特征,外部环境是对农户秸秆还田采纳影响更大的因素,但补贴与处罚措施却对农户绿色生产技术采纳意愿呈负向影响。

政府的行政监管和制度规范成为农业绿色治理的主要方式之一(王建华 等,2022),政府通过相关规制措施调节农户经济生产行为,协调经济与环境的共同发展,对农户的耕作技术采纳行为具有直接效应(于潇,2017;Lamichhane,2017)。政府政策的合理制定和妥善实施显著改善农户耕作理念和方式(周孟亮 等,2020),加大绿色生产技术的采纳程度,从而提供更为优质的绿色农产品(Barling et al.,2003)。政府对绿色农业生产的制度框架和行政管制力度都对农户的绿色生产技术采纳决策起决定性的引导作用(朱润 等,2021),反映的是在特定的政治、经济制度之下农户安全生产行为的发展情况,主要表现在环境经济制度的"经济激励"和"命令控制"工具干预下农户环境成本的内部化行为(邬兰娅 等,2017)。于婷和于法稳(2019)研究了环境规制政策作为调节变量在畜禽养殖废弃物资源化利用认知与农户参与意愿中的影响,约束性环境规制政策和激励性环境规制政策对环境保护政策认知-参与意愿关系存在显著的正向调节效应。激励性环境规制和约束性环境规制分别在农户绿色生产政策认知、污染危害认知和发展前景认知与绿色生产技术采纳意愿中具有显著正向调节效应。政府对绿色农业生产的检查频率、对违规施用化肥和农药等不环保生产行为的处罚程度显著影响农户道德风险的发生(Mitchell et al.,2004)。刘国勇和陈彤(2010)对干旱区农户灌溉行为选择的因素进行了实证分析,发现加强对农户的技术培训力度和资金扶持力度、发展适度规模经营和集中统一种植对农户采纳节水灌溉技术有显著的促进作用。高瑛等(2017)对农户采用保护性耕作、有机肥和测土配方施肥等行为进行了深入研究,发现当环保法律法规执行力度比较严格时,农户会更倾向于采用绿色生产技术。如果绿色农业治理主体产权界定清晰,强化规则制定,则会提升绿色农业治理绩效。政府规制越严格、制度约束力越强,则农户的绿色生产行为越趋于规范,越不会发生过量施用农药、化肥等不安全生产行为(刘辉 2014)。何秀荣(2018)认为政府导向与农户潜在利益挂钩,在一定程度上规范与约束农户行为,是促进农户绿色生产行为的有力助推。在农业绿色转型过程中,政府要创造一个适合推进技术研发和推广应用的制度及政策环境。李由甲(2017)指出通过提高绿色消费意识,健全绿色农业发展体系与制度,加大绿色农业发展的科技支撑和资金投入来发展绿色农业。综上,虽然不同类型规制政策的作用效果存在差异,但是通过政府正式制度规范农户的绿色生产行为,对于推动农业绿色转型和实现农业可持续发展具有重大意义(Lichtenberg,2013)。此后,李芬妮等(2019)进一步研究了正式制度和非正式制度对农户绿色耕作行为采纳的影响。非正式制度是农户在长期交往中无意识形成、社会认可的行为规范。非正式制度和政府正式环境制度规范对农户绿色生产行为均存在促进作用,并且存在一定的交互影响。非正式制度可作为正式环境规制的替代机制,相互作用、相互支撑,共同推动农户采纳绿色生产技术(罗岚 等,2021)。关于政府制度政策与农户耕作技术采纳的关系,学者们尚未取得一致的看法,也有学者认为政府制度政策会负向影响绿色技术的采纳。向东梅和周洪文(2007)等通过分析我国环境政策对农户绿色生产技术采纳行为的现状及影响机制,认为现有环境政策并不具有激励作用。

政府通过规制干预存在“政府失灵”的可能性(孙法军 2005),而政府宣传和技术推广服务具有学习效应和外溢效应,可以通过降低信息获取成本,提高农户绿色生产技术知识的积累,从而有助于农户采纳绿色生产技术(赵肖柯 等,2012)。通过培训能够帮助农户掌握绿色生产技术的具体操作方法,修正农户对发展生态农业的收益预期(崔民 等,2021)。在乡村振兴战略的背景下,未来我国农业发展的必经之路是充分进行农业的绿色转型。农户作为我国农业生产的直接参与主体，缺乏对绿色生产的认知和相应的指导，需大力加强宣传教育和农技推广，为农户提供先进的技术指导(高仙草，2018)。储成兵和李平(2013)研究发现，参加绿色农业技术培训有助于加深农户对生态环境的认知，从而促进农户对绿色生产技术的采纳。李然嫣和陈印军(2017)根据黑龙江省绥化市农户黑土保护利用情况调研，发现种植结构单一、过量使用化肥和农药、绿色生产技术使用率不高以及相关的配套措施配备不完善等问题普遍存在。而政府宣传与推广服务、配套服务和设施的提供等因素对农户绿色耕作行为意愿有显著的正向影响。农户的农药安全施用行为受农户年龄、种植年限、家庭特征以及政府提供技术培训次数和质量等相关因素的影响。其中，如果政府提供的技术培训数量更多和质量更高，那么农户就能够更多地了解绿色生产技术，掌握更科学合理的技术使用方法，从而促使农户采用更加安全的耕作技术。技术培训是农户掌握新技术的主要学习渠道，信息获取程度将直接影响农户对绿色生产技术的采用态度，显著影响农户采纳该技术的可能性(叶雨寒 等，2022)。随着农户参与技术培训次数的增加，会不断加深农户对绿色生产技术的整体认知和掌握程度，进一步促进农户的绿色农业生产技术采纳行为(姚文，2016)。政府技术推广有效地促进节水型技术信息的传播，加深对节水灌溉技术的认知。农户接受政府的技术推广每提升一个单位，农户采纳绿色生产技术的概率提升 83.0%。但是与社会经济地位较低的农户相比，社会经济地位较高的农户更有可能获取公共农技推广服务，因此应考虑农户间社会经济地位的差异对农业技术扩散的影响，以提高农户的示范带动作用，进而促进农业技术扩散(佟大建 等，2018)。也有部分学者认为，政府支持对农户绿色生态行为产生“抑制”的作用，认为一方面政府的资源不易实现最优配置，且实施的相关政策得不到最有效的监控，也会产生对外部援助的过度依赖，另一方面政府支持产生的规模偏向性，引致合作社“二元”分化路径，把以小农为主体的合作社排挤出政府支持体系(崔宝玉，2014)。

1.3.2.2　关于政府支持体系不足与展望的研究

原农业部农村经济研究中心课题组 2005 年就开始利用全国统计数据分析得出我国的政府支持体系存在人员专业素质不够、经费不到位、管理体制不完善，职能发挥不足、非政府部门参与度提高，但具有一定的局限性等问题。因此，从实地调查情况和现有文献来看，地方政府绿色农业支持的过程中仍存在很多问题。首先，在管理体制方面，在政府支持体系中，工作常常存在多头管理、职能分工不清，缺少激励约束机制等问题。农业技术推广是将科技成果更为有效地转化为农业现实生产力的推广过程，但是我国的农业推广管理以行政管理为主，上级业务指导部门对下级推广部门仅起技术指导作用，并且在人才引进中引进农业相关技术人员的比重较低。人员之间联系较弱，部门之间缺乏沟通，最终致使工作效率的低下，并且这一效率也受农户经营的规模情况、受教育情况等个人禀赋的影响。个人禀赋较高的农户更容易获得政府支持，而小规模经营农户、受教育情况较差的农户比较不易获得政府支持而被逐渐边缘化(冯小,2015)。此外，政府工作的具体责任并没有被细化，也没有制定相应的绩效考评标准，导致了政府工作中不作为或消极作为的情况出现，给了大农户充分利用政策优惠的腾挪空间(崔宝玉 等,2013)。从农科教三方联系的角度来看，当前我国农业在教育、科研、推广三方的联系上存在着明显的割裂，互相之间缺乏良性合作机制、各自为政，研究成果和推广应用之间相互脱节，影响科技成果转化应用(郑红维 等,2011)。农户对农业技术相关服务和政策层面支持的需求欲望是农户采纳绿色生产技术的原始动力，而现有情况是一方面农户对现有政策的认知不够(尚光引 等,2021)，另一方面，农业的比较利益相对较低、农业科技成果应用的边际收益具有一定的不确定性，这些是造成政府支持不足的因素(吴敬学 等,2008)。其次，政府支持的财政投入有限，尤其表现在推广农业技术和提供其他相关服务等方面，部分基层政府支持的经费并非属于全额拨款，导致投资渠道单一，资金经费不足的情况时有发生(夏刊,2010)。再者，目前的政府支持很多情况下是政府主导的自上而下的方式，是与计划经济相适应的运行机制。虽然政府作为主要责任部门也切实起到了相应的作用，但是有些村级治理部门机械地完成上级布置的任务，很多时候还停留在宣传培训以及应付上级的检查，并且较少真正关注农户的内在需求，并没有将农户的角度作为出发点和落脚点，政府支持的基层治理机制发挥的作用显得并不尽如人意(陈亮 等,2018;何可 等,2015)。此外，环境污染的治理工作和农户之间缺乏有针对性的沟通，导致农业面源污染无法得到最有效的治理(曲环,2007)。

经过多年努力，我国绿色农业推广取得了一定成绩，但绿色生产行为并未被广大农户完全接受，新技术采用仍然较为缓慢。长期以来，政府主导的推广服务是一种自上而下的推广模式，这种忽视农户需求，强制式的模式难以适应市场经济要求，无法满足农户多样化需求，最终成为制约绿色农业推广服务效率的瓶颈(刘丽萍 等,2023)。其主要原因一方面在于，推广服务体系计划经济特征明显，转型滞后，其经费主要来源于政府，饱受地方财政的制约，推广事业往往缺少经济支持、农业推广人员队伍不稳定、推广人员素质偏低以及科研、推广环节不能有效衔接等，无法处理农户个性化需求问题；另一方面的重要原因在于政府推广体系不健全，进行推广服务时往往具有选择性，通常对象为种植大户、经济条件好或文化程度高的村干部、村能人等，将小农户或贫困户边缘化，未能充分引导农户。此外，我国大部分地区都是家庭式小农经营模式，农户文化水平较低环保意识薄弱，在短时间内较难改变农户生产经营模式，导致种植无法规模化、规范化，进而对绿色农业的推广带来诸多困难。中国化肥和农药投入造成的面源污染与宏观经济增长之间存在着典型的倒U形的曲线关系。农业技术进步有利于降低这一面源污染,但由于我国政府支持的水平有待提高,使得农业技术进步环境效应并未得到充分发挥(李太平等,2011)。饶静(2017)研究了"项目制"背景下的节水灌溉技术的政府支持,发现存在重视工程建设而忽视机制改革、总体环境目标,且项目区域易偏离、偏向新型农业经营主体等一系列问题。综上所述,体制不健全、职能管理不完善、人才队伍缺乏、推广人员综合素质偏低、经费不足是现阶段我国政府支持的最主要问题。

1.3.2.3 关于优化政府支持体系建设的对策建议及展望研究

农村环境具有公共物品性,生态环境产权需要实现外部性内部化(桑贤策 等,2021)。农业政府支持体系在农业发展方面起到至关重要的作用,在发展过程中走过了商业化和"两下两上"之路,有取得辉煌的成就,也有急需解决的问题。美国、澳大利亚、日本等国家近几十年来探索了一条高效的绿色生产技术政府支持之路,但是我们不能完全复制国外的农业政府支持模式,要在符合我国基本国情的基础上借鉴国外政府农业支持发展的成果经验,探索一条中国特色社会主义道路和模式(徐森福,2011)。要解决这些发展过程中存在的问题,要遵循改革和投入的辩证关系,深化体制和运行机制改革(黄季焜 等,2009)。日本的政府支持体系由以前的技术性手段逐渐向技术和经济手段并重转变。借鉴这种经验,我国应加强政府支持相关法律法规建设,在进一步丰富技术性手段措施的同时从财政支持的角度,提高生态补贴,加大对相关项目服务的补助力度(韩洪云 等,2011a;王国华,2014)。通过政府购买农业技术推广服务也能有效解决问题,缓解政府支持的资金不足,也能够更好地加强政府各个责任部门之间的合作(刘新智 等,2016)。刘光哲(2012)提出可以按照"一体两翼"蝴蝶模式构建我国农业政府支持体系,强化政府的公益性并将发挥不同优势组织相结合,建立区域化政府支持体系制度,从而大幅度提升支持效率。通过对农户绿色生产技术采纳行为相关支持的需求进行分析,我国农业政府支持体系的改进可以从政府和非政府农技推广组织两个方面着手(孔祥智 等,2012)。此外,农户种植规模对于农户绿色生产技术的采纳情况也存在着显著影响,规模种植户由于资本禀赋较丰富,更倾向于采纳绿色生产技术,由此政府也可以对不同规模种植户采取不同方式的支持,对于规模种植户可以给予较长的地权期限,小种植户可以采用补贴、惩罚等政策(徐志刚 等,2018)。而针对人员的问题,农业政府支持要明确政府的职能定位、工作重点要放在人才队伍的建设上,完善绩效考核与激励机制,才能确保农业政府支持工作落到实处。同时,也需要政府工作人员、农业技术人员以及农户等各主体之间的相互配合。

1.3.3 关于农户绿色生产技术采纳行为的相关研究

通过整理相关文献资料并结合本研究内容，主要从绿色生产技术扩散的相关理论研究，绿色生产技术采纳行为的测度，绿色生产技术采纳行为的影响因素和绿色生产技术采纳效应评价四个方面进行综述。

1.3.3.1 技术扩散的相关理论

1989 年，Davis 提出了技术接受模型。该理论将个体对技术接受的影响因素归纳为感知易用性、感知有用性、对技术的态度和使用意愿（Davis et al.，1989）。1991 年，美国心理学家 Ajzen 提出了计划行为理论。该理论认为，个体行为是多种因素共同作用的结果。行为态度、主观规范和感知的行为控制直接影响个体行为（Ajzen 1991；Kaiser et al.，2005）。研究者主要运用上述理论来研究农户绿色生产技术的采纳行为（Bagheri et al.，2020；Botetzagias et al.，2015；Rezaei et al.，2019；Xing et al.，2021）。20 世纪 60 年代，美国学者罗杰斯（E. M. Rogers）提出创新扩散理论，认为新技术的扩散遵循“S 型”技术采用曲线（Kim et al.，2009）。在技术的初始采用阶段，个体对技术的熟悉程度较低，其绩效往往最低。只有持续使用这种技术，才能真正实现技术本身的价值（Birkinshaw et al.，2018；Bruner et al.，2005）。农户对绿色生产技术的选择是一个动态过程，是对技术特性的认识，并将其与自身期望进行比较的结果。采纳行为与持续采纳行为之间存在一定的差异和区别（Thong et al.，2006）。因此，基于技术接受模型、计划行为理论等经典理论对农户绿色生产技术采用和持续采用行为的研究存在一定的局限性。Bhattacherjee（2001）提出了一个期望确认模型，认为个体的期望确认会影响他们的满意度，进而影响个体的再次采纳行为。在此基础上，Bhattacherjee 还建立了持续使用模型，主要研究初次采用技术后没有中断使用的个人行为（Premkumar et al.，2008）。采纳绿色生产技术后，农户会将采用效果与技术预期进行比较。比较后的预期确认结果是农户做出可持续采纳决策的重要依据。

1.3.3.2 农户绿色生产技术采纳行为的测度

学者们往往根据研究主题来阐释农户的绿色生产技术，因此对于绿色生产技术测度指标的选择和测度，以往文献并没有统一的标准，归纳总结主要有以下三种类型：

（1）单一指标的测量，即以某一项绿色生产行为为例。童洪志和刘伟（2018）以秸秆是否还田为依据，将农户分为采纳和未采纳两类，分别赋值为“1”和“0”。

（2）以某几项绿色生产行为为例的多指标测量。樊翔等（2017）将低碳农业生产技术和措施分为五项，即正确施用化肥、农药，合理有效地处理地膜、秸秆以及正确灌溉等。郭清卉等(2018)选择有机肥施用行为、高效新型肥料施用行为和秸秆还田行为三个二分类变量来讨论农户的化肥减量化措施的采纳行为。黄晓慧等(2020)认为水土保持技术是集合了治坡、治沟、治沙、沟垄耕作、少耕免耕、造林、种草等的综合化行为,主要包含工程类措施、生物类措施、耕作类措施三大技术。因此采用二元赋值法测度农户是否采用水土保持技术,农户只要采用了任何一种或多种耕作技术,就表示农户采用了水土保持技术,赋值为 1。农户没有采用任何一种技术,赋值为 0。

(3)复合指标的测量。学者们对复合指标的选择是通过分值的计算从多个方面来测量农户行为的。唐学玉和李世平(2012)从四个方面构建了农户绿色生产行为的指标体系,运用农田养分管理行为、农药施用行为、耕作管理行为和包装废弃物管理行为的得分之和表示绿色生产行为的总得分。Willy 和 Holm-Muller(2013)将绿色生产技术数量作为衡量农户采纳行为的指标,将农户“未采纳绿色生产技术”“采纳一种绿色生产技术”“采纳两种绿色生产技术”“采纳三种绿色生产技术”以及“采纳四种绿色生产技术”依次分别赋值为 1～5 分。杨志海(2018)将农户所采纳的绿色生产技术数量作为衡量农户绿色生产行为的指标,包括秸秆还田、深耕深松、施用商品有机肥、测土配方施肥和免耕直播五种绿色生产行为。畅倩等(2020)选取八个不同生产环节的农户生态生产行为,如果将八项中每一项行为设定为一个二元变量,实施行为赋值为 1,未实施的行为赋值为 0,八个变量值的总和即为每个农户生态生产行为的综合值。

1.3.3.3　农户绿色生产技术采纳行为的影响因素研究

梳理相关文献发现,影响农户绿色生产技术采纳行为的因素主要分为内在和外在两大因素,其中内在因素主要包括农户自身的禀赋、老龄化、家庭状况、生态环境认知、风险偏好、农户分化等。农户绿色生产技术采纳行为的选择是一个复杂的过程,受多种内在因素的影响,且不同因素的影响程度和作用方式也不尽相同。户主的个体特征、农户家庭特征、农户对乡村振兴战略和农业绿色可持续发展认知等都对农户绿色生产技术采纳行为产生影响。农户禀赋的各个因子对具有较高进入门槛和较高回报率的农业生产技术具有不同程度的影响(方松海 等,2005)。劳动力数量、户主年龄、户主性别、家庭年均收入、非农收入家庭收入来源的多样性以及耕地规模和耕地细碎化程度对农户从事绿色生产技术的意愿和行为决策都起到显著的影响作用(陈美球 等,2008;聂英 等,2015;Khanna,2001;刘明月 等,2013;石洪景 2015;张慧静 等,2016;朱淀 等,2014)。农户分化也会造成农户绿色生产技术选择差异。纯农户和兼业农户在生态保护意愿方面具有一致性,但随着非农收入的增加,农户保护意愿逐渐降低(赵丹丹 等,2020)。

个人禀赋对农户采纳绿色生产技术具有显著的影响,具有不同禀赋以及外部环境特征的农户，也会根据不同技术的特征，采取不同的技术采纳行为（唐博文 等，2010）。资本禀赋是农户投资意愿产生或消除的显性制约因素（蔡键，2013）。张童朝等（2017）运用 Probit 和 Tobit 模型实证检验了资本禀赋及其结构对农户绿色生产技术投资意愿的影响，结果发现，自然资本、物质资本、人力资本、经济资本和社会资本均对农户绿色生产技术的投资意愿具有显著的正向影响。蔡起华和朱玉春（2015）通过研究农户节水灌溉行为，认为普遍型社会资本，例如一般信任与一般网络均能够提高农户节水灌溉行为的参与度。考虑到禀赋约束下的农户绿色技术的选择，规模程度和兼业程度不同的农户在不同绿色生产技术的选择上也存在着差异（郑旭媛，2018）。此外，也有学者将研究视角聚焦于农户对绿色生产技术的支付意愿，并研究对于该意愿的影响因素（丰军辉 等，2014）。具体来看，土地经营规模大的农户更倾向于学习农业绿色生产技术，更好地从事可持续发展的农业种植方式（黄武，2010；贾雪莉 等，2011），但规模化并不完全指种植总面积的增大，还有降低农户耕地块数，减少细碎化程度（徐涛 等，2018a）。追求产量最大化的生产型小农，减施量与经营规模呈倒 U 形变化，而追求多元化经营的功能型小农，减施量随经营规模的扩大而增加（张露 等，2020）。而对于农户年龄这一影响因素，劳动力年龄越大则绿色生产技术的采纳意愿和程度就越低，也就是老龄化显著地负向影响农户的绿色生产行为（郑祥生 等，2020）。曹光乔和张宗毅（2008）基于山西、河北、天津、北京四个省（市）农户的实地调研数据发现，户主身体健康情况、农产品商品化程度正向影响农户的秸秆还田技术和免耕播种技术，而耕地块数和受教育程度、年龄分别负向影响这两项技术的采纳。农户的政治面貌、务农时间，以及对绿色农业的经济环境认知和危害认知等因素，也是影响农户采纳绿色生产技术的主要因素（潘世磊 等，2018；尚惠芳 等，2021）。在农户劳动力方面，首先，劳动力转移程度越高，农户对农业技术的需求越小，家庭劳动力数量越多，农户对技术的需求越大（展进涛 等，2009）。农民收入水平和垂直分化的加剧，种植收入与家庭总收入的比例增大、补贴和投入的比重增加以及自然灾害等，可以通过促进节水灌溉设施所有权、规则变迁等提升农户绿色生产行为的参与度（刘辉 等，2012；秦国庆 等，2019）。在农业生产中，有机肥和化肥的替代关系并不十分明显，非农就业在一定程度上会对施肥量产生影响（何浩然 等，2006）。另外，考虑农户化肥施用水平的影响因素，巩前文等（2008）认为耕地离家距离、耕地质量、耕地租用情况、农产品出售比例等因素是主要的影响因素。在农户采纳测土配方施肥技术的研究中，农户采用该技术主要是为了增加产量，其中户主年龄对农户绿色生产技术采纳有显著的负向影响，而户主受教育程度和种植面积则对农户绿色生产技术采纳有显著的正向影响（宋金田 等，2013）。朱萌等（2015）认为受教育水平较高的农户和对种粮有更大积极性的男性户主更倾向于采纳测土配方施肥技术。另一方面，合作社种植户、种植大户、小户对测土配方施肥技术的认知、态度和使用呈现不同的特征。合作社种植户和种植大户对于测土配方施肥技术的采纳率更高，而小户则是在很大程度上不知晓该技术，从而采纳率偏低（冯燕 等，2018）。考虑节水灌溉技术，影响农户的主要因素是农户对该技术的认知情况、技术培训情况、技术使用满意度和技术成本等（黄玉祥 等，2012）。另一种绿色施肥技术则是有机肥替代技术，余威震等（2019）利用湖北省 441 位农户的调查问卷，实证得出农户有机肥技术持续使用行为受到技术有效性感知、技术易用性感知的影响。李后建（2012）对循环农业技术采纳意愿的影响因素进行了分析，研究表明农户对技术的感知有用性对其决定是否采纳绿色生产技术具有显著的正向影响。赵连阁、蔡书凯（2012）基于安徽省 386 户农户调研数据的研究表明，采用 Logit 模型分析得出，农户非农兼业行为、农户耕地块数以及健康意识和环境保护意识均对其绿色防控技术采纳行为具有影响。张云华（2004）等对山西、陕西和山东 15 个县（市）353 名农户的调查数据进行实证研究，得出农户对农药的认识是影响农户采用无公害绿色农药的主要因素之一。不同性别、年龄、文化程度的农户对绿色生产的认知和意愿存在较大区别。邢美华等（2009）以未参与循环农业的农户为研究对象，研究其环保认知，并运用排序选择模型就影响其环保认知的因素进行了计量分析。结果表明，未参与循环农业农户的环保认知还比较弱，并且信息获取渠道是否畅通、户主性别是影响农户环保认知程度的重要因素；是否有非农收入、地理区位、人均耕地面积、农业劳动力数量以及户主年龄等因素也对农户环保认知有较明显的影响。李世杰等（2013）、李想和穆月英（2013）、宋燕平和滕瀚（2016）也通过实证研究确认认知是影响农户安全生产意愿的主要因素。

农户的风险偏好、风险态度也会直接影响其具体生产行为（赵佳佳，2017；王璇等，2020），因此行为经济学理论认为，人类行为研究应该把心理因素加入其中，这样能有效地分析在不确定性条件下人类的判断和决策行为（潘丹 等，2015）。风险厌恶程度对农户绿色生产技术采纳行为产生显著的负向影响，受教育年限比较长、对绿色生产技术认知度较高，有更高的风险偏好的农户更愿意从事绿色生产行为（李卫 等，2017）。农业的可持续发展依赖于经营主体的行为，而家庭农场作为农业新型经营主体的主要构成之一，研究其绿色生产技术的采纳行为具有重要意义，夏雯雯等（2019）基于黑龙江、江苏、四川三省家庭农场调研数据的研究发现，户主受教育年限、年龄、性别、风险偏好和接受培训的次数是家庭农场是否采用绿色生产技术的重要影响因素。

不同的绿色生产技术具有不同的属性，有些技术属于资本密集型，有些技术则偏向于劳动密集型，而影响不同属性耕作技术的因素存在着差异。劳动力年龄的增长显著促进农户对劳动密集型绿色生产技术的采纳，显著抑制对资本密集型绿色生产技术的采纳，而风险偏好对资本密集型和劳动密集型绿色生产技术采纳意愿均有显著的正向影响（石志恒 等，2020）。感知有用性和感知易用性以及社会网络显著影响劳动节约型技术采纳意愿（吴丽丽 等，2016）。老龄劳动力和青壮年劳动力相比较，在采纳新技术方面并不占优势，因此也不利于可持续发展型绿色生产技术的应用（徐娜 等，2014；何凌霄 等，2016b）。

也有一些学者从生产性服务、社会网络、社会资本、社会规范、政府支持、财政和投资、互联网使用等外在因素方面展开研究。财政分权显著正向促进环境污染的改善，外国直接投资对降低环境污染水平有正向作用，说明宏观的外向型经济是改善污染，实现绿色发展的重要举措（李强，2019）。流转土地经营权稳定性在农户绿色生产技术采纳中起了至关重要的作用（赵晓颖 等，2022），农户有机肥和化肥的施用量会受土地产权是否合理安排影响（何凌云 等，2001）。通过减少土地调整频率和提高土地证书发放率，稳定的地权会促进农户的绿色生产技术采纳行为，而不清晰稳定的地权则会起到阻碍的作用，从而对农业生产、环境质量和土壤肥力产生影响（马贤磊，2009；郜亮亮 等，2013）。政府补贴推动了农业环保型技术的扩散，减少农药和化肥的投入量，达到节约成本和改善环境污染的双重作用（邓祥宏 等，2011）。社会化服务水平的提升（周宏 等，2014）、生产性服务（Lewis et al.，2009）、社会资本（李文欢 等，2021）、公共产品供给（何凌霄 等，2016a）与农户绿色生产技术采纳行为之间存在着不可分割的联系。农业社会化服务组织可以通过更加细化的专业分工，为农户提供资金、技术和规模等方面的支持（卢华 等，2021），而在这一关系中，政府可以一方面提供第三方检测或者产品质量追溯服务，另一方面提供其他相关的补充性服务（刘帅 等，2020）。土地托管对农户绿色生产技术采纳也具有显著的带动效果，孙小燕和刘雍（2019）基于对河南、山东、安徽、河北、江苏等地 1126 位农户的调研数据，认为土地托管可以更好地带动小农户提高绿色生产意愿，转变原本的生产方式。褚彩虹等（2012）研究分析了影响农户施用有机肥和测土配方施肥技术采纳的影响因素。农户是否加入合作社、是否参与农业技术培训、是否接受过测土配方施肥指导等均是重要的影响因素（王学婷 等，2021）。吴比等（2016）总结认为，农户与龙头企业合作或者加入专业合作社，都对其技术的采纳具有正向的促进作用。政府相关制度也是一项主要的制约因素，在水资源短缺和土地特征的刚性约束下，政府有关农业用水的相关管理制度及节水灌溉技术的适用性和便利性直接影响着农户绿色生产技术采纳意愿和行为（周玉玺 等，2014）。此外，互联网的使用能直接而显著地促进农户采纳绿色生产技术（姜维军 等，2021）。社会网络和规范对农户绿色生产技术采纳行为的影响是潜移默化的，比进行教育或培训对人的绿色生产行为影响更大（Nolan et al. 2008；赵秋倩 等，2020）。社会规范是群体及其成员对某些事件所理解的行为规范与准则，对个体行为有一定的指导和约束作用(王太祥 等,2021)。当农民日常生活和劳作受到社会规范的影响时,农民的思想常常在不自知中被改变,进而影响农户绿色生产技术采纳的行为决策(慕宏杰,2019)。中国是一个血缘、亲缘、地缘和业缘关系交织,社会网络错综复杂的国家,而社会网络具有共享技术信息、降低采用风险的功能,作为农户技术信息获得的另一条主要渠道,能够解决农户技术需求显化问题、弥补正式组织缺陷,在农户技术采用中扮演着重要角色(王格玲 等,2015)。尽管社会网络的表征体系略有不同,例如将社会网络以网络密度、网络强度和网络频率来进行表征,也有将社会网络划分为强关系和弱关系,或者通过网络学习、网络信任、网络互动与网络互惠等四个维度来测度社会网络(Granovetter,1973;Zhao et al.,1995;胡海华,2016)。但达成一致的观点是通过社会网络可以传递更多的信息,促进更多的交流,由此使农户获得更多的技术信息,以致提升农户对于绿色生产技术的采纳(张文娥 等,2022)。另一方面,周围农户的技术采纳情况也是影响农户自身技术选择的重要因素之一。旷浩源(2014)认为社会网络通过资金、技术和信息等,促进了农业技术的扩散。耿宇宁等(2017)实证分析了经济激励与社会网络对农户绿色防控技术采纳行为的影响,研究发现信息获取和社会学习是社会网络的两项重要机制,通过这两项机制促进农户的绿色生产技术采纳程度,并且在这项促进作用中,异质性社会网络对于农户绿色生产技术采纳的促进作用明显大于同质性社会网络。薛姣姣等(2019)运用苹果主产区 1086 位农户的调研数据,研究表明互动频率、信任程度、网络中心性正向影响农户的绿色生产技术采纳行为,政府应重视农户社会网络的加强,推进我国农村信息化基础建设。但也有学者认为接受田间技能培训能在一定程度上提高农户的绿色生产技术水平,但是接受培训的农户并没有将学到的技术知识传播给其他未接受培训的农户(Feder,1991)。

1.3.3.4　农户绿色生产技术采纳效应评价研究

绿色经济能够减少环境和生态风险,是一种提高人类福祉和社会公平的经济模式(Unep,2011)。采用绿色生产技术具有较强的环境效益和经济效益,可以提高农产品的产量并节省农业生产成本,能够在一定程度上提高农户的收入(Rico et al.,2017;高辉灵 等,2011)。农户采纳绿色生产技术的主要动机是提高农作物的产量,张成玉和肖海峰(2009)通过建立有关粮食作物的单产函数,通过数据实证分析发现水稻和小麦在采用测土配方施肥技术后,单产分别增加 32.35 kg 和 36.07 kg,也就是每亩[①]分别使农户收入增长了 35.44 元和 32.81 元。黄国斌和李家贵(2010)研究认为,农户不采用测土配方施肥会平均减产 51.2 千克/亩,减产量达到 9.30%,比采用测土配方施肥技术平均收益减少了 62.0 元/亩。罗小娟等(2013)

① 1 亩 $=10\,000\ m^2/15\approx 666.667\ m^2$。

也进一步评价了采纳测土配方施肥技术的环境效应和经济效应，基于太湖流域上游地区 221 户水稻生产农户调查数据，通过构建需求和产出方程，测算出测土配方施肥技术采用率每增加 1%，化肥施用量降低 0.09%，每亩产量提高 0.04%。因此，测土配方施肥带来的多重效果，包括肥料使用结构优化和农作物增产增收（高祥照，2008）。高芸（2014）认为有机农产品生产能够显著提高农户的收入，有机桃的收益是普通桃收益的 2.9 倍。运用要素稀缺诱致性技术创新理论，王静和霍学喜（2015）也研究发现农户技术选择行为显著影响其生产经营收入。绿色生产技术作为一种劳动密集型技术，技术的扩散能够防止人口不断增加所带来的劳动收益递减，从而使农户的收入得到有效的提升（Schreinemachers et al.，2007）。吕杰等（2016）也从收益和产量两方面评价节水灌溉技术的采纳效果，发现在采纳了节水灌溉技术后玉米的收益约为 130 元/亩，产量增加约 10 千克/亩。马骥（2009）以河南省开封县（今开封市祥符区）杜良乡为例，比较分析了各种秸秆利用方式的成本与收益，各种秸秆利用方式均具有一定收益，但是不同方式得到的收益具有差异。进一步地，王舒娟和蔡荣（2014）基于成本收益分析法比较了秸秆的各种处置方式下的农户净收益，净收益排序分别为秸秆燃料、秸秆还田、秸秆沼气、以自有拖拉机出售秸秆、露天焚烧、直接出售秸秆。徐涛等（2016）以甘肃省石羊河下游民勤县为例，测算了节水灌溉技术的采用效益。首先已经形成了一定的社会生态认知，其次未来 10 年内，该县采用节水灌溉技术后的经济效益将达到 3.946 亿元，单位播种面积的节水效益总量为 7674 元/hm^2。然而幸家刚和周洁红（2014）对从事绿色生产技术生产有机农产品能否提高农户收入的研究却发现，有机农产品生产显著降低了农户的收入。绿色防控技术的目标是在保证农作物产量增长的同时，尽可能减少农户化学农药使用量，因而也被视为是典型的农药替代型技术（Timprasert et al.，2014）。绿色防控技术具有显著的经济与环境效应，但农户采纳不同类型的技术具有不同的经济效应和环境效应（耿宇宁 等，2018）。

1.3.4 关于幸福感影响因素的相关研究

研究发现，年龄和幸福感之间呈 U 形关系，年轻人和老年人比中年人更幸福（Gu et al.，2019）。受教育程度高的人比受教育程度低的人更快乐。在相同的外部条件下，女性往往比男性更快乐（Hayo et al.，2003）。此外，越来越多的证据表明，高水平的幸福和健康之间存在联系（Ryff，2014）。幸福和健康之间有一种双向关系，幸福感的增加会带来健康状况的改善，健康状况又会进一步提高幸福感（Touburg et al.，2015）。从家庭角度看，创业决策对家庭幸福感影响显著（Zhao et al.，2020）。家庭居住地对家庭成员的幸福感也有显著影响。生活在大城市有利于获得工作和便利，住在城市的人比住在农村的人更幸福（Želinský et al.，2021）。幸福与一个人所在社区的平均收入相关，贫困社区的环境质量往往较差，这可能会导致这些地区的幸福水平较低(Diez et al.,2010)。因此,从个人和家庭禀赋的角度来看,幸福的人通常被描述为年轻、受过良好教育、女性、身体健康、有创业精神、家庭生活在城市和富裕地区(Capone et al. 2021;Hartog et al.,1998)。

外在影响因素在幸福感研究中越来越受到重视和明确(毛小平 等,2012;倪鹏飞 等,2012;刘米娜 等,2013;孙三百 等,2014;Kristoufek,2018)。通货膨胀、失业率、国内生产总值等宏观经济因素是影响居民幸福感的重要因素。Frey 和 Stutzer(2002)发现通货膨胀是导致实际收入和购买力下降的主要因素,从而对幸福感产生负面影响。Zhao 和 Sun(2020)研究发现,在国内生产总值(GDP)高的省份,人们对幸福的期望较高。当一个国家的整体失业率上升时,居民的幸福感也会随之下降(Alesina et al.,2004)。许多研究着眼于影响人们幸福感的社会因素,如社会资本和社会信任(Arampatzi et al.,2018)。社交网络对幸福感有显著的积极影响,平均而言,使用社交网络的人比不使用社交网络的人对生活更满意(Mochón,2018)。政府政策也是一个突出的影响因素(Ott,2011)。如果政府支出是在医疗保健、公共设施和其他与社会保障系统相关的因素上,那么政府总支出可以促进幸福(Grochtdreis et al.,2021)。通勤时间和交通政策会影响幸福感,减少通勤时间可以增加幸福感,因为长时间的通勤会对幸福感产生负面影响(Nie et al.,2018)。本文在研究农户采纳绿色生产技术的经济效应、生态效应和社会效应的基础上,进一步研究了采纳绿色生产技术对农户幸福感的影响,以及经济效应、生态效应和社会效应在其中的中介作用,以期为丰富绿色生态行为效应的研究贡献绵薄之力。

1.3.5　文献评述

通过文献的回顾和梳理可以发现,国内外学者在感知价值、政府支持和农户绿色生产技术采纳行为等方面的研究在理论和实践方面均取得了较为丰硕的成果,对本研究的影响机理和影响路径分析具有关键性的启发与借鉴意义。但仍存在可以深入研究的空间和需要进一步探讨的问题:

(1)关于感知价值的测度,目前尚未形成较为一致的测度指标体系。众多学者基于不同的研究视角和研究目的,对感知价值的定义存在一定的差异,不能较好地体现感知价值的内涵。现有研究大多对感知收益和感知成本之间的权衡展开分析,但是往往忽视了感知到的经济因素和非经济因素之间的差别,会造成一定的变量估计偏误。同时,感知价值作为农户生态行为的一项重要影响因素,其影响机理和传导路径也没有形成统一的分析框架,研究结论也不尽相同,这也成为本研究的重点内容。

(2)从研究视角看,已有文献分别从农户绿色生产技术的采纳意愿、采纳行为和采纳效应评价方面展开了有益的探索,但是并没有深入讨论绿色生产技术的持续采纳行为。实践中,农户往往试图在第一时间采纳某种生产技术,但是在某个时间点的研究不足以反映农户的最终决策。理论上,农户技术的初始采纳和连续采纳也存在着较大的区别。因此本研究通过探讨感知价值和政府支持对农户绿色生产技术持续采纳行为的影响，试图对已有文献研究进行补充，研究结论将有助于理解农户不持续采纳绿色生产技术的现象及其原因。确定这一问题的深层次原因将有助于鼓励农户在生产活动中持续采纳绿色生产技术，也为政府制定相关政策提供了实证依据，对促进农业绿色发展具有重要的理论意义和实践价值。

(3)从研究内容看，关于采纳绿色生产技术效应的研究，国内外学者研究内容丰富并提供了多种角度的方法支撑。但不难看出，已有文献多是关于采纳绿色生产技术的生态效应和经济效应的研究，且多数为直接影响效应的研究。

1.4 研究思路、研究内容与研究方法

1.4.1 研究思路

农业是民生之本，但农业生产中农药和化肥等化学品的过度使用导致了大量的面源污染。绿色生产技术可以从根本上减少环境污染和资源浪费。本研究在农户绿色生产转型的现实背景下，以感知价值、政府支持为切入点，基于计划行为理论、农户行为理论、市场失灵理论、外部性理论和信息不对称理论，以“采纳意愿—采纳行为—持续采纳行为—采纳效应评价—政策建议”作为研究的逻辑框架展开研究。首先，本文对大量使用化学投入品，以高投入、高产出、高污染为主要特征的传统农业严重破坏了我国农业生态环境的现实问题进行背景介绍，提出研究目的和内容，明确研究意义。其次，界定核心概念感知价值、政府支持、绿色生产技术的理论内涵，并根据计划行为理论、农户行为理论、市场失灵理论、外部性理论、信息不对称理论构建理论分析框架，详细阐释感知价值与政府支持影响农户绿色生产技术采纳行为的内在机理。再次，依据调研方案获取微观调研数据，对数据来源及样本特征进行描述与分析，并深入剖析样本区猕猴桃种植户绿色生产技术采纳现状和存在的问题。借鉴国内外相关研究的成果，构建农户的感知价值和政府支持的测度指标体系，采用规范分析和实证分析相结合的方法，实证检验了感知价值、政府支持对农户绿色生产技术采纳行为的影响。最后，归纳总结本文的主要研究内容，提出提升农户绿色生产技术感知价值、政府绿色农业支持水平和鼓励农户采纳绿色生产技术的对策建议。

1.4.2 技术路线图

本研究按照“总体框架—理论分析—数据获得—现状分析—实证分析—结论建议”的思路设计本研究的技术路线图，如图 1-1 所示。

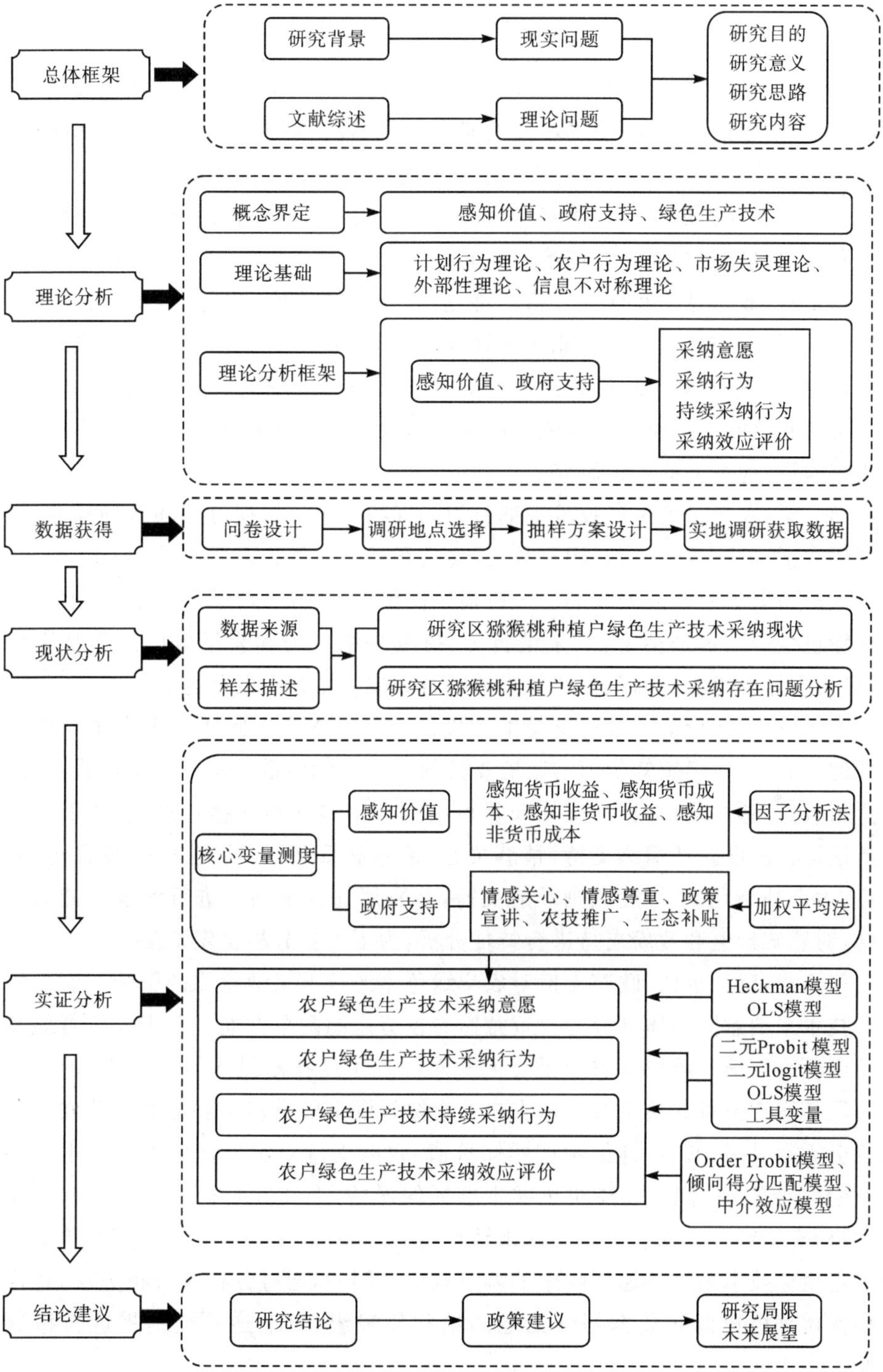
总体框架
研究背景
现实问题
文献综述
理论问题
研究目的
研究意义
研究思路
研究内容
理论分析
概念界定
感知价值、政府支持、绿色生产技术
理论基础
计划行为理论、农户行为理论、市场失灵理论、
外部性理论、信息不对称理论
理论分析框架
感知价值、政府支持
采纳意愿
采纳行为
持续采纳行为
采纳效应评价
数据获得
问卷设计
调研地点选择
抽样方案设计
实地调研获取数据
现状分析
数据来源
样本描述
研究区猕猴桃种植户绿色生产技术采纳现状
研究区猕猴桃种植户绿色生产技术采纳存在问题分析
实证分析
核心变量测度
感知价值
感知货币收益、感知货币成本、感知非货币收益、感知非货币成本
因子分析法
政府支持
情感关心、情感尊重、政策宣讲、农技推广、生态补贴
加权平均法
农户绿色生产技术采纳意愿
农户绿色生产技术采纳行为
农户绿色生产技术持续采纳行为
农户绿色生产技术采纳效应评价
Heckman模型
OLS模型
二元Probit 模型
二元logit模型
OLS模型
工具变量
Order Probit模型、
倾向得分匹配模型、
中介效应模型
结论建议
研究结论
政策建议
研究局限
未来展望

图 1－1　技术路线图

1.4.3 研究内容

根据以上研究思路和技术路线图，本文研究内容共分为9章，具体安排如下：

第1章，导论。首先，明确本文的研究背景、提出研究目的与意义；其次，梳理和评述国内外与感知价值、政府支持和农户绿色生产技术采纳行为相关的文献，为后续章节的展开提供参考与借鉴；再次，概括说明本文的总体思路、技术路线、研究内容和方法；最后，归纳并提炼本研究的创新之处。

第2章，概念界定及理论分析。首先，界定感知价值、政府支持和农户绿色生产技术的概念。其次，归纳和梳理计划行为理论、农户行为理论、市场失灵理论、外部性理论和信息不对称理论作为理论支撑，丰富本文的理论内涵。最后，详细分析感知价值和政府支持对农户绿色生产技术影响的内在逻辑，构建理论分析框架，提出研究假设，为本文的实证研究提供理论支撑。

第3章，农户绿色生产技术采纳行为的现状分析。依据分层随机抽样原理，设计调研方案，以陕西省眉县、周至县、武功县和杨陵区作为调研区域，采用"一对一"式的入户访谈法完成数据收集。采用描述性统计分析法，对感知价值、政府支持和农户绿色生产技术采纳意愿、采纳行为、持续采纳行为和采纳效应的现状进行分析，最后推导得出农户绿色生产技术采纳行为现实中存在的问题。

第4章，感知价值和政府支持的测度及分析。本章在阐述数据来源与样本代表性的基础上，构建感知价值与政府支持的测度指标体系。从感知货币收益、感知非货币收益、感知货币成本、感知非货币成本四个维度刻画感知价值，并采用因子分析法进行测度。从情感支持(情感关心、情感尊重)和工具支持(政策宣传、农技推广、生态补贴)五个维度刻画政府支持，并采用加权平均法进行测度。最后归纳总结，对感知价值和政府支持进行特征分析，为下一步分析奠定基础。

第5章，感知价值、政府支持对农户绿色生产技术采纳意愿的影响。农户绿色生产技术采纳意愿具体划分为投资意愿与投劳意愿两个方面。首先投资意愿和投劳意愿研究的第一阶段是农户是否愿意对绿色生产技术投入资金和投入劳动，第二阶段是愿意投资绿色生产技术农户的意愿投资金额是多少和愿意投劳农户的意愿投劳天数是多少。在详细阐述感知价值、政府支持对农户绿色生产技术采纳意愿影响路径的基础上，选择纠正样本选择偏误的 Heckman 模型实证研究感知价值、政府支持对农户绿色生产技术采纳意愿的影响，以及政府支持在感知价值对农户绿色生产技术采纳意愿影响中的调节效应。同时，通过分样本分析方法，将样本区猕猴桃种植户调研数据划分为老龄组和年轻组，对上述研究结果进行稳健性检验。

第6章，感知价值、政府支持对农户绿色生产技术采纳行为的影响。以是否采纳节水灌溉技术、绿色病虫害防控技术和有机肥替代技术表征农户绿色生产技术采纳行为。在详细阐述感知价值、政府支持对农户绿色生产技术采纳行为影响路径的基础上，选用对行为决策解释力较强的二元 Probit 模型，实证研究感知价值、政府支持对农户绿色生产技术采纳行为的影响以及政府支持在感知价值对农户绿色生产技术采纳行为影响中的调节效应。为了克服主观变量之间双向因果关系所带来的潜在内生性问题，选择“村书记年龄”作为工具变量，进行内生性分析。同时，在运用 OLS 模型对整体样本进行稳健性分析的基础上，通过重新计算农户感知价值变量值，采用二元 logit 模型对研究结果做进一步的稳健性检验。

第 7 章，感知价值、政府支持对农户绿色生产技术持续采纳行为的影响。以是否持续采纳节水灌溉技术、绿色病虫害防治技术和有机肥替代技术超过两年表征农户绿色生产技术持续采纳行为。在详细阐述感知价值、政府支持对农户绿色生产技术持续采纳行为影响路径的基础上，选用对行为决策解释力较强的二元 Probit 模型，实证研究感知价值、政府支持对农户绿色生产技术持续采纳行为的影响以及政府支持在感知价值对农户绿色生产技术持续采纳行为影响中的调节效应。同时，为了克服主观变量之间双向因果关系所带来的潜在内生性问题，本研究选择“村书记年龄”作为工具变量，进行内生性分析。同时，在运用 OLS 模型对整体样本进行稳健性分析的基础上，通过随机抽取 85％的样本猕猴桃种植户，采用二元 logit 模型对研究结果做进一步的稳健性检验。

第 8 章，农户绿色生产技术采纳效应评价。在理论分析的基础上，运用 Order Probit 模型、PSM 模型和中介效应模型，实证分析农户绿色生产技术采纳行为是否具有经济效应（提升直接收入、提升间接收入）、生态效益（缓解农业污染）和社会效应（提高社会地位），以及进一步探讨绿色生产技术采纳行为是否可以通过提升直接收入、提升间接收入、缓解农业污染和提高社会地位四条路径提高农户幸福感。最后通过倾向得分匹配法构建反事实框架，验证原模型的回归结果。

第 9 章，研究结论、政策建议与展望。首先，通过对研究内容和实证结果进行归纳与总结，凝练本研究的主要结论；其次，立足提升农户绿色生产技术采纳行为感知价值和优化农业绿色生产政府支持体系，探索绿色农业建设中的提质增效策略；最后，提出本研究存在的局限以及未来需要进一步努力的方向。

1.4.4　研究方法

本研究所用到的研究方法主要有文献分析法、问卷调查法和计量分析法。首先，通过文献分析法梳理相关文献和理论，建立本文的研究框架。其次，利用问卷调查法获得本研究的调研数据，通过对感知价值、政府支持和农户绿色生产技术采纳行为现状的描述性统计分析，归纳总结现实中存在的问题。之后，运用计量分析法测度感知价值与政府支持，实证分析感知价值和政府支持对农户绿色生产技术采纳行为的影响。最后，提出相应的对策建议。

1.4.4.1 文献分析法

本研究相关的研究成果采用文献研究法进行了收集与归纳，吸收学习国内外先进的研究方法和模型，从中找到可以借鉴与拓展的方法或视角。梳理和总结国内外关于计划行为理论、农户行为理论、市场失灵理论、外部性理论和信息不对称理论的研究成果，界定感知价值、政府支持、绿色生产技术，从内部因素感知价值和外部因素政府支持双重视角出发，研究农户绿色生产技术采纳意愿—采纳行为—持续采纳行为—采纳行为效应分析的影响机理和影响路径，提出本文的研究目的、意义和内容，奠定理论研究的基础。

1.4.4.2 问卷调查法

本研究对陕西省眉县、周至县、武功县和杨陵区猕猴桃种植户展开实地调查。在国内外相关研究成果的基础上，形成了最初的调查问卷。为保证调查问卷的科学性，调研小组在杨陵区大寨镇的黎陈村和寨西村各随机抽取了 50 户猕猴桃种植户进行了预调研，之后根据预调研情况对调查问卷进行了补充、修订与完善。调研主要采取分层逐级抽样与随机抽样相结合的形式，运用“一对一”入户访谈的形式。由调研员提问并根据受访者回答情况现场填写问卷。最终对每份调查问卷进行自查和互查，保证了数据资料的真实性、完整性与科学性。

1.4.4.3 计量分析法

在本研究的第 4 章至第 8 章中，运用计量分析法展开感知价值、政府支持对农户绿色生产技术采纳行为影响的实证研究。第一，运用因子分析法测度感知价值，运用加权平均法测度政府支持。第二，运用 Heckman 两阶段模型考察感知价值和政府支持对农户绿色生产技术采纳意愿的影响。第三，采用二元 Probit 模型实证研究感知价值和政府支持对农户绿色生产技术采纳行为和持续采纳行为的影响。第四，运用 Order Probit 模型和中介效应模型，实证研究农户绿色生产技术采纳效应分析，并通过倾向得分匹配法构建反事实框架，验证原模型的稳健性。

(1)因子分析法。本研究在梳理相关文献的基础上，借鉴国内外研究方法，运用因子分析法对感知价值变量进行测度。因子分析法是将复杂关系的变量归纳为几个综合因子的一种统计方法，根据各变量间的相关关系，利用降维的思想，将相关度高、联系紧密的变量归结为同一类。首先，从感知货币收益、感知非货币收益、感知货币成本和感知非货币成本四个维度表征农户的感知价值；其次，运用克朗巴哈系数检验数据的信度，采用 KMO 值和 Bartlett 球形度检验数据的效度，判断因子分析模型的整体适用性，采用主成分分析法提取特征根大于 1 的公因子，并对公因子命名；最后，根据公共因子的得分和权重计算感知价值的综合得分和各维度指数。

（2）Heckman 两阶段模型。在农户绿色生产技术采纳意愿的研究中，采纳意愿具体分为投资意愿与投劳意愿两个方面。首先投资和投劳意愿研究的第一阶段是猕猴桃种植户是否愿意对绿色生产技术投入资金和投入劳动，第二阶段是愿意投入资金的猕猴桃种植户的意愿投资金额和愿意投入劳动的猕猴桃种植户的意愿投劳天数。但是如果第一阶段农户不愿意投资或投劳，则第二阶段就无法进行测度。因此本研究选择纠正样本选择偏误的 Heckman 模型来分析感知价值和政府支持对农户绿色生产技术采纳意愿的影响。第一阶段，通过二元 Probit 模型对所有受访农户绿色生产技术投资或投劳意愿的影响因素进行分析。第二阶段，引入逆米尔斯比率 λ 修正样本选择性偏误，采用极大似然法对农户绿色生产技术意愿投资金额和投劳天数的影响因素进行估计。

（3）二元 Probit 模型。由于农户绿色耕作技术采纳行为和持续采纳行为为二元选择变量，本文选用对行为决策解释力较强的二元 Probit 模型，分别检验感知价值和政府支持对猕猴桃种植户绿色生产技术采纳行为和持续采纳行为的影响。同时，采用包含交互项的二元 Probit 模型分析感知价值和政府支持的交互作用对农户绿色生产技术采纳行为和持续采纳行为的影响。

（4）Order Probit 模型。Order Probit 模型是服从正态分布的线性模型，是一种适用于微观分析的经济计量模型。在本文采纳绿色生产技术效应分析中，对经济效应（增加直接收入和增加间接收入）、生态效应（缓解农业污染）和社会效应（提升社会地位）以及幸福感变量较为理想的实证估计方法是采用 Order Probit 模型。

（5）倾向得分匹配法（PSM）。一般 Probit 回归可能存在样本选择问题导致估计结果偏误，为解决传统方法分析农业技术采纳时，农户由于“自选择”而带来因果干涉的问题，本研究使用倾向得分匹配法（PSM），检验农户绿色生产技术采纳行为对其幸福感的影响。通过对是否采纳绿色生产技术的农户进行匹配，减少配对后的农户在除绿色生产技术采纳行为外其他方面的差异。

（6）中介效应模型。在研究绿色生产技术采纳效应时，在研究了绿色生产技术采纳经济效应（增加绝对收入和增加相对收入）、生态效应（缓解农业污染）和社会效应（提高社会地位）的基础上，通过中介效应模型，探讨农户采纳绿色生产技术如何通过增加绝对收入、增加相对收入、缓解农业污染、提高社会地位来影响农户的幸福感。通过中介效应检验程序，对自变量、中介变量和因变量进行层级回归，通过回归系数比较与分析得出中介效应占比。

1.5 本书创新之处

本书创新之处有以下几方面。

(1)指标体系构建方面。根据全面性、分层性、调研数据的易获得性、可比性和独立性的指标体系设计原则,本研究在已有文献分析的基础上,从感知货币收益、感知非货币收益、感知货币成本和感知非货币成本四个维度构建了感知价值的指标体系。从情感支持(情感关心、情感尊重)和工具支持(政策宣传、农技推广、生态补贴)两个大维度、五个小维度构建了政府支持的指标测度体系。结合猕猴桃种植户的微观调查数据,运用因子分析法对感知价值进行测度,采用加权平均法对政府支持进行测度。更加丰富的指标测度体系和更为详尽的原始表征指标特征分析,在一定程度上弥补了现有定量分析之不足,为相关研究开展提供经验证据。

(2)研究内容方面。目前国内学者从经济效应和生态效应两方面分析了农户绿色生产技术采纳的效应。但是农户行为是一个综合考量的过程,越来越多的国家将幸福感作为政策制定和衡量经济社会福利的重要标准(李树 等,2012)。因此,本书在理论分析的基础上,基于微观农户数据,运用 Order Probit 模型、PSM 模型和中介效应模型,实证分析农户的绿色生产技术采纳行为是否具有经济效应(提升直接收入、提升间接收入)、生态效应(缓解农业污染)和社会效应(提高社会地位),以及进一步探讨绿色生产技术采纳行为是否可以通过提升直接收入、提升间接收入、缓解农业污染和提高社会地位四条路径提高农户幸福感。研究结论为引导并推进农户积极采纳绿色生产技术提供有效支持,为相关政策的制定与完善提供决策依据。

(3)研究方法方面。本书采用微观农户调研数据,深入地分析感知价值、政府支持与农户绿色生产技术采纳意愿、采纳行为、持续采纳行为和采纳效应之间的影响路径和机制。采用 Heckman 样本选择模型、二元 Probit 模型、二元 logit 模型、Order Probit 和中介效应模型等进行实证分析和稳健性检验。同时,考虑到可能存在的内生性问题,采用工具变量法和倾向得分匹配法进行处理。研究方法严谨、规范,更好地为提升农户绿色生产技术采纳水平提出切实有效的政策建议。

第2章　概念界定及理论分析

本文根据研究内容，界定感知价值、政府支持、绿色生产技术的概念，为更好地展开后续研究做铺垫。其次，通过阅读大量文献，对本研究所涉及的计划行为理论、农户行为理论、市场失灵理论、外部性理论和信息不对称理论等进行梳理分析，为农户绿色生产技术采纳行为的研究提供坚实的理论基础。最后，探析和构建感知价值、政府支持对农户绿色生产技术采纳行为的影响机理和分析框架。

2.1　概念界定

2.1.1　感知价值

在“经济人”假设下，人们通过权衡主观感受上可能获得的收益和付出的成本来决定是否采取行动，是行为前期望和行为后结果对比的结果(Holbrook，1996；Prasenjit et al.，2016)。而感知价值恰恰就是以产品或服务的具体属性为主要载体，在使用过程中个体对所获取的信息进行处理，并评价感受到的收益获取和成本消耗等因素(裴婷婷，2014)。通常，在有限的预算约束下，消费者会选择性价比最优的产品或者服务(白琳，2009；Pieters，1987)。虽然通过文献综述可知现有研究者们对感知价值的定义各有不同，但随着研究的不断深入以及外延的不断扩展，感知价值的概念和维度也越来越清晰，总体方向具有一定的共性，不会偏离如下定义：顾客所能感知到的预期可以获得的全部所得与其在获取产品或服务中所付出的成本进行权衡后对产品或服务效用的整体评价，也就是个体付出后所能得到的。因此，本研究将农户绿色生产行为的感知价值定义为：农户在进行绿色生产技术采纳行为决策过程中所能感知到的获得的收益和付出的成本之间权衡后得出的主观整体评价。根据感知价值的“权衡模型”，感知价值可分为感知收益和感知成本两个维度，感知收益体现的是个体决定购买某一商品或服务的动力，而感知成本则体现的是购买行为需要付出的成本水平(周涛，2009；Janine et al.，2016)。当感知收益大于感知成本时，个体的感知价值水平为正，行为发生的可能性就越大，反之，当感知收益小于感知成本时，个体的感知价值水平为负，行为发生的可能性就越小。本研究将农户绿色生产技术采纳行为中，农户的感知收益定义为：农户在采纳绿色生产技术行为中所感知到金钱收益、服务质量、情感满足等的全部所得。感知成本定义为：农户在采纳绿色生产技术行为中所感知到如货币、机会成本、精力、时间等的投入。货币是感知价值的重要因素，个体通过货币感知和非货币感知与所获得的产品和服务的效用进行比较。因此可以看出，收益和成本可以是货币层面的，也可以是非货币如心理层面的（Thae，2007）。

因此可以将感知收益维度和感知成本维度进行细分。第一，将感知收益划分为感知货币收益和感知非货币收益（如图 2－1 所示）。货币收益是指可以用货币量化的、农民采纳绿色生产技术所产生的收益，主要表现为经济利益，即生产出绿色产品是否可以卖出更高的价格，产出大于投入，促进农民增收；而非货币收益是指难以用货币量化的、农民采纳绿色生产技术所带来的生态和社会方面的收获，是否有利于改善村庄面貌，改善农地土壤质量，改善生活环境，有利于农民身心健康。第二，将感知成本划分为感知货币成本和感知非货币成本。货币成本是指可以用货币量化的、农民采纳绿色生产技术需要支付的成本，[①]产出小于投入，则收入降低；非货币成本是指难以用货币量化的、农民采纳绿色生产技术必需的体力与脑力的支出及心理负担。[②]

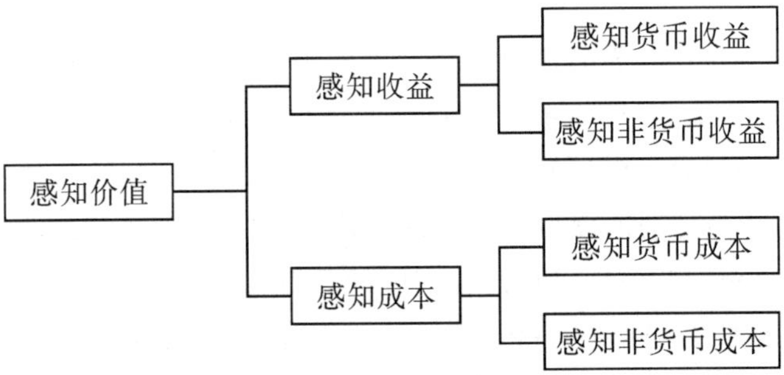

图 2－1　感知价值的概念维度

根据计划行为理论，农户对绿色生产技术采纳行为的感知价值决定其行为意愿和行为决策，农户绿色生产技术采纳行为的感知价值（PV）是感知收益（PB）与感知成本（PC）之差，其中感知收益（PB）包括感知货币收益（PMB）和感知非货币收益（PNMB），感知成本（PC）包括感知货币成本（PMC）和感知非货币成本（PNMC），

① 主要表现为经济成本，采用有机肥、测土配方施肥等需要资金，节水灌溉设施建设和维护需要资金等。

② 花时间学习相关知识和技术，投入更多劳动，遭家人反对，政府支持有不到位的可能，污染很难治理等

因此：

$$PV = PB - PC = (PMB + PNMB) - (PMC + PNMC)$$

农户关于绿色生产技术采纳行为的感知价值是其对绿色生产技术感知收益(PB)与感知成本(PC)进行综合权衡的结果。农民通过对参与绿色生产行为感知价值的判断，确定其采纳意愿和采纳行为。感知收益正向影响农户绿色生产技术采纳意愿和采纳行为，感知成本负向影响农户绿色生产技术采纳意愿和采纳行为。当感知价值越高，农民越会采纳绿色生产技术；当感知价值越低，农民越不会采纳绿色生产技术。

2.1.2　政府支持

从 20 世纪 90 年代以来，农业环境保护和可持续发展问题受到学术界的广泛重视。经济学市场失灵理论认为，绿色生产技术采纳存在外部性和信息不对称性，因此促进农户的采纳行为需要得到政府的支持。王玉环和徐恩波(2005)认为政府支持是指政府通过对农户采取相关扶持政策，从而实现一定农业发展目标的行为。在农业绿色发展和农产品质量安全供给中，政府的重要任务是提升农户知识素养和绿色生产能力。如今，农业政府支持体系多元化多层次多维度发展已经成为大势所趋，其内涵和外延也在不断地延伸。崔宝玉和张忠根(2009)对农村环境治理的公共产品供给进行研究，认为政府支持是指政府通过政策、财政、项目等各种方式，促进农户对农村环境治理的筹资或投劳行为，从而提高农村环境治理水平、公共产品供给水平和供给效率。李曼等(2017)在节水灌溉技术扩散研究中，通过对作为国家节水技术示范区域的张掖市进行实地调研，发现政府通过为农户免费铺设节水管道，提供田间指导、培训和咨询服务，发放宣传资料和设立广播宣传栏等形式进行节水灌溉技术推广，总的来说，政府支持是促进农户绿色生产技术采用的激励手段。林星和吴春梅(2018)认为政府支持是政府通过替代、扩张或补充市场功能的方式提供各种支持，以期减少由于市场制度的不完善而造成的不利影响。政府提供补贴相当于缓解资金压力，通过激励促进发展，减少政策负面效应，政府支持政策可以带来积极的正面效应(卞晨 等，2022；王图展，2017)。

根据相关文献，大多数学者从多个维度对政府支持进行表征，例如徐旭初(2014)从赋权理论的视角出发，研究了政府支持在农民合作社的发展过程中的作用，他将政府的支持分为个体、组织、环境三个层面，并分别考察其对合作社在知识、关系、体制等方面的支持。淦未宇等(2015)认为政府支持显著负向影响新生代农民工的离职意愿。主流的多维度政府支持的方式主要为政策宣传、技术培训、生态补贴、推广服务等(Romy et al.，2011)。也有学者对政府支持方式进行分类。蔡卫星和高明华(2013)认为政府支持可分为直接支持和间接支持，直接支持是政府直接对农户提供的各类补贴、技术推广服务等支持。而间接支持则是指政府借助村组织这样结构较为松散的非正式组织来实施对农户的支持。杨柳(2018)将政府支持划分为情感支持和工具支持,情感支持是指政府组织对农户使用灌溉设施给予充分尊重、关心和帮助,以及重视农户在环境治理中所作的贡献。工具支持是指政府组织为农户提供良好的灌溉设施和所需的人员支持以及完善的灌溉信息。另有学者认为,政府支持也可分为显性支持和隐性支持(Eisenberger et al.,2002)。因此,结合相关研究成果并根据猕猴桃的实际种植情况,本研究将政府支持划分为政府组织为种植户提供情感(情感关心和情感尊重)和工具(政策宣传、技术推广和生态补贴)方面的支持。

2.1.3 绿色生产技术

农业点源污染得到了有效的缓解,面源污染逐渐开始吸引全社会的极大关注。治理农业面源污染的有效方法是通过绿色农业生产建立更优质的生态系统(全为民 等,2002)。绿色农业是一种可持续发展的农业,包括良好的农业规范、有机农业、生态农业和保护性农业等(谭秋成,2015)。绿色农业生产按照生态经济学原理,以节能、降耗、减污为主要目标,合理利用农业资源以减少投入品使用量、提高农业资源利用率,从而治理农业面源污染,生产无污染、安全、优质农产品,进而促进农业可持续发展(李庆江 等,2014)。农业的可持续发展与绿色农业技术密不可分,绿色生产的核心在于推动优质生态的农业生产方式——农户采纳绿色生产技术(张维理 等,2004)。将最先进的绿色生产技术运用到农业生产之中,通过农业全产业链绿色生产实现减少农业面源污染、缓解水资源短缺和达到可持续发展的生产方式(杨志武 等,2010;周新德 2013)。联合国环境署推荐的绿色生产技术主要包括使用节水灌溉设备、有机化肥、测土配方施肥、物理和生物等多种技术措施防治病虫害等,即农户种植时在灌溉、施肥、施药等环节中采纳有利于减少农业污染的技术,主要包括水生生态保护与修复技术、化肥农药减量与增效技术、农业废弃物回收技术、重金属污染控制与处理技术、草畜配套绿色高效生产技术等(曹慧 等,2019;董莹 等,2019;郑鑫,2010)。田云等(2015)认为农户的绿色生产行为是减量使用农药化肥的行为,按照国家标准或者低于标准使用农药、化肥。石志恒等(2018)认为农户的绿色生产行为是指农户在种植活动中减少农药化肥的施用,对废旧地膜以及秸秆的回收利用等行为。张亚如(2018)研究认为绿色生产技术是为了达到保护生态环境、节约资源和促进农业可持续发展的目的,而在生产中使用的各种技术的集合。

根据农业农村部《农业绿色发展技术导则(2018—2030 年)》,绿色生产技术主要包括耕地质量提升与保育技术、农业控水与雨养旱作技术、化肥农药减施增效技术、农业废弃物循环利用技术、农业面源污染治理技术、重金属污染控制与治理技术、畜禽水产品安全绿色生产技术、水生生态保护修复技术、草畜配套绿色高效生产技术等。本研究充分考虑猕猴桃种植的现实情况，选取灌溉技术、施肥技术、施药技术三个方面构建指标体系，表征猕猴桃种植户的绿色生产技术采纳行为。具体而言，本研究将猕猴桃种植户采纳绿色生产技术行为定义为农户在生产过程中是否采纳节水灌溉技术、有机肥替代技术和绿色病虫害防治技术。

2.2 基础理论

2.2.1 计划行为理论

Fishbein 在 1963 年提出了多属性态度理论（TMA，theory of multiattribute attitude），该理论认为个体的行为态度决定了行为意愿，并且会对行为的结果有所预期。进一步地，人们会对实际行为的结果进行评估，预期和实际相比较的结果会影响个体的态度进而决定行为的意愿（Fishbein，1963）。随后，在多属性态度理论的基础上，1975 年美国心理学家 Ajzen（1991）提出计划行为理论（TPB，theory of planned behavior），这一理论是在多属性态度理论的基础上进一步的延伸。计划行为理论贴合行为决策的实际，行为态度、主观规范和知觉行为控制（perceptual behavioral control）等变量对行为意愿均表现出显著正向影响（杜斌 等，2014；张红 等，2015）。计划行为理论认为个体的行为是多重因素共同作用的结果，行为态度、主观规范和知觉行为控制直接影响个体的行为意愿，而行为意愿又是影响行为的重要因素（见图 2-2）。其中，行为态度（behavior attitude）是人们对某一种特定行为的喜好和偏爱程度，是正面或负面的感觉，是执行该行为欲望的体现；主观规范（subjective norm）是人们在实施某一种特定行为的时候感受到的来自周边环境的压力，知觉行为控制是人们感受到的某一种特定行为在实施时是否在自己的能力控制范围之内，也就是该行为执行的难易程度（杨廷忠 等，2002）。行为意愿反映了个体对某一特定行为的实施意愿，行为就是对于这一特定行为所采取的实际行动。具体来讲，计划行为理论的分析主要有如下过程：第一个阶段是个体的行为态度、主观规范、知觉行为控制——行为意愿；第二阶段是个体的行为意愿——个体行为。

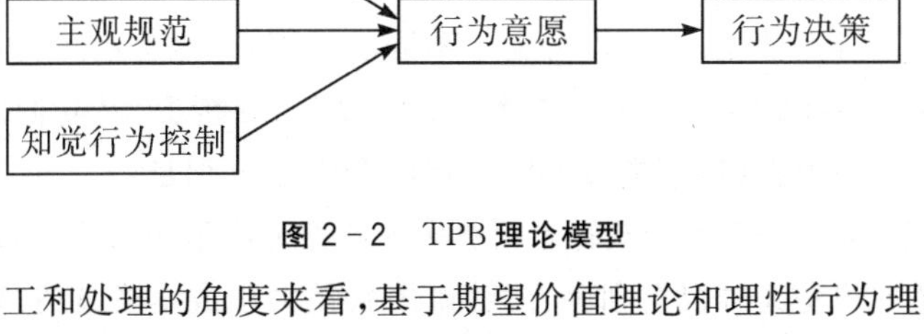

图 2-2 TPB 理论模型

从信息加工和处理的角度来看，基于期望价值理论和理性行为理论、计划行为理论的分析框架，可以通过行为态度、主观规范、知觉行为控制来解释分析和预测个人的行为决策过程(段文婷 等，2008)。第一，如果个体有明确的行为态度，态度越积极，则可以越好地预测行为意愿和行为决策。第二，如果面临的压力越大，主观规范的影响越大，个体的行为意愿越会进一步地转化为行为决策。第三，知觉行为控制可以分为知觉控制和知觉困难两项，同时作用于个体的行为意愿，行为越容易完成，知觉行为控制越强烈，越会影响个体的行为决策，也会越顺利地完成行为决策(李昊 等，2018；闫岩 2014；林丽梅 等，2017)。

计划行为理论如果用函数表示：

$$\mathrm{BD}=f(\mathrm{BI})$$

而

$$\mathrm{BI}=g(\mathrm{BA},\mathrm{SN},\mathrm{PBC})$$

其中，BD 表示行为决策，BI 表示行为意愿；BA、SN、PBC 分别表示行为态度、主观规范和感知行为控制。在绿色农业生产上，农户的绿色生产技术采纳行为的机理亦遵从农户的行为态度、主观规范和知觉行为控制—行为意愿—行为决策。

计划行为理论是心理学中用于分析个体态度和行为的一个重要理论，近些年来对个体技术采纳行为的探索也以计划行为理论作为理论研究基础。刘丽(2020)在分析资源禀赋对农户水土保持耕作技术采用意愿和采用决策的影响时，以计划行为理论为基础，并以技术认知和采用意愿作为中介变量。崔亚飞和 Bluemling(2018)研究认为，农户对生活垃圾处理行为的行为态度、主观规范和知觉行为控制会影响其生活垃圾的处理意愿，从而进一步影响其生活垃圾处理行为。生物农药的购买意愿和购买行为具有一致性，愿意购买的农户中有 98.77%的农户有过购买行为，但两者的影响因素差异性较大(傅新红 等，2010)。农户绿色生产技术采纳行为基于农户有限理性的分析，尽管农户不能实现个人利益的绝对最大化，但可以追求一种个人利益的相对最大化(徐健，2004)。行为决策受到行为意愿的影响，而行为意愿受到行为态度、主观规范和知觉行为控制的影响，因此本书以计划行为理论为基础，深入探讨感知价值、政府支持与农户的绿色生产技术采纳意愿和行为决策，并据此构建理论分析模型。

2.2.2 农户行为理论

国内外学者关于农户行为理论展开了全面深入的研究，并且形成了两个最具有代表性的理论研究分支，之所以分为了不同的学派，是因为有关传统小农具有何种理性的争论。主要的关键点在于“经济人假设”的分析上，对立的观点是农户是社会理性还是经济理性(黄鹏进，2008)。这两个学派分别是：

第一，以诺贝尔经济学奖的获得者西奥多·威廉·舒尔茨为代表的“理性小农”学派，该学派认为农户是经过权衡利弊，能够做出收益大于成本决策的“理性”经济人。

第二，以苏联农业经济学家恰亚诺夫为代表的“生存小农”学派，该学派则认为农户的生产决策是实现家庭效用最大化的非理性行为。

本文在研究农户采纳绿色生产技术行为过程中，借鉴“理性小农”学派的观点，认为农户是“理性的经济人”。农户在是否采纳绿色生产技术行为的决策过程中，遵循利润最大化原则。

1. 以舒尔茨为代表的“理性小农”学派

舒尔茨提出了“理性小农”理论，并撰写了著作《改造传统农业》，书中的思想产生了深远的影响。在该书中，舒尔茨阐述了如下观点：以“理性经济人”和“完全市场信息”为假设前提条件，在传统农业里，农户根据日常的种植经验，在长期与短期的利益之间找寻平衡点。农户为追求利益最大化而做出理性的生产经营决策，他们是以利润最大化为目的的理性“经济人”。传统农业落后的原因是生产要素价格过高导致收益率低，这也是农业生产要素边际投入递减规律所决定的。因此在个人禀赋和外部环境的制约下，农户需要着重考虑的因素是如何增加产出和减少成本投入（杨永华，2003）。舒尔茨认为可以通过外部市场，把新的生产要素输入到传统农业中，从而改造传统农业为现代农业。其次，以教育投资为主要的投资内容，通过教育投资来提升农民的整体素质和利用新生产要素的能力（杨德才，2009）。因此，改造传统农业的根本举措在于以集体化为载体，发展合作社及纵向一体化，以及新的现代农业要素和资本的投入（夏永祥 等，2005；邓大才，2013）。中国已经处于加快改造传统农业的关键时期，方法和策略应该集中在农业外部规模经济和配套服务上（丁长发，2010；王一帆 等，2015）。中国基于马克思主义的立场和观点，形成了中国共产党改造传统农业的思想体系，以社会制度改革为突破口，从制度、技术及文化等多方面全面改造传统农业（尹胜，2021）。中国这样的发展中国家，必须将传统农业改造为高生产率的现代农业，才能为经济增长注入活力（王英姿，2014）。

2. 以苏联农业经济学家恰亚诺夫为代表的“生存小农”学派

20 世纪以前，各经济学派并没有建立和农民行为有关的经济学体系，20 世纪初，俄国“组织—生产”学派的主要理论家恰亚诺夫填补了这一空白（秦晖 等，1989；徐建青，1998）。通过代表作《农民经济组织》，对农奴制改革后俄国农民和农民经济进行了深入研究，探讨的方向主要是农业的经济结构和农民家庭自发经济行为，强调了农民家庭经营的非资本主义性质（翁贞林，2008；张慧鹏，2018）。

农户的“理性”之争实质是不同形式的“理性”之争。恰亚诺夫认为农户的行为是非理性的，农户经济行为的基本单元是农户，小农经济在社会化的大环境下将长期存在，具有合理性和稳定性，农户的全部经济活动内容和过程都是为了满足其家庭生存的需要（宋圭武，2002；吴晓燕，2007）。这种经济活动属于自给自足的自然经济类型，农户认为自己从事农业生产的目的是谋生而不是追逐利益。恰亚诺夫农业经济思想主要包括农民经济理论和农民合作社理论两个部分，他也提出了农民家庭农场的概念。恰亚诺夫认为，农民家庭农场是一种以家庭劳动力为主要劳动力为来源的农村经济形式，目的是达到家庭的劳动和消费均衡的状态（谷树忠，1994）。他以家庭农场为研究基础，以合作社为载体，构建了“小农场＋合作社＋支持型国家”的现代农业纵向一体化发展模式（潘璐，2020）。传统的农户是生存小农，本质上属于一种伦理型和生存型的经济模式，农户的文化、传统、社群关系、乡土伦理、生命哲学等都与之密切相连（马良灿，2014）。但是不应该从完全分裂的角度来看待“生存小农”和“理性小农”，因为这两者之间可以以连续的视角形成动态的转化机制（陈雨露 等，2009）。根本需求是满足每一个家庭的生存和发展需求，通过梳理每个小农面临的关键因素，来利用这些因素的联结点实现彼此之间的平衡（张洪新，2021）。传统的“生存小农”着眼于研究农民贫富循环的分化形态和农民未来的发展方向，新时期恰亚诺夫主义在全球化和市场化的大趋势下，进一步深化为对于再小农化的深入分析和对社会反向运动进行的倡导（叶敬忠 等，2021）。

2.2.3 市场失灵理论

假如存在一个完全竞争的市场，市场机制就能够使资源得到有效的配置，甚至达到帕累托最优。亚当·斯密在《国富论》中提出，在完全竞争假设下，市场作为“看不见的手”可以进行自我调节，但市场也会有“失灵”的情况。因为完全竞争市场这一严格的前提假定很难在现实生活中出现，垄断、公共物品及外部性等各种情况都会变成干扰因素（许恒周，2008）。随着资本主义经济的周期性波动，学者也尝试提出“市场并不是万能的”，并开始探寻微观和宏观经济领域中市场失灵理论的逻辑和边界。市场失灵理论最早是由萨缪尔森提出的，是西方经济学的一个重要组成部分。以萨缪尔森的著作《公共支出的纯理论》为标志的市场失灵理论，成为经济理论研究的一种新方法和新视角并逐渐发展成熟（刘辉，1999）。同时，也为西方国家尤其是发达市场经济国家处理政府和市场的关系提供理论依据，明确政府职能的具体范围及内容（蔡宇平，2000）。市场失灵理论认为，造成市场失灵的原因是市场机制不完善导致的配置效率不足、人性缺陷导致的非配置低效率以及社会分配不均等（朱富强，2021）。市场机制可以有效地配置资源，但市场经济并不是完美无缺的，市场的失灵会影响有效的资源配置和既定社会发展目标的实现。

市场失灵的内涵有微观和宏观两个层面：微观是指市场机制和外部环境的缺陷和限制使得市场不能体现最优状态。而宏观层面的市场失灵是市场机制达不到国家在总体经济上的宏观要求而产生的失灵（王洪会，2011）。许多市场失灵要通过市场本身进行修复来矫正偏误（如供求变动和竞争机制等方式），但有时还需要政府发挥职能在一定程度上修复市场失灵(如干预、管理和计划调节等方式),明确政府在市场自发运行之外应该进行必要的干预以化解市场失灵(吴开超 等,2004;周峰 等,2008;刘国光,2015)。但是政府的干预有时也存在一定的局限性,在市场经济体制下,政府为了纠正市场失灵而干预市场经济体制下的经济运行,同样可能面对失灵的结果(陈振明,1996)。政府和市场成为两种最基本的资源配置手段,并且成为互补和协调的关系,寻求政府和市场的最佳作用结合点,才能达到宏观调控经济社会分配以及保护自然资源和生态环境等作用(石玉平,1996)。根据新自由主义的市场失灵来理解我国政府和市场关系,尤其是理解如何更好发挥政府作用方面,具有很大的局限性。因此,要在理论和实践中,解决新自由主义下市场失灵理论存在的双重悖论(杨静,2015)。只有理想中的政府才能达到完全有效的调节作用,特定假设条件下的市场调节才是完美的。经过多年探索,我国摸着石头过河,实现从计划经济向社会主义市场经济的转变。在中国特色社会主义现代化建设中,在处理市场失灵时经过了四个阶段,最终探索出"有效市场、有为政府"的组合方案(张新宁,2021)。当市场出现失灵时,政府可通过制定相关管控政策和激励政策予以协调,捋顺政府和各市场的关系,不断发展完善社会主义市场经济。新中国成立以来,我国逐步建立农村市场,经历过的市场失灵就包括农业生产外部性和粮食收购垄断等。有证据显示,农民在解决市场失灵问题中发挥着重要作用。我国的实证性研究也有助于新制度经济学理论与实践的发展(张昴 等,2019)。

2.2.4　外部性理论

新制度经济学的重要理论之一是外部性理论,外部性也称作外部效应(externality)或者溢出效应(spillover effect)。庇古的"庇古税"、马歇尔的"外部经济"以及科斯的"科斯定理"是外部性理论发展经历的三大阶段(沈满洪 等,2002;张宏军,2007)。外部性理论最早来自马歇尔发表的《经济学原理》中提出的"外部经济"概念,由于企业外部因素例如市场大小、运输便利度等所导致的生产成本的减少。在环境外部性研究中,他认为外部性与环境污染之间呈 U 形关系(郗伟东 等,2021)。1920 年,"福利经济学之父"庇古在其所著《福利经济学》一书中用现代经济学的方法从福利经济学的角度探究了外部性问题,并提出由国家政府采用征税手段来调节边际社会成本和边际私人成本之间的平衡,从而实现资源配置的帕累托最优。虽然庇古税方法存在缺陷,但仍然是环境管理中的一项重要工具。科斯把制度经济学发展到了"新古典"制度经济学阶段,并创建了交易成本和产权等理论(黄少安,2013)。交易成本是为促成交易而产生的成本,不同类型的交易成本金额不同。科斯对庇古的理论并不赞同,他认为只要能清楚地界定产权(包括空气、水等自然资源),外部性的问题就可以通过市场交易加以解决,无须政府干预。农业环境问题的本质是外部性问题，外部性的内在化和环境保护的市场化都与产权问题息息相关，明晰产权可以有效地划分责任，有利于约束和激励各个利益主体，从而解决“哈定悲剧”[①]（卢现祥，2002）。然而，要做到产权清晰，有时需要很大的成本，有时甚至不可能做到。存在交易成本时，产权的重新调整如果不能改善效率，需使用适当的产权交易装置来改善总的福利效果（罗必良，2017）。科斯并不是完全否定庇古的理论，而是对庇古理论的进一步探索和完善。因此在实际的政策工具使用过程中，庇古税和科斯理论可以搭配选择使用。

外部经济效果是个体行为对另一个参与经济活动的主体的福利所产生的影响。外部性包括正外部性和负外部性。正外部性是指个体的活动给他人带来利益并且利益的获得者不需要付出任何代价；反之，如果个体的活动给他人带来损害并且损害的造成者也不需要付出任何代价，那么就是负外部性。外部性是农业经济中普遍存在的现象，而农业环境保护的出发点和落脚点就是消除外部性或将环境外部性内部化。私人成本是个人在生产或者消费时所承担的成本费用，社会成本是私人成本和外部成本的总和，社会成本＝私人成本＋外部成本 。外部成本即负外部性，如果出现外部性问题，则社会成本和私人成本之间就会发生偏离。当存在正外部性时能够为社会带来额外的利益，社会成本小于私人成本，当存在负外部性时则会给社会带来额外的成本，社会成本大于私人成本，也无法实现社会资源的最优配置（林成，2007）。

外部性理论可以很好地解释本研究中的农业污染问题，详细地阐述了污染对农业环境或农业生产带来的诸多不利因素（刘聪，2018）。周镕基等（2017）研究表明，农业生产正外部性主要包括有涵养水源、固碳释氧、改善大气质量、维持营养物质循环以及土壤净化等生态功能。而农户种植经营的负外部性是农户在种植的过程中没有考虑到的生产者本人或者外部社会活动产生的副作用，主要是大量施用化肥和农药等对水、土以及空气等产生的污染，导致生态失衡和生物多样性降低等环境问题。运用分解求和法，对外部性各影响因素进行分项计算，汇总求和后，可以评估出环境外部性带来的损益情况（马琼 等，2015）。由于早年间中国找到了适合国情的产权界定方法，使得全社会的交易费用下降，经济走上高速发展的快车道。但是近些年来，我国部分经济改革措施与产权界定和控制交易费用产生巨大摩擦，致使经济出现了发展困境，影响和制约了中国未来经济社会的可持续发展。外部效益的内部化是解决目前农地和农村资源保护外部性问题的根本途径，生态补偿是有效的解决办法之一，能够激励和调动保护生态环境的积极性，将外部性成本内部化（牛海鹏 等，2014；王娜娜 等，2015）。具体来说，通过生态产品、政府购

① 过度开发公共资源导致市场失灵。

买、协议补偿、创建市场等方式，加大农业资源的充分利用，从根本上解决一系列环境保护与经济发展之间的冲突，建立一条有效的生态农业之路（黄丽 等，2016；王奇 等，2020）。农业的外部性对人类福利产生直接或间接的影响，农地资源得不到应有的保护是因为市场机制的自身缺陷导致人们对其价值缺乏定量认识（宋敏 等，2009）。环境外部性的治理政策工具主要有两大类：命令—控制型工具和市场政策工具，如何权衡利弊，趋利避害，正确地选择政策工具成为关键性因素（孙鳌，2009）。例如，通过征收环境税可以纠正对能源的过度使用，相反，不征收环境税则不能有效地抑制对资源环境的过度消费。前者可以同时促进经济增长和降低环境污染，后者就会造成较大的生产效率损失和较高的社会福利损失（范庆泉 等，2016）。但与此同时，要将环境税的税率设定在一个合适的水平，不能让环境税带来的资源配置扭曲效应高于环境负外部性的改善效应，从而降低社会福利水平（张同斌 等，2017）。但是上述解决方法的实施一般均出现在问题发生后，先发生后治理成为解决资源环境外部性问题的传统方法，这一方法明显被动，且存在一定的局限性，王海龙和赵光洲（2007）提出，采用循环经济“预防为主，全过程控制”的方式解决资源外部性问题，能够较好地弥补传统方法的不足，具有更大的优势。

2.2.5 信息不对称理论

1959 年，美国经济学家马尔萨克在其发表的《信息经济学评论》中首次提出信息经济学的概念，美国经济学家乔治·J. 斯蒂格勒紧随其后，对信息的成本、价值等多方面展开了深入的研究和探索。信息不对称理论（asymmetric information theory）是信息经济学的研究重点，研究的方向主要聚焦于信息不对称与市场效率之间的关系的研究。在经济交易活动中，交易双方由于获得信息的渠道不同，所掌握和了解的信息不同，由此引发了信息不对称问题。在不对称信息中，拥有信息优势的一方被称为“代理人”，不具有信息优势的一方被称为“委托人”，掌握信息多的交易主体可以通过隐瞒某些有利信息达到自身效用最大化，并同时有可能损害交易另一方的利益，从而导致逆向选择、道德风险等负面作用，造成市场失灵现象（田璞玉 等，2019）。同时，为了在某种程度上解决信息不对称，交易者需要花费大量的人力、物力和财力收集对方的信息和采取手段来防范对方，进一步造成市场效率的低下（马晓丽，2010）。对不对称信息进行分类可以根据信息发生的时间和内容两个维度。第一，从时间维度来看，可分为事前不对称信息和事后不对称信息。事前不对称信息是指不对称信息在交易之前已经产生，这类情况会导致逆向选择问题；事后不对称信息是指不对称信息在交易之后才产生，这类情况会导致道德风险问题。第二，从内容维度来看，可分为隐藏行动和隐藏信息。如果交易一方无法预测另一方的行为则被称为隐藏行动，如果交易一方无法了解另一方所掌握的知识则被称为隐藏信息(黄琪,2014)。

1970年,美国经济学家乔治·阿克洛夫(George Akerlof)在《次品市场:质量的不确定性和市场机制》中提出了信息不对称理论,并且在《柠檬市场:质量不确定性和市场机制》中也以旧汽车二手市场为例提出了柠檬市场理论。他认为,生产者和消费者之间存在信息不对称,由于消费者无法获得全面而真实的产品信息,生产者逆向选择生产低质量的产品,使市场陷入"柠檬"困境,出现"劣币"将"良币"驱逐出市场的情况,也就是产品质量下降,劣质产品将高质产品驱逐出市场(周敏 等,2017)。综上可知,信息不对称会产生"逆向选择"问题。在绿色生产技术采纳方面,农户和农产品购买者也存在信息不对称。从农户角度,他们对于新型环保技术具有知识和信息的壁垒,限制了技术的采纳;从消费者角度讨论,他们对于绿色农产品也同样具有知识和信息的壁垒,很难确定自己购买的是否为绿色农产品。因此,"不绿色"的农产品和"绿色"农产品可能获得同样的价格,农户无论是否严格按照绿色生产流程进行生产,在消费者处都获得同样的对待。生产者采纳绿色生产技术需要付出相应的成本却没有获得更高的收益,逆向选择行为就会在现实中发生。高质量的农产品会因为不能得到相应高回报而被低质量的农产品挤出市场。生产者和消费者之间存在的农产品质量安全信息的不对称使得整个农产品市场"柠檬化"。

信息不对称也会产生"道德风险"的问题。道德风险是指个体为了追求自身利益最大化而做出不利于他人的行为或不愿承担相应风险后果的违约行为(张利国 等,2017)。为了增加产量和优化产品外观,农户大量施用化肥和农药,甚至例如膨大剂等含抗生素和激素的化学制剂,而在这种情况下他们并不需要对自己的行为承担严苛的责任,农产品的质量信息也很难被消费者获取。长此以往,农户便会采取利己行为,故意违规生产农产品,这样的行为就被认为是道德风险行为(娄博杰,2015)。麦克·斯宾塞(Michael Spence)和约瑟夫·斯蒂格利茨(Joseph Stiglitz)也进一步对信息不对称理论进行了深入研究和探讨,指出市场经济也并不能完全依靠市场机制,由政府相关法规和政策加以规制和监督,对解决信息不对称的问题和规范市场的发展将大有裨益。对于本文探讨的绿色生产技术采纳,如果政府一方面加强干预农户绿色生产行为,另一方面建立农产品质量标准化体系,增加绿色农产品的信息传递渠道,将大大有利于解决信息不对称带来的逆向选择问题。

2.3 影响机理分析

在中国工业化发展不断加速的背景之下,农业逐步开始通过采用化学手段提高产量。化肥、农药等化学投入品造成农业面源和点源污染日益严重 。本文以计划行为理论、农户行为理论、市场失灵理论、外部性理论和信息不对称理论为基础，基于微观农户视角，采用眉县、周至县、武功县和杨陵区猕猴桃种植户的样本数据，分析了感知价值和政府支持对农户绿色生产技术行为的影响。研究结论从理论上有助于拓展深化感知价值和政府支持的理论内涵、有助于推进农户行为意愿、行为决策和行为效果的研究。实践中对改善我国农业污染，创造农村宜居环境、创建可持续发展农业和优化生态功能具有重要意义。

计划行为理论阐释了个体行为的形成机制和内在逻辑。行为态度、主观规范和知觉行为控制三个关键变量及其相互作用，决定了个体对某一具体行为的行动意愿。在实际控制条件充分的情况下，行为意愿直接决定该行为是否发生，行为意愿越强，则该行为发生的可能性越高。农户采纳绿色生产技术行为态度是农户对于采纳绿色生产技术的综合评价。农户采纳绿色生产技术行为的主观规范是农户感知到自己是否采纳绿色生产技术的行为会受到政府、亲戚或者周围邻居等带来的压力和动力。农户采纳绿色生产技术的知觉行为控制可以理解为农户对从事绿色生产难易程度的信念(东梅 等，2019；李傲群 等，2019；刘保平 等，2021)。本研究借鉴相关研究成果，以计划行为理论为基础，探讨感知价值、政府支持如何通过农户行为态度、主观规范、知觉行为控制影响农户的绿色生产技术采纳意愿，进而影响绿色生产技术的采纳行为、持续采纳行为和采纳效果。

2.3.1　感知价值对农户绿色生产技术采纳行为的影响机理分析

农业现代化是实施乡村振兴战略的总目标，农业绿色发展则是促进农业现代化的重要途径。当前，整体上中国农户依旧处于数量多、分布散且小规模经营的阶段(林万龙，2017)。作为农业生产微观经营主体，农户生产方式的绿色化是农业绿色化发展战略的关键(秦诗乐 等，2020)。农户作为农业生态环境行为的主体，是参与绿色生产行为、生产和提供绿色农产品的主要力量。“理性经济人”理论认为，行为决策是个体对收益和成本进行比较的结果，理性个体总是追求以最小的成本获得最大的收益(林毅夫，1998)。作为理性经济人的农户在决定是否采纳绿色生产技术时，农户势必要进行感知价值的衡量(盖豪 等，2020)。立足农户微观视角，农户对采纳绿色生产技术的价值评判决定其采纳意愿和采纳行为。农户是否选择采纳绿色生产技术是基于自身利益最大化考虑，是通过不断比较采纳绿色生产技术前后利益和成本的大小所做的选择。感知是人行为表现的心理基础，农户作为绿色生产行为的直接主体，是最好的信息反馈者，能真实理性地感知到绿色生产行为带来的收益和成本。感知价值是人们对特定情境中对产品或服务感知利得与利失所做出的综合评价，是影响个体决策意愿和行为的重要因素(孙凤芝 等，2020)。因此价值感知是形成农户态度和行为的最直接原因。也就是说，农户对于绿色生产技术的采纳意愿和采纳行为在很大程度上受其对该技术的感知价值影响。

根据计划行为理论和农户行为理论，个体行为意愿影响个体行为，态度、主观规范和知觉行为控制影响行为意愿。意愿是产生实际行为的主要动力，根据“感知价值→采纳意愿→采纳行为→持续采纳行为”的路径模式，农民具有社会理性和生态理性，他们对绿色生产技术的感知价值是多方位的（喻永红 等，2021）。技术收益预期是影响农户采纳意愿和行为决策的关键因素，绿色生产技术采纳能通过提高农户资本、劳动、土地生产率、技术配置效率，促进农户收入的增加，享受政府惠农政策方面的经济效益以及达到减少环境污染和资源浪费的效果（Fitsum et al.，2012；杨彩艳 等，2021）。这些感知到的货币收益和非货币收益在很大程度上促进了农户采纳绿色生产技术。农户感知收益对采纳意愿和采纳行为具有正向影响（胡银根 等，2020；李明月 等，2020；吴璟 等，2020）。与此同时，农户对绿色生产技术的采纳意愿和采纳行为需要考虑可能存在的成本情况。绿色生产技术采纳成本的限制、“高劳耗”、“高技术准入门槛”，这些感知到的成本付出会在很大程度上抑制农户采纳绿色生产技术（陈宇翔 等，2022）。因此感知货币成本和感知非货币成本对采纳意愿和采纳行为具有负向影响。

基于此，本书提出以下研究假说：

（1）感知价值显著影响农户绿色生产技术采纳行为。

（2）感知货币收益和感知非货币收益正向影响农户绿色生产技术采纳行为。

（3）感知货币成本和感知非货币成本负向影响农户绿色生产技术采纳行为。

2.3.2 政府支持对农户绿色生产技术采纳行为的影响机理分析

公共资源的“公地悲剧”在农村人居环境问题中似乎成了必然现象。农业生产中农药化肥等施用量的超标造成严重的负外部性，减少施用农业种植中的农药化肥成为现代农业政策的内容之一（王常伟 等，2013）。对于农村来说构建无污染、低消耗、高附加值的绿色生产方式是解决农村环境问题的必经之路。生产生态产品需要通过投入物质资源和人类劳动，具有公共性和外部性的特点（沈辉 等，2021）。根据市场失灵理论，公民和政府与环境保护工作的开展关系最为密切，污染治理需要通过政府支持形成改变微观经济主体行为的倒逼机制，从而改善资源稀缺性与保障性供需结构（曹前满，2020；陈多闻 等，2018；袁华萍 等，2014）。农业面源污染调控的最终目的是引导微观层面的农户自觉调整自身的生产行为。这就需要政府认识到目前农业面源污染治理的困境，加大政府公共农业技术支持，采取长期的、有效的正向经济激励措施，使农民积极地采用环境友好型农业技术（饶静 等，2011）。政府通过农户行为态度、主观规范、知觉行为控制等影响农户的绿色生产技术采纳意愿和采纳行为，也就是收益预期、邻里效应和技术学习容易程度对农户技术采纳意愿有显著影响(王学婷 等,2018)。

首先,农户采纳绿色生产技术行为态度是农户通过正面或者负面的评价所产生的期望收益值,从而采取相应的反应,也就是绿色生产技术的采纳意愿和采纳行为。农民会施用更多量和种类的化肥和农药来避免农业生产的不确定性,在可接受的范围内提高产量、控制虫害(米建伟 等,2012)。如果农户认为采纳绿色生产技术可以带来预期收益,则他们的行为态度就是正向而积极的,但是如果农户认为采纳绿色生产技术存在很大的成本和不确定性,影响他们目前种植模式和收益,那么农户的行为态度将是负面而消极。绿色技术扩散较慢是由于农户对新技术不了解从而不愿冒风险采纳,这也是农户绿色生产技术采纳行为学习成本的假说之一(Jeremy,2003)。农户对绿色生产技术认知的欠缺直接影响农户的行为态度,而主观能动性对技术采纳起着不可或缺的作用(国亮 等,2011)。家庭经济水平是制约农户自觉采用绿色化生产技术的重要因素。生态补偿是促使农户实施绿色生产行为,实现农业绿色发展的重要政策之一(杨福霞 等,2021)。农业生态补偿是对恢复、维持和增强农业生态系统服务功能做出贡献的个人和组织的正外部性行为给予经济补偿(邓远建 等,2015;尚燕 等,2018)。补贴主要通过降低总成本,提高积极性,缓解资金约束对农户绿色行为产生影响(谭永风 等,2022)。利用补贴政策可以引导要素投入和优化要素配置,提高要素使用水平,提高技术采纳率(左喆瑜 等,2021)。由于农业面源污染的特殊性质,政府支持也以教育培训手段为主(华春林 等,2016)。通过政府的农业技术推广,技术的可获性显著促进农户对绿色生产技术采纳的意愿和行为(储成兵,2015)。此外情感、责任感、价值观对绿色生产技术的采纳意愿和采纳行为有显著的正向影响(廖冰 等,2018)。因此,政策宣传、农技推广、生态补贴、情感关心和情感尊重能够显著促进农户对绿色生产技术的认知水平和理解程度,提升生态情感和责任感,提高相关技术的掌握程度,进而提高“农户行为态度”,从而促进农户绿色生产技术的采纳意愿和采纳行为。

其次,农户采纳绿色生产技术行为的主观规范是农户感知到自己是否采纳绿色生产技术的行为会受到政府、亲戚或者周围邻居等带来的社会规则和社会网络的影响。如果周围人都积极采纳绿色生产技术并主动监督身边的人,则会提升农户采纳绿色生产技术的意愿和行为决策(贾亚娟 等,2022;张童朝 等,2020)。农产品生产与农药施用的微观行为主体——农户的绿色生态行为对于农产品质量安全与“绿水青山”目标的实现都发挥着重要作用。有研究结果表明,社会网络对农户采用环境友好型技术影响显著(冯晓龙 等,2016),人际信任、制度信任、互惠规范正向影响农户保护性耕作技术采用行为(盖豪 等,2019)。政府的政策宣传带来农户对舆论压力感知的提升,可以显著影响农户采纳绿色生产技术的采纳意愿和采纳行为(盖豪 等,2021)。某一农户违反绿色农业发展的社会规则就会受到地方政府、村民组织或周围村民的抵制，从而给农户带来一定的社会压力，提升主观规范促使其采纳绿色生产技术。此外，政府补贴等政策工具均对绿色生产技术的采纳意愿和行为决策具有积极影响（郑纪刚 等，2021）。如果农户在绿色生产技术采纳过程中遇到困难时，能得到政府的关心和帮助，并且政府在农户采纳绿色生产技术后给予充分的尊重，重视农户在环境治理中所作出的贡献，会显著影响农户主观规范的产生，从而促进农户采纳绿色生产技术。大规模农户受教育水平高、经营规模大、接受新知识和采纳新技术的能力较强，人际交流网络较广泛，在村庄内的影响力也较强，具有较强的示范效应，能够增强众多分散的小规模农户对绿色生产行为的主观规范。决策者周围农户的技术采用率越高、新技术的预期产量优势越明显，农户越有可能接受新技术，并使得新技术不断扩散（王世尧 等，2017）。因此，政策宣传、农技推广、生态补贴、情感关心与情感尊重能够显著促进“农户主观规范”，从而促进绿色生产技术的采纳意愿和采纳行为。

最后，知觉行为控制可以理解为农户对从事绿色生产技术难易程度的信念。政府工具支持注重为农户提供政策宣传、技术指导和咨询、提供生产资料、配套设施和生态补贴。帮助农户学习科学的施药用肥技术，增强技术效用认知，普及过量施用农药化肥的负外部性的相关知识（陈雪婷 等，2020；盖豪 等，2018）。了解过量使用水资源、施用农药和化肥的危害、政策导向以及接受过农业技术指导都对农户的绿色耕作行为具有显著的正向影响（杨志海 等，2015）。这些支持对农户绿色生产技术的采纳具有显著的影响（宾幕容 等，2016；文长存 等，2016）。农户获得的基础资源越多，农户表现出对绿色生产技术的信心就越强；农户获得的情感支持越多，表现出对绿色生产技术的亲近感就越强。从而提升“农户的知觉行为控制”，进一步提高农户对绿色生产技术的采纳意愿和采纳行为。

基于此，本书提出以下研究假说：

（1）政府支持显著正向影响农户绿色生产技术采纳行为。

（2）情感支持（情感关心和情感尊重）正向影响农户绿色生产技术采纳行为。

（3）工具支持（政策宣传、农技推广和生态补贴）正向影响农户绿色生产技术采纳行为。

2.3.3 政府支持在感知价值影响农户绿色生产技术采纳行为关系中的调节效应分析

农户对不确定性外因进行主观判断，并以此做出相应决策行动（金影怡 等，2019）。感知价值是个体通过对收益和成本之间的权衡和比较形成的主观评价，绿色生产技术的感知价值对农户采纳意愿和采纳行为具有显著的影响（郑伟 等，

2022)。感知收益大于感知成本越多,个体的感知价值水平就越高,其行为趋向性就越明显。也就是"收益大于成本"的感知对促进农户采纳绿色生产技术的意愿和行为具有正向作用,而"成本大于收益"的感知对农户采纳绿色生产技术的意愿和行为决策具有负向作用。但是大部分农户对传统种植模式带来的负面影响认知不足,对绿色生产技术的感知价值不够客观和全面(胡帮勇,2012)。新技术的进入门槛和技术采纳的机会成本共同影响着农户采纳农业新技术的可能性。政府支持激励和惩罚推进了技术进步,促进了政策推广,生态补贴弥补了家庭资本禀赋,同时也改善了农村人居环境(李乾 等,2018)。通过政府支持体系,提高农户感知价值,增强农户生态环境保护意识,从而提升农户对绿色生产技术的采纳意愿和行为(张静 等,2022)。政府支持增加了农户绿色生态行为的可行能力,从而在预期获得与采纳行为的关系中具有调节作用(刘艳婷 等,2020)。具体来讲,通过情感支持能够有效地提升农户的感知非货币收益,降低农户感知非货币成本。另一方面,通过工具支持能够有效地提升农户的感知货币收益,降低感知货币成本。政府支持程度越高,即降低技术采纳成本,提供技术学习和交流平台,促进形成良好的学习氛围,越能强化农户对绿色生产技术的正向价值感知(孔祥智 等,2004;叶孙红 等,2019;姚科艳 等,2018)。也就是说,政府支持在农户感知价值与绿色生产技术采纳意愿和采纳行为的关系中具有调节作用。在感知收益对绿色生产技术的采纳意愿和采纳行为有正向的积极影响时,政府支持进一步起到正向调节作用,在感知成本对绿色生产技术采纳意愿和采纳行为有负向影响时,政府推广服务起到负向调节作用。

基于此,本书提出以下研究假说:

(1)政府支持在感知价值对农户绿色生产技术采纳行为影响中具有调节效应。

(2)政府支持在感知收益对农户绿色生产技术采纳行为影响中起正向调节作用。

(3)政府支持在感知成本对农户绿色生产技术采纳行为影响中起负向调节作用。

2.3.4　农户采纳绿色生产技术影响效应的机理分析

行为经济学和幸福经济学之间有很多共同点。两者都提供了对人类行为的心理学见解,以解释人们做出的会让他们快乐的经济决策。在经济学中,幸福通常被描述为一种效用。在心理学上,它被称为主观幸福。两者都反映了个体对自己整个生活的主观评价(Diener et al.,2018;Lane,2017)。一个国家不应该只关注经济发展,更应该关注国民的情感和心理感受(周绍杰 等,2015)。这是一个值得关注和研究的重大课题。因此本研究深入探讨采纳绿色生产技术的经济效应(提高绝对收入和提高相对收入)、生态效应(缓解农业污染)和社会效应(提升社会地位),

以及如何通过提高绝对收入、提高相对收入、缓解农业污染和提升社会地位四条路径提升农户幸福感。具体影响机理分析如下：

幸福作为人民心理感受和社会发展的一项重要衡量指标，是科学发展观的基本尺度和必要内涵。幸福具有积极的现代意义，越来越成为新的研究趋势（傅军胜，2014）。美国经济学家伊斯特林提出了“幸福悖论”：在收入水平达到一定程度以后，随着收入水平的提高，人们的幸福感却出现了下降，即收入增长与幸福指数之间存在倒U形关系（田国强 等，2006；张学志 等，2011）。在我国，小富即安是中国人传统心理中的典型心态，但是这种心态并非指向不思进取，而是一种以中庸之道追求美好生活的理性选择（梅祖寿，2002；杨伟荣 等，2020）。农户具有的价值观念和高贵品德是在生活不断改善过程中保有一颗“小富即安”的满足感和感恩心（廖永松，2014）。另外，我国农民幸福感仍较大程度受物质条件的影响（熊彩云 等，2014；叶静怡 等，2017）。对于猕猴桃种植户来讲，通过采纳绿色生产技术，提升了猕猴桃的品质和价格，收入的提高对他们的幸福感具有显著正向的促进作用（朱建芳 等，2009；雷卫，2016）。也就是说，在猕猴桃种植户目前较低收入的现状下，收入的提高对其幸福感具有提升作用。

幸福是一种满足感，基于个体从实际结果与期望结果之间感受到的差异，这也从某一个角度说明幸福受到相对变化的影响（贺京同 等，2014）。收入的分配作为一种公共产品，如果收入差距大，人们会受到负面的影响，从而降低对生活的满意度和幸福感（彭代彦 等，2008；申云 等，2016）。收入的不平等会阻碍个体幸福感的积极体验，但其对不同收入阶层的影响存在差异，低收入群体比高收入群体更容易感受到这种负向的感知（何立新 等，2011；陈刚 等，2012；黄嘉文，2016；孙计领，2016）。吴菲和王俊秀（2017）在研究客观经济地位与主观幸福时，提出了同质性参照群体假设，即如果同省其他同类群体的收入越高，则个体幸福感越低。因此我们认为，收入对幸福感的影响也取决于个体拥有的财富与其他参照个体拥有的财富相比较，即相对收入。官皓（2010）基于我国北京、上海和广东的调查数据，实证研究相对收入是幸福感的决定因素，也就是说相对收入越高，幸福感越强。阳义南和章上峰（2016）运用CGSS混合横截面数据进行了实证分析，研究结果表明“不患寡，患不均，更患不公”是现状，收入不公平感每上升一个单位，主观幸福感就平均会下降8.4%，相对收入每提高一个单位，幸福感平均提高5.32%。猕猴桃种植户采纳绿色生产技术与普通种植户相比较能够较好地提高相对收入，因此通过提升猕猴桃种植户的相对收入，来提升其幸福感（罗楚亮，2009）。

大多数国家的发展经历表明，经济增长是以牺牲环境为代价换取的（叶林祥 等，2020）。大量已有研究显示，环境污染严重，提高了家庭消费支出，影响了居民身心健康，从而降低居民的幸福感(陈永伟 等，2013；武康平 等，2015)。我国农业发展过程中同样亟待解决的一个重大问题是环境污染问题。潘丹和胡启志(2022)研究发现相比空气污染和噪声污染，土壤污染和水污染对农民幸福感的负向影响更为严重。近年来，我国踔厉奋发全面推进绿色生产方式，农户积极采纳绿色生产技术，实现了农业经济活动的绿色化转向。农业经济系统和谐地纳入自然生态系统中，有效地治理了农业面源污染(聂志平 等，2022)。黄永明和何凌云(2013)运用中国综合社会调查数据评估了环境污染对幸福感的影响，发现减轻环境污染非常有利于提高居民的主观幸福感。因此，采纳绿色生产技术可以通过缓解环境污染来改善人居环境，更多的幸福随之而来。

农村党员干部不仅要带头致富，而且要带领村民致富。近年来，在"双带"政策的鼓励下，充分发挥先富能人的带动效应，为人民群众提供了强大的动力。地方基层政府通过推动"富人治村"纳入乡村治理体系，充分发挥其驱动作用，有效地优化乡村治理主体结构(贾晋 等，2019)。目前，农户采纳绿色生产技术后，在政策的支持下，村庄民主治理也有效地增加了农户在村内、合作社内的地位，更有机会成为领导干部，掌握更多的话语权(陈前恒 等，2014)。李小保和吕厚超(2022)采用中文版时间洞察力量表、主观社会地位和幸福感指数量表对 3787 名成年人进行调查，研究结果说明主观社会地位与幸福感呈正相关。也就是说个体的经济社会地位与幸福感之间存在着直接或者间接的正向关系(李倩莹 等，2022)。因此农户采纳绿色生产技术通过更好的自我实现，提升在村庄的社会地位，从而提升幸福感。

基于此，本书提出以下研究假说：

(1)农户采纳绿色生产技术具有显著的经济效应(提高绝对收入和提高相对收入)。

(2)农户采纳绿色生产技术具有显著的生态效应(缓解农业污染)。

(3)农户采纳绿色生产技术具有显著的社会效应(提升社会地位)。

(4)农户采纳绿色生产技术可以显著提高幸福感。

(5)农户采纳绿色生产技术通过提高绝对收入、提高相对收入、缓解农业污染和提升社会地位四条路径提升幸福感。

综上所述，本文在国内外相关研究的基础上，构建"农户绿色生产技术采纳意愿—采纳行为—持续采纳行为—采纳效应评价"的逻辑分析框架(如图 2－3 所示)，试图厘清感知价值与政府支持分别对农户绿色生产技术采纳行为影响的机制，诠释政府支持在感知价值影响农户绿色生产技术采纳行为中的调节效应。同时，探讨了采纳绿色生产技术的经济效应、生态效应和社会效应。在此基础上，深入研究了采纳绿色生产技术与农户幸福感之间的直接关系和经济效应、生态效应和社会效应在其中的中介效应。研究意义在于理论上既有利于拓宽农户绿色生态行为的学术研究,实践上也可提供促进农户采纳绿色生产技术的政策建议。

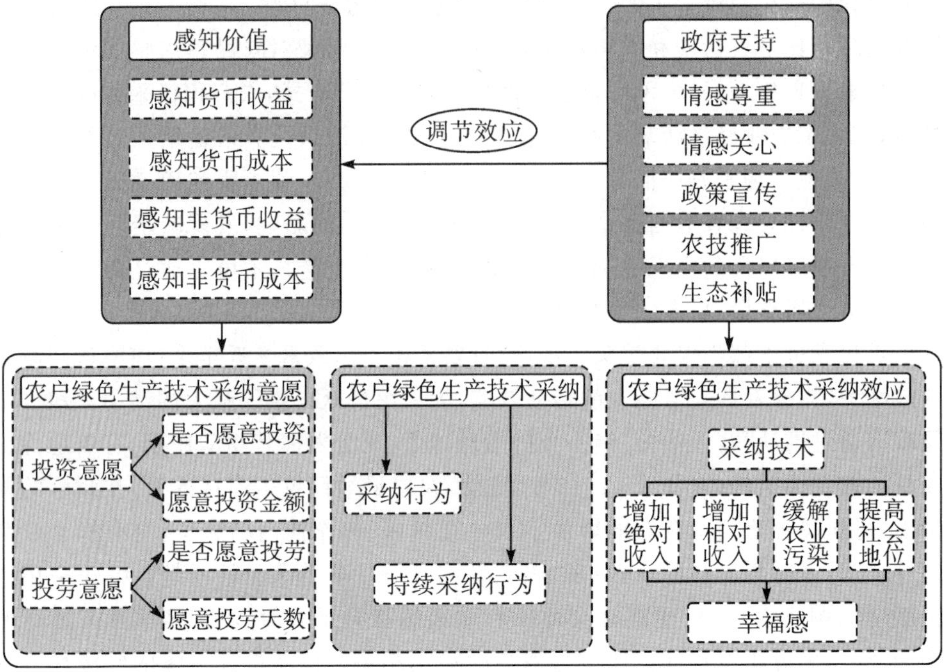

图 2-3 逻辑框架图

2.4 本章小结

首先,本章界定了感知价值、政府支持、绿色生产技术的内涵。其次,对与研究相关的计划行为理论、农户行为理论、市场失灵理论、外部性理论和信息不对称理论进行了详细的阐述。最后,在上述理论体系的指导下,本研究将农户绿色生产技术采纳的研究划分为采纳意愿、采纳行为、持续采纳行为和采纳效应评价四个重要组成部分,并深入剖析了感知价值、政府支持对农户绿色生产技术采纳行为决策的影响机理,为后续的实证研究奠定了坚实的理论基础。

第 3 章　农户绿色生产技术采纳行为的现状分析

前一章节详细阐释了感知价值、政府支持、绿色生产技术的概念，将计划行为理论、农户行为理论、市场失灵理论、外部性理论和信息不对称理论作为相关理论支持，构建了感知价值、政府支持对农户绿色生产技术采纳行为的影响作用机理。本章节首先利用样本区农户的微观调研数据，在详细阐述数据来源与样本代表性基础上，对猕猴桃种植的基本特征进行描述性统计分析；其次对农户绿色生产技术采纳意愿、采纳行为、持续采纳行为和采纳效应评价的现状进行描述性统计分析；最后剖析农户采纳绿色生产技术中存在的问题，目的是为后续的实证研究提供数据和支持。

3.1　数据来源与样本描述

3.1.1　数据来源

3.1.1.1　调研区域概况

在较长的一段时期里，猕猴桃处于野生状态，并没有得到良好开发利用（张计育 等，2014）。20 世纪 30～40 年代，猕猴桃在新西兰作为水果栽培，上升到了商品和产业的范畴，世界猕猴桃生产得到了持续的发展，猕猴桃园收获面积持续增加（韩礼星 等，2004；刘强，2013）。世界上栽培猕猴桃的主要国家有 20 余个，中国早在唐朝就有了关于猕猴桃的文字记载。作为猕猴桃的原产地，我国拥有 2800 多年的猕猴桃种植历史，也是目前世界上种植面积最大的国家，种植面积占世界猕猴桃种植面积的近乎一半（张红宇 等，2014）。

我国有着相当丰富的猕猴桃种质资源，约占全球种质资源种类的 69.33%。近年来中国猕猴桃农产品品牌建设也不断取得进步，在区域公用品牌、农产品地理标志产品、名特优新产品、特色农产品、“一村一品”等方面不断取得新的成果。2010—2021 年中国猕猴桃农产品品牌建设不断取得新的成果，截至 2021 年底共有15个中国农产品区域公用品牌、21个中国农产品地理标志产品、13个全国名特优新农产品、4个猕猴桃中国特色农产品优势区域、40个全国一村一品示范村镇。根据农业统计年鉴，我国的猕猴桃产业分布于我国21个省(区、市)，种植面积排名前6的是陕西、四川、贵州、湖南、江西、河南和湖北。其中，陕西猕猴桃产业规模约占全国的40%左右，位居全国第一。猕猴桃是陕西省重点发展的水果之一，主要种植区集中于陕西省秦岭北麓，南依秦岭，北跨渭河，地形平缓、气候温和、雨量适中、土壤深厚且肥沃，被国内外专家公认为是猕猴桃的最佳原产地和集中产区，成为全球最大的猕猴桃生产基地之一(季磊 等，2021；刘天军 等，2013)。近年来，高标准高起点的转型升级老产区和快速发展新产区，能够兼顾产业振兴和有效衔接乡村振兴。并且随着产业规模不断扩大、生产标准水平不断提升，以及销售渠道的多样化，产业效益日益凸显，猕猴桃种植已成为陕西果业最具市场竞争优势的产业之一，也是农民增收致富的支柱产业(惠文静，2016)。

然而，中国虽然已经成为世界上最大的猕猴桃生产国，但产品出口却没有占据全球的较大份额。反而是新西兰后来居上，成为目前世界上最大的猕猴桃出口国(霍尚一，2011)，这不禁引人深思。随着近年来秦岭北麓猕猴桃产业的迅猛发展，由于果农缺乏大规模商品化栽培的实践经验，导致果园栽培水平偏低且管理粗放(路永莉 等，2016)。同时，广大果农普遍缺乏科学施肥知识和资源环境保护意识，为了追求更高的经济收益，实践中往往盲目增加农药和化肥的投入量，不但对果品产量和质量的提升产生了不利的影响(别智鑫 等，2006)，而且造成了一系列潜在的环境风险(赵佐平 等，2014)。因此研究陕西省猕猴桃的绿色生产技术对全面推进农业绿色发展具有重要的理论价值和现实意义。本研究使用数据来自2020年7～9月对陕西省猕猴桃种植户开展的实地调查。综合考虑调研的可操作性、代表性以及农民习惯的相似性等因素，本文选取猕猴桃已经形成较大集中连片产区，面积和产量均居中国前列的周至县、眉县、武功县、杨陵区作为调研地区(如图3-1所示)。

3.1.1.2 选取调研样本

为了确保调查问卷的信度和效度，在正式调查之前，先在杨陵区大寨镇黎陈村和寨西村进行了预调查，共发放调查问卷100份，其中有效问卷98份，有效率为98%。通过对量表的信度和效度进行初步检验，剔除了一些不合理的指标。根据调查结果，征求专家的意见，对问卷重新进行修改完善，形成本研究的最终问卷。本次问卷的发放采用分层逐级抽样与随机抽样相结合的方式进行，具体的抽样过程如下：首先，在陕西省周至县、眉县、武功县、杨陵区中随机抽取2～3个乡镇；然后，在每个乡镇随机抽取3～4个村，最后根据村庄规模，在每个村随机抽取30～40户普通农户，共发放1200份问卷，回收1164份，回收率为97%。参与式农村评估是通过调查者与调研区域样本农户之间的对话、访谈、交流获得的对问题的观点。

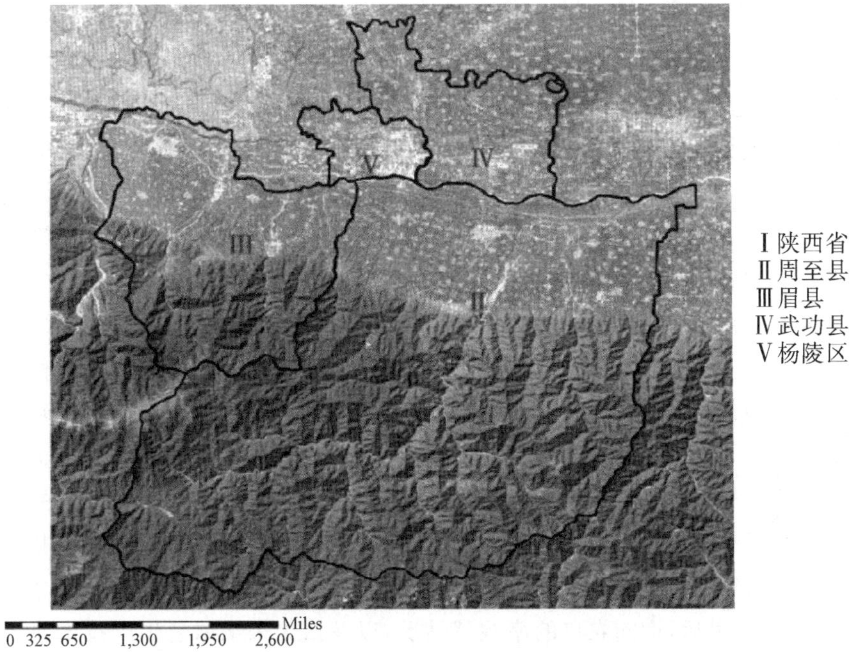

图 3－1　样本区域分布图

本研究数据信息的获取运用了调查问卷和参与式农村评估中半结构式访谈相结合的方法。此次调研共招募了 15 名农业经济专业硕士生及博士生作为调查员，并对调查人员针对调研问卷进行培训，调查员接受培训后进行“一对一”方式的入户访谈。经过数据筛查，剔除数据不完整和信息逻辑错误的问卷后，共得到有效问卷 1138 份，问卷有效率为 94.83%。调查村落的具体分布如图 3－1 和表 3－1 所示。

表 3－1　调研村落的分布

县(区)	样本村	样本量/户
周至县	昌东村、陈家村、耿西村、送军村、七曲村、周一村、斜里村、桑园村、建兴村、史务村、小麦屯村、下高村	351
眉县	年第村、第二坡村、宁渠村、李魏村、田家寨村、唐家岭村、第五村、王长官寨村、河底村、马家村	333
武功县	尚坡村、八一村、烧台村、曹店村、薛村、李家村、代家村、许家村、河大村	225
杨陵区	斜上村、黎陈村、寨西村、黎张沟村、蒋家寨村、帅家村等，元树村、乔家底、柴家咀村	229

3.1.1.3 调研内容

调研问卷主要分为四个部分。第一部分为被调查农户个人禀赋及其家庭的基本状况，主要包括年龄、性别、受教育程度、健康状况、家庭收入水平、家庭劳动力数量、家庭年总收入、农地质量、农地面积、是否加入合作社、是否有家庭成员在政府工作等；第二部分是农户对绿色生产技术的感知价值情况，包括感知货币收益、感知非货币收益、感知货币成本和感知非货币成本四个维度共 13 个问题；第三部分旨在考察农户接收到的政府支持的情况，包括工具支持和情感支持两个方面。技术支持主要有政策宣传、农技推广、生态补贴；情感支持主要有农户采纳绿色生产技术的前中后阶段得到的关心和尊重。第四部分旨在考察被调查猕猴桃种植户从事绿色生产技术采纳意愿、采纳行为、持续采纳行为和采纳效应。首先，调研农户是否愿意对节水灌溉技术、绿色病虫害防治技术、有机肥替代技术投入资金和投入劳动以及愿意进行投资投劳的猕猴桃种植户的意愿投资金额和意愿投劳的天数是多少；其次，调研农户是否采纳了节水灌溉技术、绿色病虫害防治技术、有机肥替代技术；再次，调研农户是否持续采纳节水灌溉技术、绿色病虫害防治技术、有机肥替代技术超过两年；最后，询问农户的幸福感情况，以及认为采纳绿色生产技术是否具有提高绝对收入、提高相对收入、缓解农业污染和提升社会地位的作用。

3.1.2 样本描述

本节从个人禀赋、家庭特征、经营特征、社会特征等 4 个方面对猕猴桃种植户的基本特征进行全面分析。猕猴桃种植户基本特征描述性统计如表 3－2 所示。

表 3－2 基本特征描述性统计

变量名称	变量说明	样本量	样本比例/%
性别	女	636	55.89
	男	502	44.11
年龄/岁	[20,35)	222	19.50
	[35,50)	308	27.07
	[50,65)	402	35.33
	≥65	206	18.10
受教育程度/年	[0,6)	299	26.27
	[6,9)	542	47.63
	[9,12)	231	20.30
	≥12	66	5.80

续表

变量名称	变量说明	样本量	样本比例/%
家庭劳动力数量/人	[1,2]	634	55.71
	[3,4]	426	37.43
	≥5	78	6.85
农地质量	非常差	61	5.36
	差	122	10.72
	一般	447	39.28
	好	353	31.02
	非常好	155	13.62
种植规模/亩	[0,5)	411	36.12
	[5,10)	514	45.17
	[10,20)	135	11.86
	≥20	78	6.85
家庭年总收入/万元	[0,3)	182	15.99
	[3,6)	612	53.78
	[6,9)	240	21.09
	≥9	104	9.14
收入稳定性	非常不稳定	62	5.45
	不稳定	120	10.54
	一般	436	38.31
	稳定	359	31.55
	非常稳定	161	14.15
是否加入合作社	是	501	44.02
	否	637	55.98
是否有家庭成员在政府工作	是	169	14.85
	否	969	85.15

(1)从农户个人禀赋来看,样本农户女性较多,占总样本量的55.89%,男性农户的占比44.11%。在年龄方面,处于50～65岁区间的样本数最大,农户数量为402人,占总样本的35.33%;其次为35～50岁的农户有308人,占比为27.07%;接下来是20～35岁的农户222人和65岁以上的农户206人,分别占样本总量的19.50%和18.10%。综上表明,当前农村的老龄化问题日趋加剧,在城镇化快速

推进过程中，越来越多的青壮劳动力选择外出务工。在受教育年限方面，绝大多数样本农户受教育年限不足 9 年，占样本总量的 73.90%；受教育在 9～12 年农户有 231 人，占样本总量的 20.30%；具有高中以上文化水平的农户占比仅为 5.80%，这反映出当前农户的整体文化水平不高。

(2)从家庭特征来看，在劳动力数量方面，家庭劳动力在 1～2 人的农户数量最多，共有 634 户，占比为 55.71%；家庭劳动力数量在 3～4 人的农户数量次之，共有 426 户，占总样本数量的比例为 37.43%；家庭劳动力数量在 5 人以上的农户数量就比较少了，仅有 78 户，占样本总量的 6.85%。说明猕猴桃种植户家庭劳动力资源还是较为充裕。家庭总收入在 0～3 万元、3 万～6 万元、6 万～9 万元和 9 万元以上的种植户分别为 182 户、612 户、240 户和 104 户，占比分别为 15.99%、53.78%、21.09%和 9.14%。进一步考察收入，发现农户的收入稳定性相对较高。认为家庭收入非常稳定和稳定的农户有 161 户和 359 户，占比分别为 14.15%和 31.55%；认为收入一般稳定的农户有 436 户，占比为 38.31%；认为收入不稳定和非常不稳定的农户占比较少，分别有 120 户和 62 户，占比为 10.54%和 5.45%。

(3)从经营特征来看，有 411 户猕猴桃种植户的种植规模在 5 亩以下，占比为 36.12%；有 514 户猕猴桃种植户的种植规模在 5～10 亩之间，占比为 45.17%；有 135 户猕猴桃种植户的种植规模在 10～20 亩之间，占比为 11.86%；有 78 户猕猴桃种植户的种植规模在 20 亩以上，占比为 6.85%。从猕猴桃种植规模分布表明目前大部分农户仍是小农户经营模式，种植面积普遍较少。在农地质量方面，认为自己农地质量一般的农户数量最多，为 447 人，所占样本总量的比重为 39.28%；认为自己农地质量好的农户数量次之，为 353 人，所占样本比重为 31.02%；其次是认为自己农地质量非常好、差和非常差的农户，数量分别 155 人、122 人、61 人，所占样本总量的比重分别为 13.62%、10.72%和 5.36%。这表明调研区域的猕猴桃种植户大部分认为自己的农地质量还是属于中等及以上的。

(4)从社会特征来看，样本农户中 169 人家里有成员在政府工作，占比为总样本的 14.85%；样本农户中有 969 人家里没有成员在政府工作，占比为总样本的 85.15%。在合作社方面，样本农户中有 501 人加入了合作社，占比为 44.02%，仍有 55.98%的农户未加入合作社。

3.2 样本区猕猴桃种植户绿色生产技术采纳行为现状

本研究根据我国“一控两减”要求，选取节水灌溉技术、绿色病虫害防治技术、有机肥替代技术作为研究对象，更加全方位地研究农户的绿色生产技术采纳行为。根据第 2 章中对感知价值、政府支持和绿色生产技术的概念界定和相关理论，以及综合考虑感知价值、政府支持对农户绿色生产技术采纳行为的影响机理，本节分别从农户绿色生产技术采纳意愿、采纳行为、持续采纳行为和采纳效应评价等方面对猕猴桃种植户技术采纳行为现状进行描述性统计。

3.2.1　样本区猕猴桃种植户绿色生产技术采纳意愿情况分析

在理论分析的基础上，结合研究目的，对于样本猕猴桃种植户绿色生产技术采纳意愿具体分为投资意愿与投劳意愿两个方面。首先，投资意愿可细分为两个阶段，第一阶段是农户是否愿意对绿色生产技术进行投资。本研究通过问卷中“是否愿意为节水灌溉技术投入资金”“是否愿意为绿色病虫害防治技术投入资金”“是否愿意为有机肥替代技术投入资金”三个问题体现。投资意愿采用二元赋值法，“1”表示农户愿意为绿色生产技术投资，“0”表示不愿意。如图 3－2 所示，对于有机肥替代技术：愿意投入资金的农户有 963 人，占总样本的 84.62%；不愿意投入资金的农户有 175 人，占总样本的 15.38%。对于绿色防控技术：愿意投入资金的农户有 607 人，占总样本的 53.34%；不愿意投入资金的农户有 531 人，占总样本的 46.66%。对于节水灌溉技术：愿意投入资金的农户有 341 人，占总样本的 29.96%；不愿意投入资金的农户有 797 人，占总样本的 70.04%。

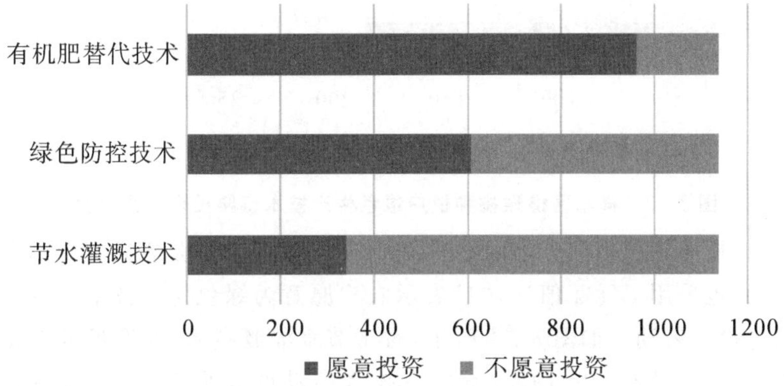

图 3－2　农户对绿色生产技术投资意愿现状

第二阶段是愿意投资的猕猴桃种植户的意愿投资金额是多少。本研究通过问卷中有机、绿色、节水愿意投资金额问题，愿意投资每亩在 100 元以下的选择“1”、愿意投资每亩在 100～200 元的为“2”、愿意投资每亩在 200～300 元的为“3”、愿意投资每亩在 300～400 元的为“4”、愿意投资每亩在 400 元以上的为“5”，共五个选项询问愿意投资的农户。如图 3－3 所示，对于节水灌溉技术，愿意投资每亩在 100 元以下的农户有 101 人，愿意投资每亩在 100～200 元的农户有 88 人，愿意投资每亩在 200～300 元的农户有 73 人，愿意投资每亩在 300～400 元的农户有 45 人，愿意投资每亩在 400 元以上的农户有 34 人。占比分别为 29.62%、25.81%、21.41%、13.20%、9.96%。对于绿色防控技术，愿意投资每亩在 100 元以下的农户有

187 人,愿意投资每亩在 100～200 元的农户有 116 人,愿意投资每亩在 200～300 元的农户有 135 人,愿意投资每亩在 300～400 元的农户有 93 人,愿意投资每亩在 400 元以上的农户有76 人。占比分别为 30.81%、19.11%、22.24%、15.32%、12.52%。对于有机肥替代技术,愿意投资每亩在 100 元以下的农户有 131 人,愿意投资每亩在 100～200 元的农户有 186 人,愿意投资每亩在 200～300 元的农户有 203 人,愿意投资每亩在 300～400 元的农户有 288 人,愿意投资每亩在 400 元以上的农户有 155 人。占比分别为 13.60%、19.31%、21.08%、29.91%、16.10%。

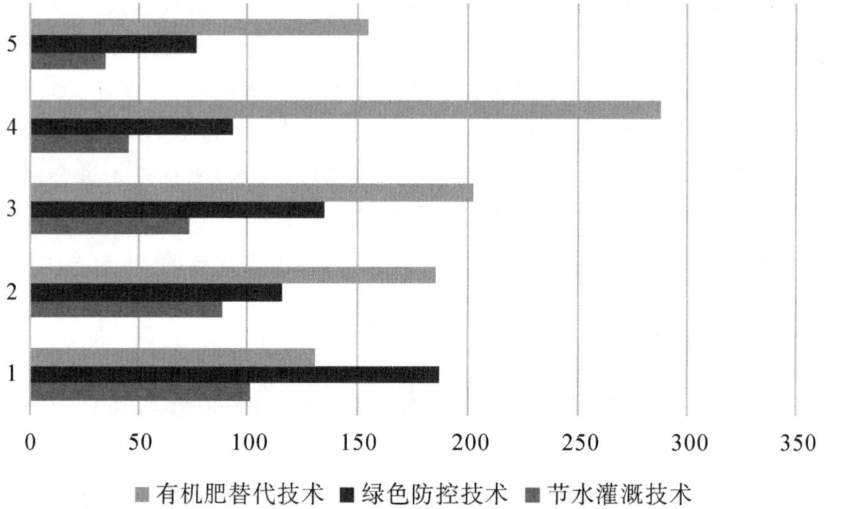

图 3-3　样本区猕猴桃种植户绿色生产技术意愿投资金额现状

同理,将投劳意愿也细分为两个阶段,第一阶段是农户是否愿意对绿色生产技术投入劳动,也采用二元赋值法,“1”表示农户愿意为绿色生产技术投入劳动,“0”表示不愿意投入劳动。如图 3-4 所示,对于节水灌溉技术:愿意投入劳动的农户有 446 人,占总样本的 39.19%;不愿意投入劳动的农户有 692 人,占总样本的 60.81%。对于绿色防控技术:愿意投入劳动的农户有 753 人,占总样本的 66.17%;不愿意投入劳动的农户有 385 人,占总样本的 33.83%。对于有机肥替代技术:愿意投入劳动的农户有 997 人,占总样本的 87.61%;不愿意投入劳动的农户有 141 人,占总样本的 12.39%。

投劳意愿第二阶段是愿意进行投劳农户的意愿投劳天数。本研究通过问卷中有机、绿色、节水愿意投劳天数问题,愿意投劳在 50 天以下的选择“1”,愿意投劳在 50～100 天的选择“2”,愿意投劳在 100～200 天的选择“3”,愿意投劳在 200～300 天的选择“4”,愿意投劳在 300 天以上的选择“5”,共 5 个选项询问愿意投劳的农户。如图 3-5 所示,对于节水灌溉技术:愿意投劳在 50 天以下的农户有 66 人,愿意投劳在 50～100 天的农户有 87 人,愿意投劳在 100～200 天的农户有 95 人,愿意投劳在 200～300 天的农户有 88 人，愿意投劳在 300 天以上的农户有 110 人；占比分别为 14.80%、19.51%、21.30%、19.73%、24.66%。对于绿色病虫害防治技术：愿意投劳在50 天以下的农户有 99 人，愿意投劳在 50～100 天的农户有 128 人，愿意投劳在 100～200 天的农户有 151 人，愿意投劳在 200～300 天的农户有 176 人，愿意投劳在 300 天以上的农户有 199 人；占比分别为 13.15%、17.00%、20.05%、23.37%、26.43%。对于有机肥替代技术：愿意投劳在 50 天以下的农户有 105 人，愿意投劳在 50～100 天的农户有 131 人，愿意投劳在 100～200 天的农户有 179 人，愿意投劳在 200～300 天的农户有 278 人，愿意投劳在 300 天以上的农户有 304 人；占比分别为 10.54%、13.14%、17.95%、27.88%、30.49%。

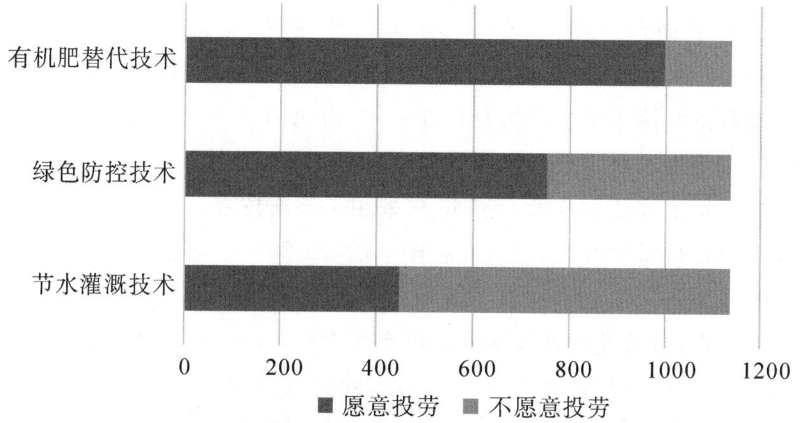

图 3-4　样本区猕猴桃种植户绿色生产技术投劳意愿现状

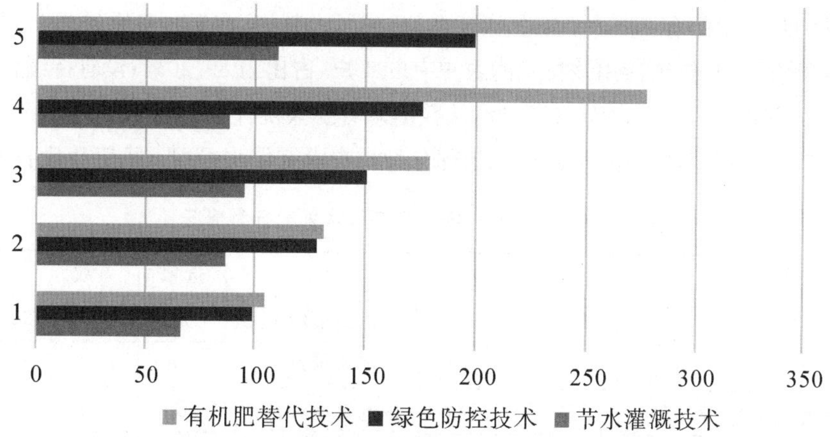

图 3-5　样本区猕猴桃种植户绿色生产技术愿意投劳天数现状

3.2.2 样本区猕猴桃种植户绿色生产技术采纳行为情况分析

本研究通过问卷中“是否采纳了节水灌溉技术”“是否采纳了绿色病虫害防治技术”“是否采纳了有机肥替代技术”三个问题获取猕猴桃种植户绿色生产技术采纳情况。利用二元赋值法度量,如果农户采纳了该项绿色生产技术则赋值为1,否则赋值为0。本调研还进一步探讨了农户绿色生产技术持续采纳行为,如果农户采纳过绿色生产技术,那么是否持续采纳?利用二元赋值法度量,用1表示该项技术持续采纳超过两年,用0表示农户没有持续采用该项技术超过两年。

如表3-3所示,对于节水灌溉技术,有168户采用了该项技术,占总样本的14.76%;没有采纳节水灌溉技术的有970户,占总样本的85.24%。其中,在168户采纳过节水灌溉技术的农户中,持续使用该技术的农户有159户,占比为94.64%;没有持续使用该技术的农户有9户,占比为5.36%。从数据来看猕猴桃种植户基本上使用了节水灌溉技术就会一直坚持使用。

对于绿色病虫害防治技术,有566户采用了该项技术,占总样本的49.74%;没有采用绿色防控技术的有572户,占总样本的50.26%。在总样本中,采纳过该项技术和没有采纳过该项技术的农户数量基本相同。其中,在566户采纳过绿色生产技术的农户中,持续使用该技术的农户有239户,占比为42.23%;没有持续使用该技术的农户有327户,占比为57.77%,也就是总样本中566户采纳过该项技术的猕猴桃种植户中57.77%选择再次依靠化学农药防治病虫。

对于有机肥替代技术,有778户采用了该项技术,占总样本的68.37%;没有采纳有机肥替代技术的有360户,占总样本的31.63%。其中,在778户采纳过有机肥替代技术的农户中,持续使用该技术的农户有694户,占比为89.20%;没有持续使用该技术的农户有84户,占比为10.80%,从数据来看猕猴桃种植户基本上使用了节水灌溉技术就会一直坚持使用,由此可见大部分种植户没有停止采用有机肥替代技术。

表3-3 样本农户绿色生产技术采纳行为情况

变量	选项	人数	比重	变量	选项	人数	比重
采纳节水灌溉技术	是	168	14.76%	持续采纳节水灌溉技术	是	159	94.64%
	否	970	85.24%		否	9	5.36%
采纳绿色病虫害防治技术	是	566	49.74%	持续采纳绿色病虫害防治技术	是	239	42.23%
	否	572	50.26%		否	327	57.77%
采纳有机肥替代技术	是	778	68.37%	持续采纳有机肥替代技术	是	694	89.20%
	否	360	31.63%		否	84	10.80%

3.2.3 样本区猕猴桃种植户绿色生产技术采纳效应情况分析

3.2.3.1 采纳绿色生产技术的经济效应分析

在问卷设计中,如果农户认为采纳绿色生产技术使直接收入显著提高为“5”,直接收入提高为“4”,直接收入无变化为“3”,直接收入减少为“2”,直接收入显著减少为“1”。如表 3-4 所示,1138 户样本农户中,认为采纳绿色生产技术可以显著提高直接收入的有 207 户,占比为 18.19%;认为采纳绿色生产技术可以提高直接收入的有 384 户,占比为 33.74%;认为直接收入无变化的有 287 户,占比为 25.22%;认为采纳绿色生产技术会减少直接收入的有 149 户,占比为 13.09%;认为采纳绿色生产技术会显著减少直接收入的有 111 户,占比为 9.76%。

表 3-4　采纳绿色生产技术效应评价

变量	选项	人数	比重	变量	选项	人数	比重
经济效益:增加直接收入	显著提高	207	18.19%	经济效益:增加间接收入	显著提高	201	17.66%
	提高	384	33.74%		提高	360	31.63%
	无变化	287	25.22%		一般	333	29.26%
	减少	149	13.09%		减少	144	12.65%
	显著减少	111	9.76%		显著减少	100	8.80%
生态效益:缓解农业污染	效果极大	307	26.98%	社会效益:提高社会地位	效果极大	106	9.31%
	非常有效	445	39.10%		非常有效	156	13.71%
	一般	170	14.94%		一般	186	16.34%
	效果较差	128	11.25%		效果较差	314	27.59%
	无变化	88	7.73%		无变化	376	33.05%

如果农户认为采纳绿色生产技术可以显著提高间接收入为“5”,提高间接收入为“4”,间接收入无变化为“3”,间接收入减少为“2”,间接收入显著减少为“1”。如表 3-4 所示,1138 户样本农户中,认为采纳绿色生产技术可以显著提高间接收入的有 201 户,占比为 17.66%;认为采纳绿色生产技术可以提高间接收入的有 360 户,占比为 31.63%;认为效果一般的有 333 户,占比为 29.26%;认为采纳绿色生产技术会减少间接收入的有 144 户,占比为 12.65%;认为会显著减少间接收入的有 100 户,占比为 8.80%。

3.2.3.2 采纳绿色生产技术的生态效应分析

如果农户认为采纳绿色生产技术对缓解农业污染效果极大为“5”,非常有效为

“4”，一般有效为“3”，效果较差为“2”，无变化为“1”。如表3-4所示，1138户样本农户中，认为采纳绿色生产技术对缓解农业污染效果极大的有307户，占比为26.98%；认为采纳绿色生产技术对缓解农业污染非常有效的有445户，占比为39.10%；认为效果一般的有170户，占比为14.94%；认为采纳绿色生产技术对缓解农业污染效果较差的有128户，占比为11.25%；认为采纳绿色生产技术对缓解农业污染没有任何效果的有88户，占比为7.73%。

3.2.3.3 采纳绿色生产技术的社会效应分析

如果农户认为采纳绿色生产技术对提升他们在村里的社会地位效果极大为“5”，非常有效为“4”，一般有效为“3”，效果较差为“2”，无变化为“1”。如表3-4所示，1138户样本农户中，认为采纳绿色生产技术对提升他们在村里的社会地位效果极大的有106户，占比为9.31%；认为采纳绿色生产技术对提升他们在村里的社会地位非常有效的有156户，占比为13.71%；认为效果一般的有186户，占比为16.34%；认为采纳绿色生产技术对提升他们在村里的社会地位效果较差的有314户，占比为27.59%；认为采纳绿色生产技术对提升他们在村里的社会地位没有任何效果的有376户，占比33.05%。

3.2.3.4 样本区猕猴桃种植户幸福感分布情况

(1)幸福感由情感成分和认知成分两部分组成(Diener et al.，2018a)。情感成分包括愉快的情绪和消极的情绪。愉快情绪水平越高，消极情绪水平越低，幸福感越高。认知部分是个体对自己目前的生活状态进行综合评价后的满意度。满意度越高，幸福感越高。通过计算情感成分和认知成分的加权平均值，得到农户的幸福感，用于实证研究。同时，在调研中，本书也采取五分法来调查农户幸福感，用于数据分析(见图3-6)。调查问卷通过设置问题“您现在有多幸福”，并赋值整数1～5，分别对应着被访问猕猴桃种植户所选择的“非常不幸福”、“不幸福”、“一般”、“幸福”和“非常幸福”的答案。如图3-6所示，在1138份样本中，回答“非常幸福”的农户151人，占总体样本量的13.27%；回答“幸福”的农户

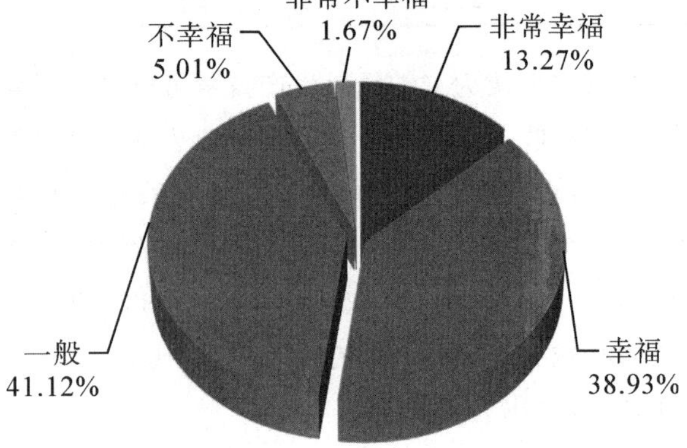

图3-6 样本猕猴桃种植户幸福感分布情况

有 443 户，占总体样本量的 38.93%；回答“一般”的农户有 468 户，占总体样本量的 41.12%；回答“不幸福”的农户有 57 户，占总体样本量的 5.01%；回答“非常不幸福”的农户有 19 户，占总体样本量的 1.67%。

(2)如图 3－7 所示，在 1138 户样本农户中，有 887 户农户至少采纳了三项绿色生产技术中的一种，其中有 3 户认为自己非常不幸福，有 10 户认为自己不幸福，有 357 户认为幸福感一般，有 396 户认为自己幸福，有 121 户认为自己非常幸福。有 251 户农户没有采纳绿色防控技术、节水灌溉技术和有机肥替代技术中的任何一种，其中有 16 户认为自己非常不幸福，有 47 户认为自己不幸福，有 111 户认为幸福感一般，有 47 户认为自己幸福，有 30 户认为自己非常幸福。从样本分析，采纳绿色生产技术的农户比没有采纳绿色生产技术的农户幸福感高。

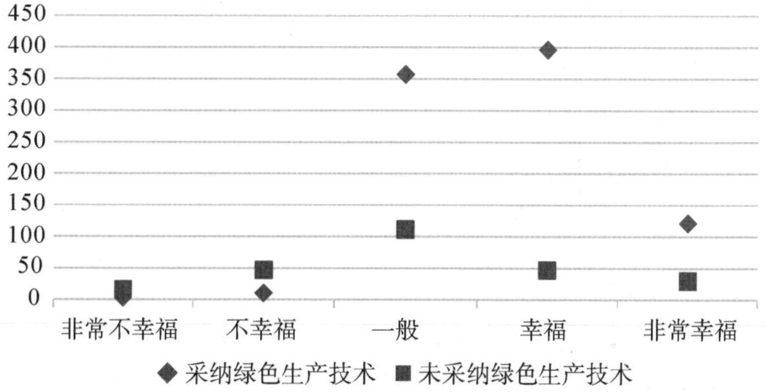

图 3－7　样本猕猴桃种植户采纳绿色生产技术的幸福感分析

(3)如图 3－8 所示，在“非常不幸福”的 19 户样本农户中，有 3 户农户至少采纳了绿色防控技术、节水灌溉技术和有机肥替代技术中的一种，占比 15.79%；其余16 户农户均未采纳绿色生产技术，占比达到 84.21%。在“不幸福”的 57 户样本农户中，有 10 户农户至少采纳了绿色防控技术、节水灌溉技术和有机肥替代技术中的一种，占比为 17.54%；其余 47 户农户均未采纳绿色生产技术，占比为 82.46%。在“一般幸福”的 468 户样本农户中，有 357 户农户至少采纳了绿色防控技术、节水灌溉技术和有机肥替代技术中的一种，占比为 76.28%，其余 111 户农户均未采纳绿色生产技术，占比为 23.72%。在“幸福”的 443 户样本农户中，有 396 户农户至少采纳了绿色防控技术、节水灌溉技术和有机肥替代技术中的一种，占比为 89.39%；其余 47 户农户均未采纳绿色生产技术，占比 10.61%。在“非常幸福”的151 户样本农户中，有 121 户农户至少采纳了绿色防控技术、节水灌溉技术和有机肥替代技术中的一种，占比为 80.13%；其余 30 户农户均未采纳绿色生产技术，占比为 19.87%。上述分析可见，幸福的农户采纳绿色生产技术的更多。

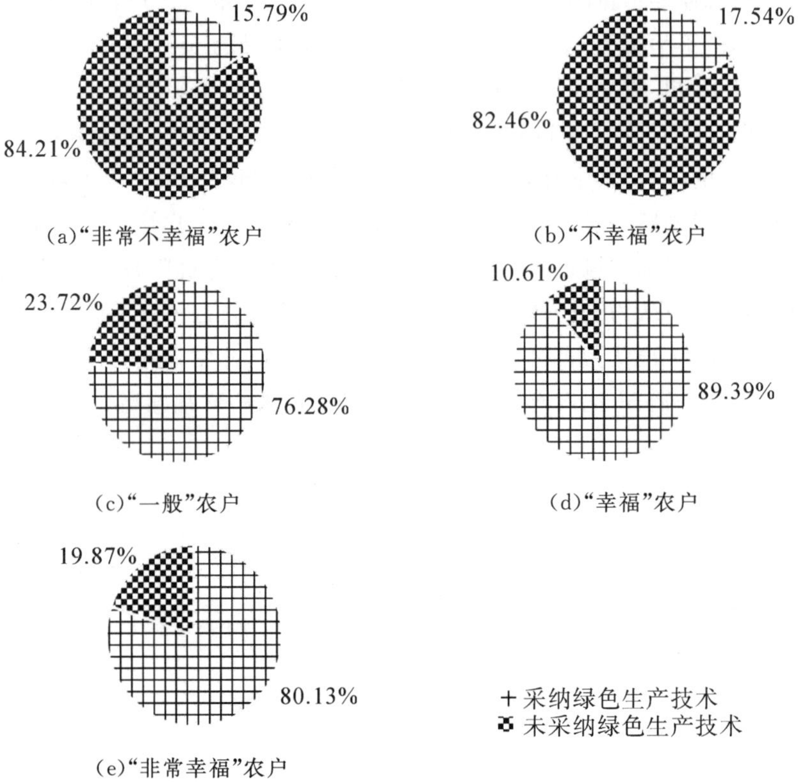

图 3-8 不同幸福感猕猴桃种植户绿色生产技术采纳情况

3.3 样本区猕猴桃种植户绿色生产技术采纳行为中存在的现实问题

3.3.1 农户绿色生产技术采纳意愿不均衡

绿色农业生产是提升国家农业生产能力和改善农业面源污染的重要举措，本研究根据“一控两减三基本”的政策，聚焦于研究猕猴桃种植户对于节水灌溉技术、绿色病虫害防治技术和有机肥替代技术的投资意愿和投劳意愿。研究发现，在调研的 1138 户样本猕猴桃种植户中，三项绿色生产技术的农户采纳意愿不均衡。在投资意愿中，有机肥替代技术是三项技术中农户采纳意愿最高的，有 963 位猕猴桃种植户愿意采纳有机肥替代技术，占总样本量的 84.62%；其次愿意为绿色病虫害防治技术投入资金的猕猴桃种植户有 607 人，占总样本量的 53.34%；而仅有 341 户农户愿意采纳节水灌溉技术，占总样本量的 29.96%。在投劳意愿中，有机肥替代技术也是三项技术中农户采纳意愿最高的，有 997 位猕猴桃种植户愿意采纳有机肥替代技术，占总样本量的 87.61%；其次愿意为绿色病虫害防治技术投入资金的猕猴桃种植户有 753 人，占总样本量的 66.17%；有 446 户农户愿意采纳节水灌溉技术，占总样本量的 39.19%。总体来看，愿意投入资金的农户数量略大于不愿意投入资金的农户数量。农户认为有机肥替代技术较容易掌握，不需要耗费大量的学习时间，并且使用方便。绿色病虫害防治技术综合了物理、生物、生态防控技术，能够有效提高农产品的绿色品质，农户也可以通过农技培训快速地掌握该项技术。在三项绿色生产技术中，节水灌溉技术意愿表达的程度最低，农户采纳该项技术的积极性不高。在实际种植操作中，对成本的承受能力直接限制了农户对节水灌溉技术的支付能力，农户在每次灌溉中都会选择尽可能多灌溉，从而规避可能发生的负面影响(李丰，2015)。我国长期的传统灌溉方式是以水灌溉为主，各种生产的不确定性都对农户采纳意愿产生影响(Koundouri et al.，2006)。因此制约农业经济发展和改善水资源短缺现状的短板之一就是农田的灌溉方式。加之节水灌溉技术的采纳过程需要“干中学”或者社会学习的过程，但现阶段节水灌溉技术的基础设施供给不足，如果政府等组织没有提供节水灌溉的基础设施，则降低了贫困农户节水灌溉技术的准入条件。从理论和个别试点区域来看，节水灌溉技术需要着力提高器械灌溉的适应性以及非器械灌溉的经济性，从而保证适应性和经济性的双好发展(索滢 等，2018)。但从实际操作层面，推广节水灌溉技术关键在于，一方面有效普及节水灌溉技术，另一方面加强基础设施等公共物品的供给，减轻农户灌溉费用的负担，而良好的农田水利设施条件对农户灌溉行为产生显著的正向效果(杨宇 等，2016)节水灌溉系统具有准公共物品属性，通过对样本农户的深度访谈可知，农户认为为了降低经济压力，应由政府与农户共同出资建设和维护现代节水灌溉技术工程，并且节水灌溉技术采纳的前提是政府需承担其中较大部分投入。中国的农田灌溉工程多以政府直接投资为主，农户投劳和承担日常的维护资金，虽然社会效益很大，但是农户采纳该项技术的边际收益实际上要低于边际成本(王巧义 等，2011)。

3.3.2　农户绿色生产技术实际采纳率和持续采纳率偏低且存在偏差

中国农业在发展过程中面临着自然资源、资本资源和组织资源的多重约束，传统农业向现代农业转型的难度很大(郭晓鸣 等，2009)。猕猴桃种植户在他人或外界因素的影响下，综合考虑效用、利润、风险以及自身对技术的适用性后，做出对技术采用的行为。在所调查的三项绿色生产技术的采纳行为中，有 168 名样本农户采纳了节水灌溉技术，占总样本的 14.76%；有 566 人采纳了绿色病虫害防治技术，占总样本的 49.74%；有 778 人采纳了有机肥替代技术，占总样本的 68.37%。从

“一对一”农户访谈中发现，富裕农户抵抗风险能力较强，即使遭受一定的风险冲击，也能有效地抵御贫困，但贫困农户会面临更加艰难的困境（胡伦 等，2016）。如图 3-9 所示，在接受调查的 1138 名猕猴桃种植者中，168 人采纳了节水灌溉技术，159 人连续使用该技术超过两年。对于有机肥替代技术，778 位农户给予了肯定答复，其中 694 个农户进行了两年以上的实践。这表明，采用节水灌溉技术和有机肥替代技术的猕猴桃种植者一般会继续使用。但是 566 户采纳了绿色病虫害防治技术的农户中，只有 239 户持续采纳的时间超过两年。

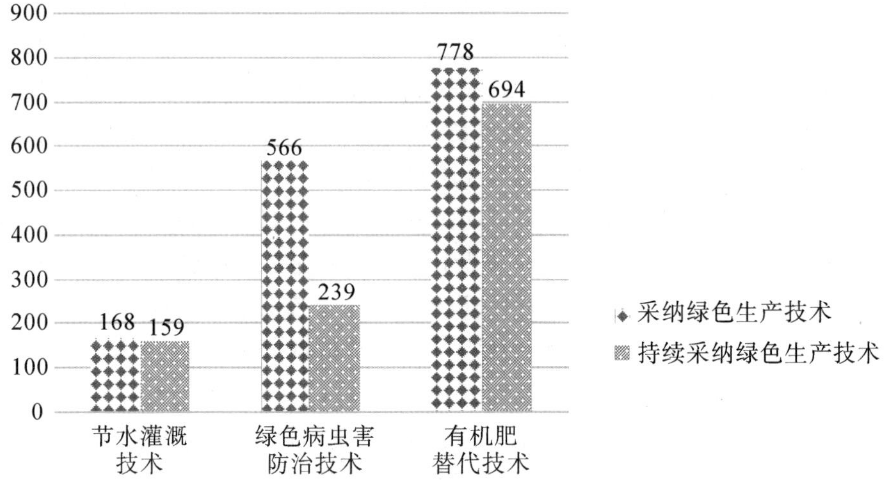

图 3-9　样本猕猴桃种植户绿色生产技术采纳行为和持续采纳行为情况对比

3.3.3　农户绿色生产技术实际采纳行为与采纳意愿存在偏差

将绿色生产技术实际采纳行为和采纳意愿相比较。对于节水灌溉技术，有637 户猕猴桃种植户愿意采纳节水灌溉技术，占总样本量的 55.98%，实际采纳该项技术的农户只有 168 户，占总样本的 14.76%；有 876 户农户愿意采纳绿色病虫害防治技术，占总样本量的 76.98%，实际有 566 户采纳了绿色病虫害防治技术，占总样本的 49.74%；有 955 户猕猴桃种植户愿意采纳有机肥替代技术，占总样本量的 83.92%，样本农户中有 778 户采纳了有机肥替代技术，占总样本的 68.37%。根据绿色生产技术采纳意愿与采纳行为进行差值计算，对节水灌溉技术，采纳行为比采纳意愿减少 469 户，也就是降低了样本量的 41.22%；对绿色病虫害防治技术，采纳行为比采纳意愿减少 310 户，也就是降低了样本量的 27.24%；对有机肥替代技术中，采纳行为比采纳意愿减少 177 户，也就是降低了样本量的 15.55%。在一定程度上，意识可以决定行为，但并非所有的意识都会转化为相应的行为。环境意识与环境行为之间有时候可能会存在一定程度上的“背离现象”（周锦 等，2009）。

总体上，农户的绿色生产技术实际采纳行为低于采纳意愿水平，两者之间存在着差异。多种原因可能造成意愿和行为之间的差异。矛盾态度可以解释在农业生产中农户对绿色生产技术表现出的态度与行为不一致现象（项朝阳 等，2020）。从经济角度来看，如果未来收益不能确定、可能出现较大变动时，农户会持观望态度进而作出较为保守的选择（李晓云 等，2006）。另一方面，农户有可能没有接受完备的相关技术培训，缺失必要的应对技能，也可能是随着复种次数增多，农户在施肥、喷药、废弃物处理上的负担增大，在生产行为上表现得会更加随意，导致意识与行为间出现差异（龚继红 等，2019）。绿色认知中，生物农药认知、农业生产资源浪费感知、生态环境保护意识对农户生物农药施用意愿与行为背离程度均呈现显著的负向影响；现实情景中，社会风气、即时状况、价格因素均具有显著的正向影响（罗岚 等，2020）；其他例如政府支持、家庭收入、劳动成本、耕地面积、新型经营主体等都是可能造成差异的因素（Gareth，1996；Frank et al.，2008）。石志恒等（2022）利用甘肃省 644 户微观调研数据实证分析验证了农户资源禀赋水平的提升可以有效抑制上述行为和意愿的脱节现象。对因禀赋差异引起的农户不同生产行为，可采取相应的对策措施。

3.4　本章小结

本章对样本农户绿色生产技术采纳意愿、采纳行为、持续采纳行为和采纳效应评价的现状以及存在的问题进行了详细的阐述和分析。主要结论如下：

（1）在绿色生产技术采纳意愿中，根据调研的 1138 户样本农户，三项绿色生产技术的农户采纳意愿不均衡。有机肥替代技术的采用意愿最高，有 955 户猕猴桃种植户愿意采纳有机肥替代技术，占总样本量的 83.92%；其次有 876 户农户意愿采纳绿色病虫害防治技术，占总样本量的 76.98%；而仅有 637 户农户意愿采纳节水灌溉技术，占总样本量的 55.98%。

（2）在绿色生产技术采纳行为中，采纳率最低的是节水灌溉技术，只有 168 户样本农户采纳了该项技术，占总样本的 14.76%；有 566 户采纳了绿色病虫害防治技术，占总样本的 49.74%；采纳率最高的绿色生产技术是有机肥替代技术，样本农户中有 778 户采纳了有机肥替代技术，占总样本的 68.37%。

（3）绿色生产技术实际采纳行为与采纳意愿有偏差。有 637 户猕猴桃种植户愿意采纳节水灌溉技术，占总样本量的 55.98%，实际采纳该项技术的农户只有 168 户，占总样本的 14.76%。其次有 876 户农户愿意采纳绿色病虫害防治技术，占总样本量的 76.98%，实际有 566 户采纳了绿色病虫害防治技术，占总样本的 49.74%；有 955 户猕猴桃种植户愿意采纳有机肥替代技术，占总样本量的

83.92%，样本农户中有778户实际采纳了有机肥替代技术，占总样本的68.37%。总体上，农户的绿色生产技术采纳意愿高于实际的采纳行为水平，两者之间存在着显著的差异。根据绿色生产技术采纳意愿与采纳行为进行差值计算，节水灌溉技术采纳偏差＞绿色病虫害防治技术采纳偏差＞有机肥替代技术采纳偏差。

(4)在绿色生产技术持续采纳行为中，168位农户采纳了节水灌溉技术，其中94.6%的农户持续采纳了该项技术超过两年。778位农户采纳了有机肥替代技术，其中89.2%的农户持续采纳了该项技术超过两年。566位农户采纳了绿色病虫害防治技术，其中42.2%的农户持续采纳了该项技术超过2年。

(5)采纳绿色生产技术效应评价中，认为采纳绿色生产技术可以显著增加或增加直接收入的有591户，占比为51.93%；认为采纳绿色生产技术可以显著增加或增加间接收入的有561户，占比为49.29%；认为采纳绿色生产技术对缓解农业污染效果极大或非常有效的有752户，占比66.08%；认为采纳绿色生产技术对提升他们在村里的社会地位效果极大或非常有效的有262户，占比23.02%。在1138户样本农户中，无论是节水灌溉技术、绿色病虫害防治技术还是有机肥替代技术，有887户农户至少采纳了其中一种技术，其中有3户认为自己非常不幸福，有10户认为自己不幸福，有357户认为幸福感一般，有396户认为自己幸福，有121户认为自己非常幸福。综上可知，在采纳绿色生产技术的农户中，认为自己非常幸福或幸福的农户数量(517户)远远大于认为自己非常不幸福或不幸福的农户数(13户)。有251户农户没有采纳绿色防控技术、节水灌溉技术和有机肥替代技术中的任何一种，其中有16户认为自己非常不幸福，有47户认为自己不幸福，有111户认为幸福感一般，有47户认为自己幸福，有30户认为自己非常幸福。综上可知，在未采纳绿色生产技术的农户中，认为自己非常幸福或幸福的农户数量(77户)小于认为自己一般或不幸福的农户数量(174户)。

(6)农户存在绿色生产技术采纳意愿不均衡，实际采纳率和持续采纳率不高，采纳意愿和实际采纳行为存在偏差的问题。

第 4 章　感知价值和政府支持的测度及解析

在第 2 章详细阐述了本研究的核心概念、理论基础和影响机理分析，第 3 章运用猕猴桃种植户的调研数据，总结了目前样本区域内绿色生产技术采纳行为现状和存在的问题。借鉴国内外相关研究成果，本章节构建农户感知价值和政府支持的测度指标体系，采用因子分析法测度感知价值、运用加权平均法测度政府支持，为本研究下一步开展实证分析感知价值、政府支持与农户绿色生产技术采纳意愿及采纳行为的影响分析奠定基础，提供相应的数据支持。

4.1　指标设计原则

科学合理地选取和构建感知价值与政府支持的指标体系是本文开展研究的重要基础。因此，为了使指标体系设计科学得当，应严格遵循以下基本原则：

(1)全面性原则。感知价值与政府支持指标体系的构建是本研究的核心内容之一，涉及社会、政治和经济等多个方面。因此，在构建指标体系时应当对指标进行全面而综合的考量，以保证完整地反映感知价值与政府支持的真实情况。

(2)分层性设计原则。构建感知价值与政府支持的指标体系不仅要体现全面性，还应具备指标体系的层级性。通过科学合理的规划，消除平行指标之间的重复性，从不同层面充分反映感知价值与政府支持的实际情况。

(3)调研数据的易获得性原则。本研究以农户实地调研问卷数据为基础，调研结果可能会受到调研人员专业性和被访问农户理解水平等诸多问题的影响，在构建感知价值与政府支持测度指标体系时，应尽量选择具有可得性和易操作性的指标。

(4)可比性原则。本研究涉及的研究对象是分布在不同区域的猕猴桃种植户，因此在设计感知价值与政府支持的指标体系时，各项指标应保持一致。

(5)独立性原则。选择多个指标表达感知价值与政府支持的特征，尽量避免出现高度类似的指标反映同一特征的情况，各指标间应具有独立性，以避免指标的重复和信息重叠。

4.2 感知价值的测度

4.2.1 测度方法

多指标综合确定指标权重的方法分为主观赋权法和客观赋权法，其中主观赋权法主要分为德尔菲法、层次分析法；客观赋权法主要有主成分分析法、因子分析法、熵值法等。本文采用的是科学性相对较强的客观赋权法中的因子分析法。因子分析法主要是利用降维的思想，将事物的本质从复杂的变量中抽离出来，把具有错综复杂关系的一些变量归结为少数几个综合因子，即将相关关系高的变量归结为同一类。具体步骤如下：

1. 标准化处理

由于感知价值的测度指标在数量级和单位上并不完全一致，使得指标间不能进行直接的有效加总，最终造成总指数无法测算。因此，在进行因子分析前需要去除原始变量的量纲，即对感知价值的各个表征指标进行标准化处理，以消除各指标无法加总的困难，实现各指标的无量纲化。对原始指标进行标准化的方法为 Z-score 法，具体如下所示：

$$y = \frac{x_i - \overline{x}}{s}$$

其中，

$$\overline{x} = \frac{1}{n}\sum_{i=1}^{n} x_i$$

$$s = \frac{1}{n}\sqrt{\frac{1}{n-1}}\sqrt{\sum_{i=1}^{n} (x_i - \overline{x})^2}$$

2. 构建因子分析模型

因子分析的目的是降低维度、减少变量个数，以及对原始变量进行再解释及命名，提取公共因子的基本原则是最大限度地保留更多的原始信息。假设现在有 n 个已经进行过标准化处理的原始变量，即测度指标 $x_1, x_2, \cdots, x_n$，满足均值为 0，标准差为 1，并且这 n 个变量可以由 k 个因子 $f_1, f_2, \cdots, f_k$ 表示为线性组合。进行因子分析就是要是通过分析变量相关系数矩阵的内部结构，并从中找到少数几个能够通过一定线性组合来再现原始变量的因子 $f_1, f_2, \cdots, f_k$，建立因子分析模型，具体的公式表达如下：

$$\begin{aligned} x_1 &= a_{11} f_1 + a_{12} f_2 + a_{1k} f_k + \varepsilon_1 \\ x_2 &= a_{21} f_1 + a_{22} f_2 + a_{2k} f_k + \varepsilon_2 \\ &\vdots \\ x_n &= a_{n1} f_1 + a_{n2} f_2 + a_{nk} f_k + \varepsilon_n \end{aligned}$$

以上公式，若采用矩阵的形式来表达，可以简化为 $\boldsymbol{X}=\boldsymbol{AF}+\varepsilon$。式中，$\boldsymbol{X}$ 为 n 维变量矢量，分量为原始的可观测变量；$\boldsymbol{F}$ 为 k 维因子矢量，分量为一个公因子；矩阵 $\boldsymbol{A}$ 是因子载荷矩阵，其元素 a_{ij} 为因子载荷；ε 是特殊因子，即原始观测变量中不能用因子解释的部分。

3. 公因子提取

公因子提取的原则是特征值大于 1，即特征值大于 1 即可视为公因子，因子的累计方差贡献率可表达为 $\sum_{i=1}^{m}\lambda_i\left(\sum_{i=1}^{p}\lambda_i\right)^{-1}$，并通过公式 $w_i=\lambda_i\left(\sum_{i=1}^{m}\lambda_i\right)^{-1}$ 确定权重。

4. 测算综合因子得分

进一步，可以根据各公因子的得分与权重计算样本 i 的综合得分：

$$\theta=\sum w_i F_i$$

也就是第 i 个农户感知价值总得分以及感知价值的各维度指数。

4.2.2　指标体系构建

学术界对感知价值的测度指标选择不尽相同，一部分研究视感知价值为一个多元维度的概念。马睿等(2016)认为非农转化中农户感知价值可划分为经济价值感知、社会保障价值感知和景观价值感知三个维度。另一部分研究是从感知价值权衡模型的角度出发，通过综合考虑预期成本和收益，评价其参与价值，从而确定其参与行为决策(成海清 等，2007)。客户在消费过程中，情绪上感受到“事后满足”和“事前期望”的差距，而这种情绪上的比较体现了客户所享用到的商品或服务的价值(王璐瑶 等，2022)。本研究借鉴杨钢桥等(2014)人的研究，农民通过考虑成本和收益，综合评价总体价值，从而作出相应的行为决策。而成本和收益的考量可以从金钱和非金钱两个视角进行探讨(Lim et al.，2006)。因此本文构建如表 4-1 所示的感知价值测度指标体系，从感知货币收益、感知非货币收益、感知货币成本、感知非货币成本四个维度对感知价值进行相关的测度及分析。

4.2.3　因子分析结果

4.2.3.1　因子分析的适用性

在进行因子分析前，需对样本数据的质量及因子分析的适用性进行检验。因子分析的适用性检验主要包括信度检验和效度检验。其中，效度检验是指测量指标可以在多大程度上表达所需的含义，信度检验是指问卷测量结果的可靠性与一致性。

表 4-1　感知价值观测指标的描述性分析

变量名称	测量指标	赋值说明
感知货币收益 A	您是否认同采用绿色生产技术可以因为生产出绿色农产品，从而卖出更好的价钱，有利于提高收入 A1	完全不认同为“1” 不认同为“2” 一般认同为“3” 认同为“4” 完全认同为“5”
	您是否认同采用绿色生产技术可以获取政府提供的补贴或低息(免息)贷款等惠农政策，有利于提高收入 A2	
	您是否认同采用绿色生产技术可以改善农地质量，从而通过提升猕猴桃的品质，提高产量，有利于提高收入 A3	
感知货币收益 B	您是否认同采用绿色生产技术可以因为响应政府号召而得到认可，获得大家的尊重和赞同 B1	
	您是否认同采用绿色生产技术可以改善环境污染，有利于自己的身心健康 B2	
	您是否认同采用绿色生产技术可以节约资源，改善污染，提升整体村庄面貌 B3	
感知货币收益 C	您是否认同采用绿色生产技术因为需要购买生产资料，维护相关设施等都需要花费资金，成本太高，不利于提高收入 C1	
	您是否认同采用绿色生产技术，也不一定能有更加好的销路，又因为成本太高，不利于提高收入 C2	
	您是否认同花时间学习技术，花劳动力去采用绿色生产技术，有这个时间和劳力，可能不如干点别的更加赚钱，不利于提高收入 C3	
感知货币收益 D	您是否认同采用绿色生产技术，需要投入额外的劳动，觉得太累 D1	
	您是否认同采用绿色生产技术，需要学习相关的知识和技术，既麻烦，又怕自己弄得不专业 D2	
	您是否认同采用绿色生产技术，有可能家庭意见不一，造成家庭矛盾 D3	
	您是否认同保护环境是大家的事情，只有我或者少数人干了，可能是白费力气 D4	

在运用因子分析时，选择采用克朗巴哈系数(Cronbach's Alpha)作为数据的信度检验依据。可靠性系数越大表明数据的信度越高，Cronbach's Alpha 系数越接

近于 1,表明测度量表指标构建的可信度越高。当系数大于 0.9 时认为其内部一致性较理想,当系数在 0.7～0.8 时认为其内部一致性良好,当系数在 0.5～0.7 时认为一致性一般,当系数在 0.3～0.5 时认为一致性可接受,当系数小于 0.3 时认为其内部一致性较低。本研究运用 Stata 软件对感知价值的观察变量进行信度分析,从表 3-3 的检验结果可以看出,感知价值问卷总量表的 Cronbach's Alpha 系数为 0.840,各分量表的 Cronbach's Alpha 系数分别为 0.919、0.924、0.747、0.785、0.705,说明感知价值样本数据具有较好的信度,变量测度和调研数据的质量较好。

本书运用 KMO 值和 Bartlett 球形度检验进行效度检验,这两个指标对猕猴桃种植户的感知价值相关变量进行效度检验。若 KMO 值取值在 0～1,能有效反映原始可观测变量之间的相关性,取值越大,变量间的相关程度越高,越适合做因子分析。通常认为,若 KMO 值取值大于 0.9,则做因子分析的结果最佳,若 KMO 值在 0.7～0.9,则做因子分析的结果良好,若 KMO 值在 0.5～0.7,则做因子分析的结果相对较差,若 KMO 值小于 0.5,则数据不适合做因子分析。对于 Bartlett 球形度检验,则主要依据该检验的近似卡方值和显著性水平检验,来判断因子分析模型的整体适用性。

综上所述,本研究运用 Stata 14.0 软件对样本数据进行分析,由表 4-2 可知,感知价值变量的 Cronbach's Alpha 系数为 0.835,KMO 值为 0.872,Bartlett 球形度检验中近似卡方值为 1890.466,显著性水平为 0.00。结合上述给出的因子分析适用性的判断标准,说明感知价值的相关变量通过了因子分析的适用性检验的信度和效度检验,本书所用的表征指标及样本数据适合做因子分析。

表 4-2　因子分析的适用性检验

变量	Cronbach's Alpha 系数	KMO 值	Bartlett 球形度检验		
			近似卡方值	自由度	显著性
感知价值	0.835	0.872	1890.466	78	0.00

4.2.3.2　提取公因子

较多的公因子可以解释更多原始变量的总体变异程度,但是在因子分析具体研究中,可以对提取的公因子进行适当的取舍,不需要 100%地解释原始变量的变异。因此本研究通过 Stata 14.0 软件,运用因子分析法提取特征值大于 1 的公因子,经过最大方差法旋转后提取出 4 个公共因子,分别命名为货币收益、非货币收益、货币成本与非货币成本,提取方差分别为 43.16%、21.17%、16.30%、14.96%(见表 4-3)。累计方差贡献率达到 95.59%,能够较好地解释样本中原始变量所包含的信息,能够在很大程度上具有原来 13 个因子的解释力,因此提取 4 个公因子是较为合适的。

表 4-3　感知价值变量的总方差解释

因子名称	特征值	方差贡献率/%	累计方差贡献率/%
因子 1	4.439	43.16	43.16
因子 2	2.178	21.17	64.33
因子 3	1.676	16.30	80.63
因子 4	1.539	14.96	95.59
因子 5	0.841	8.18	37.70
因子 6	0.017	0.17	39.4
因子 7	0.001	0.10	39.5
因子 8	0.002	0.10	39.5
因子 9	0.014	0.14	38.1
因子 10	0.026	0.26	35.5
因子 11	0.035	0.34	32.1
因子 12	0.132	1.28	19.3
因子 13	0.198	1.93	100.00

4.2.3.3　公因子命名

由表 4-3 可知，公共因子 1(Factor1)在是否认同采用绿色生产技术可以因为生产出绿色农产品，从而卖出更好的价钱，有利于提高收入(A1)；是否认同采用绿色生产技术可以获取政府提供的补贴或低息(免息)贷款等惠农政策，有利于提高收入(A2)；您是否认同采用绿色生产技术可以改善农地质量，从而通过提升猕猴桃的品质，提高产量，有利于提高收入(A3)这三个测度指标上的因子载荷值最大，方差贡献率为 43.16%，反映了感知价值的货币方面的收益，将其命名为感知货币收益因子。

公共因子 2(Factor2)在是否认同采用绿色生产技术因为需要购买生产资料，维护相关设施等都需要花费资金，成本太高，不利于提高收入(C1)；是否认同采用绿色生产技术，也不一定能有更加好的销路，又因为成本太高，不利于提高收入(C2)；是否认同花时间学习技术，花劳动力去采用绿色生产技术，有这个时间和劳力，可能不如干点别的更加赚钱，不利于提高收入(C3)这三个测度指标上的因子载荷值最大，方差贡献率为 21.17%，反映了感知价值的货币方面的成本，将其命名为感知货币成本因子。

公共因子 3(Factor3)在是否认同采用绿色生产技术可以因为响应政府号召而得到认可，获得大家的尊重和赞同(B1)；是否认同采用绿色生产技术可以改善环境污染，有利于自己的身心健康(B2)；是否认同采用绿色生产技术可以节约资源，改善污染，提升整体村庄面貌(B3)这三个测度指标上的因子载荷值最大，方差贡献率为 16.30%，反映了感知价值的非货币方面的收益，将其命名为感知非货币收益因子。

公共因子 4(Factor4)在是否认同采用绿色生产技术，需要投入额外的劳动，觉得太累(D1)；您是否认同采用绿色生产技术，需要学习相关的知识和技术，既麻烦，又怕自己弄得不专业(D2)；您是否认同采用绿色生产技术，有可能家庭意见不一，造成家庭矛盾(D3)；是否认同保护环境是大家的事情，只有我或者少数人干了，可能是白费力气(D4)这四个测度指标上的因子载荷值最大，方差贡献率为 14.96%，反映了感知价值的非货币方面的成本，将其命名为感知非货币成本因子。感知价值旋转成分矩阵如表 4-4 所示。

表 4-4　感知价值旋转成分矩阵

指标	Factor1	Factor2	Factor3	Factor4
A1	0.741	0.616	−0.251	0.074
A2	0.742	0.617	−0.250	0.073
A3	0.734	0.581	−0.233	0.077
B1	0.498	−0.159	0.463	0.449
B2	0.455	−0.160	0.413	0.366
B3	0.574	−0.167	0.510	0.459
C1	−0.527	0.677	0.375	0.006
C2	−0.620	0.620	0.423	0.005
C3	−0.622	0.619	0.436	0.001
D1	−0.545	0.049	−0.373	0.701
D2	−0.560	0.043	−0.376	0.694
D3	−0.456	0.038	−0.183	0.507
D4	−0.387	0.007	−0.167	0.597
方差贡献率/%	43.16	21.17	16.30	14.96

4.2.3.4　感知价值指数构建

由表 4-3、表 4-4 可知，感知货币收益因子、感知非货币收益因子、感知货币成本因子、感知非货币成本因子的方差贡献率分别为 43.16%、16.30%、21.17%、14.96%，各个因子变量的累计方差贡献率为 95.59%，这说明本章节因子分析的因子能可靠地代表所需测量的潜变量的结构，这 4 个因子可以解释感知价值变量总体变异的 95.59%。根据各公因子旋转后的方差贡献率，对各公因子的得分进行加权，可以计算出农户感知价值的综合得分，计算公式如下所示：

感知价值＝(货币收益因子×0.4316＋货币成本因子×0.2117＋非货币收益因子×0.1630＋非货币成本因子×0.1496)/0.9559

综上所述，感知价值的4个公因子中，感知货币收益因子的权重最高，为0.4316，其次是感知货币成本因子，为0.2117。感知非货币收益和感知非货币成本因子的权重相对低一些，分别为0.1630和0.1496。通过因子分析法的计算结果也与现有研究和猕猴桃种植户现状相吻合。农户是否从事绿色生产技术，货币的收益和成本还是最重要的考量因素(王晓敏 等，2019)。总体来看猕猴桃种植户更看重收益，然后才是成本，如果收益很大，那么付出一定的成本，农户也是乐意为之的。

4.2.3.5 感知价值各维度指数构建

1. 感知货币收益指数

公共因子Factor1反映了受访农户的感知货币收益状况，因此采用Factor1度量感知货币收益指数，将Factor1的因子得分进行标准化，构建如下感知货币收益指数：

$$PMB=\frac{Fac_{1i}-MinFac_1}{MaxFac_1-MinFac_1}$$

2. 感知非货币收益指数

公共因子Factor3反映了受访农户的感知非货币收益状况，因此采用Factor3度量感知非货币收益指数，将Factor3的因子得分进行标准化，构建如下感知非货币收益指数：

$$PNMB=\frac{Fac_{3i}-MinFac_3}{MaxFac_1-MinFac_1}$$

3. 感知货币成本指数

公共因子Factor2反映了受访农户的感知货币成本状况，因此采用Factor2度量感知货币成本指数，将Factor2的因子得分进行标准化，构建如下感知货币成本指数：

$$PMC=\frac{Fac_{2i}-MinFac_2}{MaxFac_2-MinFac_2}$$

4. 感知非货币成本指数

公共因子Factor4反映了受访农户的感知非货币成本状况，因此采用Factor4度量感知非货币成本指数，将Factor4的因子得分进行标准化，构建如下感知非货币成本指数：

$$PNMC=\frac{Fac_{4i}-MinFac_4}{MaxFac_4-MinFac_4}$$

4.2.4　感知价值特征分析

描述性统计分析是运用制表和分类，对数据资料进行加工，以此调查总体所有变量数据并进行统计性描述的一种方法。对数据进行分组，并放在一起进行直接比较，通过比较均值，可以推断分组样本均值间差异的统计学意义。因此，本研究采用 state 软件进行均值比较的描述性统计分析。由表 4 - 5 可知，感知货币收益的各项指标中，是否认同采用绿色生产技术可以改善农地质量，从而通过提升猕猴桃的品质，提高产量，有利于提高收入的指标平均值是最高的。说明农户还是认同绿色生产技术的技术效应，相信通过猕猴桃产量和质量的提升，可以进一步带来经济效益，提升自己的家庭收入。是否认同采用绿色生产技术可以获取政府提供的补贴或低息(免息)贷款等惠农政策，有利于提高收入的指标平均值是最低的，说明目前在采纳绿色生产技术补贴方面，农户并没有感知到太大的价值。感知非货币收益的各项指标中，是否认同采用绿色生产技术可以改善环境污染，有利于自己的身心健康的指标平均值是最高的。说明农户还是认同绿色生产技术的生态效应，意识到农业面源污染带来的负面作用，相信通过绿色生产技术可以改善农业种植环境和生态环境。是否认同采用绿色生产技术可以因为响应政府号召而得到认可，获得大家的尊重和赞同的指标平均值是最低的，说明在现阶段，无论是政府角度还是乡邻氛围中，都没有将绿色生产技术作为一种普遍的社会影响力。感知货币成本的各项指标中，是否认同采用绿色生产技术因为需要购买生产资料，维护相关设施等都需要花费资金，成本太高，不利于提高收入的指标平均值是最高的。绿色生产技术中尤以节水灌溉技术是以资本、技术密集型和资源节约型为主要特征的现代农业生产要素(黄玉祥 等，2012)。采纳该技术的前提是安装相关的滴灌设备等，以及后期的日常维护。这些对于农户来说都是种植外的成本，并且节水行为在短期内也并不能体现效果，因此农户会对这一项指标认同感比较高。由于目前我国绿色农产品的销售渠道还不够健全，绿色农产品的市场认可度还有待于加强，因此采用绿色生产技术即便可以改善农地质量，提高产量和质量，但农户没有体会到更多的“绿色”附加值。感知非货币成本的各项指标中，是否认同采用绿色生产技术，需要学习相关的知识和技术，既麻烦，又怕自己弄得不专业的指标平均值是最高的。技术推广与农业发展两者之间具有紧密的联系，本质逻辑是通过提高农户对技术的认知和掌握来改善要素投入的配置。所以理论上来说，技术推广相关服务和指导能够增加农户采用该技术的可能性和采用程度。但是农户的受教育水平不同，接收信息的能力也不同，学习绿色生产技术的难易程度也相应地不同。因此，认为学习绿色生产技术既麻烦，又怕自己弄得不专业的指标认同度是在感知非货币成本中最高的。外部性是指在两个当事人缺乏任何相关的经济贸易的情况下，由一个当事人向另一个当事人所提供的物品约束（黄飞雪，2011），是一个人的行为对旁观者的福利的影响（梁小民，1999）。因此采纳绿色生产技术的农户的环境保护的正外部性具有正向的溢出效应，而未采纳绿色生产技术的农户的负外部性对环境利益有减损的效应，因此导致农户会认同如果只有少数人保护环境可能最后没有得到预期的结果。综上所述，农户总体认为经济利益的影响较大，其次才是生态和社会的利益，这与其他学者的研究结论不谋而合（王淇韬 等，2020）。感知价值各指标的描述性统计如表 4－5 所示。

表 4－5　感知价值各指标的描述性统计

变量名称	最大值	最小值	标准差	平均值
感知货币收益 A1	5	1	1.101	2.743
感知货币收益 A2	5	1	1.241	2.709
感知货币收益 A3	5	1	1.277	2.751
感知非货币收益 B1	5	1	1.287	2.907
感知非货币收益 B2	5	1	1.138	2.946
感知非货币收益 B3	5	1	1.291	2.929
感知货币成本 C1	5	1	1.228	3.210
感知货币成本 C2	5	1	1.222	3.185
感知货币成本 C3	5	1	1.233	3.199
感知非货币成本 D1	5	1	1.182	3.188
感知非货币成本 D2	5	1	1.180	3.200
感知非货币成本 D3	5	1	1.249	2.995
感知非货币成本 D4	5	1	1.262	2.977

感知价值各指标分布的具体情况见表 4－6。在完全认同的选项中，有17.31％的农户完全认同 C1 指标，认为采用绿色生产技术因为需要购买生产资料，维护相关设施等都需要花费资金，成本太高，不利于提高收入。接下来是 C3 指标和 D2 指标，分别有 17.05％和 16.52％的农户，认为花时间学习技术，花劳动力去采用绿色生产技术，有这个时间和劳力，可能不如干点别的更加赚钱，不利于提高收入，并且需要学习相关的知识和技术，既麻烦，又怕自己弄得不专业。从此项分析可以看出，农户在绿色生产技术感知价值中，最认同的选项主要分布在感知成本中，其中感知货币成本指标最高，感知非货币成本指标最多。可能的原因是，大部分农户的受教育水平还不是很高，很难快速地掌握绿色生产技术，因此认为采纳猕猴桃绿色生产技术有很大的机会成本，花时间去学习可能不如兼业别的工作更加

挣钱。在完全不认同的选项中，有 19.60%的农户完全不认同 A3 指标，不认为采用绿色生产技术可以改善农地质量，从而通过提升猕猴桃的品质，提高产量，有利于提高收入。其次，有 17.31%的农户完全不认同 B1 指标，有 17.14%的农户完全不认同 B3 指标，不认同采用绿色生产技术可以因为响应政府号召而得到认可，获得大家的尊重和赞同，也不认同采用绿色生产技术可以节约资源，改善污染，提升整体村庄面貌。由此可见，农户的感知还是从自身利益为出发点和落脚点。从马斯洛理论的角度来看，农户的需求还主要停留在生理需求和安全需求，更高层次的爱和归属感、尊重和自我实现的感知需求相对较低。

表 4－6　感知价值各指标的分布

变量名称	测量指标	完全不认同	不认同	一般	认同	完全认同
感知货币收益 A1	是否认同采用绿色生产技术可以因为生产出绿色农产品，从而卖出更好的价钱，有利于提高收入	16.17%	30.76%	19.33%	20.65%	13.09%
感知货币收益 A2	是否认同采用绿色生产技术可以获取政府提供的补贴或低息（免息）贷款等惠农政策，有利于提高收入	16.87%	31.99%	21.53%	19.16%	10.45%
感知货币收益 A3	是否认同采用绿色生产技术可以改善农地质量，从而通过提升猕猴桃的品质，提高产量，有利于提高收入	19.60%	27.33%	22.32%	19.86%	10.89%
感知非货币收益 B1	是否认同采用绿色生产技术可以因为响应政府号召而得到认可，获得大家的尊重和赞同	17.31%	21.53%	28.65%	18.19%	14.32%
感知非货币收益 B2	是否认同采用绿色生产技术可以，改善环境污染，有利于自己的身心健康	16.60%	20.83%	29.09%	18.37%	15.11%

续 表

变量名称	测量指标	完全不认同	不认同	一般	认同	完全认同
感知非货币收益 B3	您是否认同采用绿色生产技术可以节约资源,改善污染,提升整体村庄面貌	17.14%	20.83%	28.91%	18.28%	14.84%
感知货币成本 C1	是否认同采用绿色生产技术因为需要购买生产资料,维护相关设施等都需要花费资金,成本太高,不利于提高收入	11.08%	16.52%	30.05%	25.04%	17.31%
感知货币成本 C2	是否认同采用绿色生产技术,也不一定能有更加好的销路,又因为成本太高,不利于提高收入	11.07%	17.40%	29.88%	25.22%	16.43%
感知货币成本 C3	是否认同花时间学习技术,花劳动力去采用绿色生产技术,有这个时间和劳力,可能不如干点别的更加赚钱,不利于提高收入	11.51%	16.43%	29.80%	25.21%	17.05%
感知非货币成本 D1	是否认同采用绿色生产技术,需要投入额外的劳动,觉得太累	8.44%	20.74%	30.49%	24.25%	16.08%
感知非货币成本 D2	是否认同采用绿色生产技术,需要学习相关的知识和技术,既麻烦,又怕自己弄得不专业	7.80%	20.00%	33.50%	22.18%	16.52%
感知非货币成本 D3	是否认同采用绿色生产技术,有可能家庭意见不一,造成家庭矛盾	14.67%	21.97%	24.78%	26.36%	12.22%
感知非货币成本 D4	是否认同保护环境是大家的事情,只有我或者少数人干了,可能是白费力气	15.03%	23.11%	23.55%	25.75%	12.56%

4.3　政府支持的测度

4.3.1　指标体系构建

政府支持可以降低信息获取成本，提升信息获取有效性，促进农户对绿色生产技术的认知及采纳，因此以政府支持为核心的主导因素对农户绿色生产认知具有关键提升作用(杨兴杰 等，2021)。一方面，政府为农户发放生态补贴或者免费铺设节水灌溉设备和管道等，采取技术专家田间指导、集中培训、咨询服务、制作宣传资料和村庄广播、板报等方式进行技术推广活动；另一方面，农户在采纳绿色生产技术过程中遇到困难时政府给予关心和农户采纳绿色生产技术后被政府给予充分尊重。裴厦等(2011)认为，政府支持可以运用政策支持、财政支持、项目支持、技术支持和组织管理支持等五个维度进行表征。黄祖辉和高钰玲(2012)运用政府资助，例如税收减免、财政补助等实际投入使用情况来表示合作社得到的政府支持。许朗和刘金金(2013)研究指出政府对绿色生产技术的宣传、政策的制定以及投资和补贴的方式是影响农户技术选择意愿和行为的因素。王建华等(2015)基于我国五个省份的调查数据，发现政府组织宣传和培训、制定农药施用政策和施用标准、对有机农药的施用给予补贴对农户绿色生产技术采纳具有良好的引导作用。于艳丽等(2019)从三个维度表征茶叶地理标志保护区的政府支持：政府部门组织培训的次数，是否得到政府帮助安装太阳能杀虫灯、色板等以及政府提供的有关生产技术规范的宣传。因此，本文政府支持的测度结合上述相关研究和研究区域内绿色生产技术的采纳情况，将政府支持划分为情感支持及工具支持，其中情感支持包括情感关心和情感尊重两方面，工具支持包括政策宣传、农技推广、生态补贴三个方面，一共五个方面表征政府支持。政府支持测度指标如表 4－7 所示。

表 4－7　政府支持测度指标

一级指标	二级指标	具体问题	变量赋值
情感支持	情感关心	您在日常种植过程中遇到困难时，是否得到政府的关心和帮助？	有为“1” 无为“0”
	情感尊重	政府是否对您日常绿色种植活动给予充分尊重，重视您在乡村和合作社中的地位？	
工具支持	政策宣传	是否接收到政府开展的绿色生产技术政策的宣传活动？	
	农技推广	是否接收到政府开展绿色生产技术相关的农技推广活动？	
	生态补贴	是否接收到政府发放的绿色生产技术补贴？	

4.3.2 政府支持测度方法及结果

从表4-8中可以看出，在政府的情感支持指标中，情感关心指标在调研问卷中转化为问题："您在日常种植过程中遇到困难时，是否得到政府的关心和帮助?"得到关心和帮助取值为1，未得到关心和帮助取值为0，调研结果中该变量的均值为0.45，标准差为0.49。情感尊重指标在调研问卷中转化为问题："政府是否对您日常绿色种植活动给予充分尊重，重视您在乡村和合作社中的地位?"得到尊重取值为1，未得到尊重取值为0。调研结果中该变量的均值为0.35，标准差为0.48。由此可知，在样本农户中，农户在绿色生产技术采纳过程中受到政府的情感关心>情感尊重。在政府的工具支持指标中，政策宣传指标在调研问卷中转化为问题："是否接收到政府开展的绿色生产技术政策的宣传活动?"接收到宣传活动取值为1，没有接收到宣传活动取值为0。调研结果中该变量的均值为0.64，标准差为0.48。农技推广指标在调研问卷中转化为问题："是否接收到政府开展绿色生产技术相关的农技推广活动?"接收到农技推广取值为1，没有接收到农技推广取值为0。调研结果中该变量的均值为0.56，标准差为0.50。生态补贴指标在调研问卷中转化为问题："是否接收到政府发放的绿色生产技术补贴?"接收到补贴取值为1，没有接收到补贴取值为0。调研结果中该变量的均值为0.37，标准差为0.48。根据调研数据分析，在样本农户中，农户在绿色生产技术采纳过程中接收到的政策宣传>农技推广>生态补贴。本研究采用加权平均法测度政府支持，其中情感支持权重占40%，工具支持权重占60%，即政府支持＝情感支持×40%＋工具支持×60%。

表4-8 政府支持指标描述性统计

变量名称	测量指标	平均值	标准差
政府支持	根据情感关心、情感尊重、政府宣传、政府推广、政府补贴求出加权平均值	0.47	—
情感支持	根据情感关心、情感尊重求出加权平均值	0.40	—
情感关心	您在日常种植过程中遇到困难时，是否得到政府的关心和帮助(有为"1"，无为"0")	0.45	0.49
情感尊重	政府对您日常种植活动给予充分尊重，重视您在乡村中的地位(有为"1"，无为"0")	0.35	0.48
工具支持	根据政府宣传、政府推广、政府补贴求出加权平均值	0.52	—

续 表

变量名称	测量指标	平均值	标准差
政策宣传	接收到政府开展的绿色生产技术政策的宣传活动(有为“1”,无为“0”)	0.64	0.48
农技推广	接收到政府开展绿色生产技术相关的农技推广活动(有为“1”,无为“0”)	0.56	0.50
生态补贴	接收到政府发放的绿色生产技术补贴(有为“1”,无为“0”)	0.37	0.48

4.3.3 政府支持特征分析

4.3.3.1 政府支持各维度指标情况分析

在情感支持变量中,获得情感关心的农户有 506 人,占总样本量的 44.46%;未获得情感关心的农户有 632 人,占总样本量的 55.54%。获得情感尊重的农户有 393 人,占总样本量的 34.53%。未获得情感尊重的农户有 745 人,占总样本量的 65.47%。工具支持变量中,获得政策宣传的农户有 733 人,占总样本量的 64.41%;未获得政策宣传的农户有 405 人,占总样本量的 35.59%。获得农技推广的农户有 638 人,占总样本量的 56.06%;未获得农技推广的农户有 500 人,占总样本量的 43.94%。获得生态补贴的农户有 422 人,占总样本量的 37.08%;未获得生态补贴的农户有 716 人,占总样本量的 62.92%。根据上述的统计分析可知,在情感支持中,获得情感关心和情感尊重的农户均少于未获得的农户。相比较而言,获得情感关心的农户比获得情感尊重的农户人数多 22%。在工具支持中,获得政策宣传的农户最多,其次是获得农技推广的农户,获得生态补贴的农户数量最少。从总体来看,农户获得支持的比例为政策宣传>农技推广>情感关心>生态补贴>情感尊重,具体见表 4-9。

表 4-9 各指标政府支持情况统计

指标		获得支持人数	比例	未获得支持人数	比例
情感支持	情感关心	506	44.46%	632	55.54%
	情感尊重	393	34.53%	745	65.47%
工具支持	政策宣传	733	64.41%	405	35.59%
	农技推广	638	56.06%	500	43.94%
	生态补贴	422	37.08%	716	62.92%

4.3.3.2 采纳不同绿色生产技术农户获得政府支持差异分析

1.采纳绿色病虫害防治技术与未采纳该技术农户获得政府支持的差异分析

在采纳绿色病虫害防治技术的猕猴桃种植户中，有61.92%获得了政府的情感关心，而未采纳绿色病虫害防治技术的猕猴桃种植户中，只有39.82%获得了政府的情感关心；采纳绿色病虫害防治技术的农户有52.72%获得了政府的情感尊重，而未采纳绿色病虫害防治技术的农户，只有29.70%获得了政府的情感尊重。因此，在情感支持中，未采纳绿色病虫害防治技术的农户获得情感关心和情感尊重支持率比采纳的农户获得支持率分别低了22.10%和23.02%。采纳绿色病虫害防治技术的农户中，分别有81.17%、74.06%、50.63%的农户获得了政府的政策宣传、农技推广和生态补贴，而未采纳绿色病虫害防治技术的农户，只有59.96%、51.28%和33.48%的农户获得了相应的支持。因此，在工具支持中，未采纳绿色病虫害防治技术的农户获得政策宣传、农技推广和生态补贴支持率比采纳技术的农户获得支持率分别低了21.21%、22.78%和17.15%。采纳和未采纳该项技术获得支持率差距：情感尊重＞情感关心＞农技推广＞政策宣传＞生态补贴。

2.采纳节水灌溉技术与未采纳该技术农户政府支持差异分析

采纳节水灌溉技术的农户，分别有61.64%和55.98%获得了政府的情感关心和情感尊重，而未采纳节水灌溉技术的农户，只有41.68%和31.05%获得了这两项支持。因此，在情感支持中，未采纳节水灌溉技术农户获得情感关心和情感尊重支持率比采纳节水灌溉技术的农户获得支持率分别低了19.96%和24.93%。而在工具支持中，有82.39%的采纳节水灌溉技术的农户获得了政策宣传，而未采纳节水灌溉技术的农户有61.49%的农户获得了政策宣传。有77.36%的农户获得了农技推广，而未采纳节水灌溉技术的农户，有52.61%的农户获得了农技推广。采纳节水灌溉技术的农户有49.69%的农户获得了生态补贴，未采纳节水灌溉技术的农户有35.04%获得了生态补贴。因此，在工具支持中，未采纳节水灌溉技术的农户获得政策宣传、农技推广和生态补贴支持率比采纳节水灌溉技术的农户获得支持率分别低了20.90%、24.75%和14.65%。在节水灌溉技术中，采纳和未采纳该项技术获得支持率差距：情感尊重＞农技推广＞政策宣传＞情感关心＞生态补贴。

3.采纳有机肥替代技术与未采纳该技术农户政府支持差异分析

采纳有机肥替代技术的农户，分别有48.56%和42.80%获得了政府的情感关心和情感尊重，而未采纳有机肥替代技术的农户，只有29.05%和21.62%获得了这两项支持。因此，在情感支持中，未采纳有机肥替代技术的农户获得情感关心和情感尊重支持率比采纳有机肥替代技术的农户低了19.51%和21.18%。在工具支持中，有74.78%、67.72%和45.97%的采纳有机肥替代技术的农户分别获得了政策宣传、农技推广和生态补贴。而未采纳有机肥替代技术的农户，有 48.20%、37.84%和 23.20%的农户获得了这三项工具支持。因此，在工具支持中，未采纳有机肥替代技术的农户获得政策宣传、农技推广和生态补贴支持率比采纳有机肥替代技术的农户获得支持率分别低了 26.58%、21.75%和 22.77%。在有机肥替代技术中，采纳和未采纳该项技术获得支持率差距：农技推广＞政策宣传＞生态补贴＞情感尊重＞情感关心。

总体分析，对于绿色病虫害防治技术、节水灌溉技术、有机肥替代技术三项绿色生产技术，采纳技术的猕猴桃种植户获得的政府支持均高于未采纳技术的农户，这也从侧面反映出政府支持对农户绿色生产技术采纳具有促进作用。

表 4－10　采纳不同绿色生产技术农户获得政府支持比例

指标		绿色病虫害防治技术		节水灌溉技术		有机肥替代技术	
		采纳/%	未采纳/%	采纳/%	未采纳/%	采纳/%	未采纳/%
情感支持	情感关心	61.92	39.82	61.64	41.68	48.56	29.05
	情感尊重	52.72	29.70	55.98	31.05	42.80	21.62
工具支持	政策宣传	81.17	59.96	82.39	61.49	74.78	48.20
	农技推广	74.06	51.28	77.36	52.61	67.72	37.84
	生态补贴	50.63	33.48	49.69	35.04	45.97	23.20

4.3.3.3　绿色生产技术不同采纳强度农户获得政府支持差异分析

从表 4－11 可以看出，未采纳绿色生产技术的农户中，接收到政府情感关心支持的农户占总样本量的 29.05%、接收到政府情感尊重支持的农户占总样本量的 21.62%、接收到政策宣传支持的农户占总样本量的 46.20%、接收到政府农技推广支持的农户占总样本量的 37.84%、接收到政府生态补贴支持的农户占总样本量的 23.20%。获得支持的农户比例：政策宣传＞农技推广＞情感关心＞生态补贴＞情感尊重。

表 4－11　绿色生产技术不同采纳强度农户获得政府支持比例

指标		未采纳/%	采纳一种/%	采纳两种/%	采纳三种/%
情感支持	情感关心	29.05	50.33	61.50	62.64
	情感尊重	21.62	38.24	46.25	55.98
工具支持	政策宣传	46.20	48.25	78.75	82.39
	农技推广	37.84	64.40	67.50	77.36
	生态补贴	23.20	43.52	49.50	52.69

采纳一种绿色生产技术的农户中，接收到政府情感关心支持和情感尊重支持的农户占总样本量的50.33%和38.24%。接收到政策宣传支持的农户占总样本量的48.25%、接收到农技推广支持的农户占总样本量的64.40%、接收到生态补贴支持的农户占总样本量的43.52%。获得支持的农户比例：农技推广＞情感关心＞政策宣传＞生态补贴＞情感尊重。

采纳两种绿色生产技术的农户中，接收到政府情感关心支持和情感尊重支持的农户占总样本量的61.50%和46.25%。接收到政策宣传支持、农技推广支持、生态补贴支持的农户占总样本量的78.75%、67.50%和49.50%。获得支持的农户比例：政策宣传＞农技推广＞情感关心＞生态补贴＞情感尊重。

采纳三种绿色生产技术的农户中，接收到政府情感关心支持、情感尊重支持、政策宣传支持、农技推广支持、生态补贴支持的农户分别占总样本量的62.64%、55.98%、82.39%、77.36%和52.69%。得到支持的农户比例：政策宣传＞农技推广＞情感关心＞情感尊重＞生态补贴。

综上所述，采纳零种绿色生产技术获得的政府支持农户比例是最低的，采纳从零种到一种绿色生产技术获得的政府支持农户比例以及采纳从一种到两种绿色生产技术获得的政府支持农户比例大幅度上升，而再到三种绿色生产技术都采纳的农户比例上升就较为缓慢了。这也说明，首先政府支持对农户采纳绿色生产技术有显著的促进作用，但是想要增加农户采纳绿色生产技术的数量，则需要根据不同的绿色生产技术采用更有针对性的支持性措施。

4.4 本章小结

本章对数据来源和样本特征进行了描述与分析，采用全面性原则、分层性设计原则、调研数据的易获得性原则、可比性原则、独立性原则，科学合理地选取和构建了感知价值与政府支持的测度指标体系，并进行原始表征指标特征分析。

(1)运用因子分析法测度感知价值并进行特征分析。感知价值问卷总量表的Cronbach's Alpha系数为0.835，KMO值为0.872，Bartlett球形度检验中近似卡方值为1890.466，显著性水平为0.00，说明感知价值的相关变量通过了因子分析的适用性检验中信度和效度检验，本章所用的表征指标及样本数据适合做因子分析。其次，感知价值变量中共提取4个公共因子，分别命名为感知货币收益因子、感知非货币收益因子、感知货币成本因子、感知非货币成本，4个公共因子的方差贡献率分别为43.16%、16.30%、21.17%、14.96%，各个因子变量的累计方差贡献率为95.59%。最后，计算出感知价值的综合得分，感知价值＝(货币收益因子×0.4316＋货币成本因子×0.2117＋非货币收益因子×0.1630＋非货币成本因子×

0.1496)/0.9559,以及感知货币收益指数、感知非货币收益指数、感知货币成本指数、感知非货币成本指数。

(2)运用加权平均法测度政府支持并进行特征分析。对情感关心、情感尊重、政府宣传、政府推广、政府补贴进行加权平均,测算政府支持值。农户获得政府支持的比例:政府宣传>政府推广>情感关心>政府补贴>情感尊重。

(3)采纳不同绿色生产技术农户获得政府支持存在差异,在绿色生产技术中,采纳和未采纳该项技术获得支持率差距:情感尊重>情感关心>农技推广>政策宣传>生态补贴。在节水灌溉技术中,采纳和未采纳该项技术获得支持率差距:情感尊重>农技推广>政策宣传>情感关心>生态补贴。在有机肥替代技术中,采纳和未采纳该项技术获得支持率差距:农技推广>政策宣传>生态补贴>情感尊重>情感关心。总体分析,对于绿色防控技术、节水灌溉技术、有机肥替代技术三项绿色生产技术,采用农户获得的政府支持均高于未采用农户。

(4)绿色生产技术不同采纳强度农户获得政府支持也存在一定差异。未采纳绿色生产技术的农户中,获得支持的农户比例:政府宣传>政府推广>情感关心>政府补贴>情感尊重。采纳一种绿色生产技术的农户中,获得支持的农户比例:政府推广>情感关心>政府宣传>政府补贴>情感尊重。采纳两种绿色生产技术的农户中,获得支持的农户比例:政府宣传>政府推广>情感关心>政府补贴>情感尊重。采纳三种绿色生产技术的农户中,获得支持的农户比例:政府宣传>政府推广>情感关心>情感尊重>政府补贴。采纳零种绿色生产技术农户获得的政府支持比例是最低的,从零种到一种绿色生产技术农户获得的政府支持比例以及从一种到两种绿色生产技术农户获得的政府支持比例大幅度上升,而再到三种绿色生产技术都采纳的农户获得的政府支持比例上升就较为缓慢了。

第5章　感知价值、政府支持对农户绿色生产技术采纳意愿的影响

5.1　问题提出

农业面源污染直接影响农产品的质量安全，危害人体健康，影响生态环境，其负外部性逐渐进入人们的视野（Berrada et al.，2010；吴林海 等，2011）。长期以水淹为主的传统灌溉方式导致水资源浪费。过量施用农药、化肥会导致土壤性状恶化和环境污染（刘铮 等，2023）。矛盾的凸显促使我国农业发展到了"调结构、转方式"的关键时期，需加快农业由增产导向转向提质导向（朱秋博 等，2019）的过程。坚持质量兴农、绿色兴农，全面转变农业生产方式，才能保护自然资源和确保高质量的农产品供应（祁力钧 等，1998）。我国农业双重负外部性的焦点是农业发展方式问题，其背后的核心则是如何推动农户生产方式的绿色化，实现可持续的生产实践和转型模式（He et al.，2021；Zeweld et al.，2017）。作为农业生产微观经营主体，农户绿色生产技术采纳意愿是农业绿色发展战略得以实施和获得显著成果的关键要求（Mao et al.，2021）。因此，探索驱动和激励农户产生实施绿色种植变革意愿的因素，对于农业成功转型具有至关重要的作用（Morais et al.，2018）。

现有对农户绿色生产技术意愿的研究大多采用 Logit 模型或者 Probit 模型，"1"表示农户愿意采纳，"0"表示不愿意采纳。或者运用李克特五级量表，每个问题的选项设置为：非常不同意为"1"、不同意为"2"、一般同意为"3"、同意为"4"、非常同意为"5"。例如王晓飞（2020）以技术接受理论为基础，分析感知易用性、感知有用性、社群影响、便利条件以及农户个人禀赋对其绿色生产技术采纳意愿的影响和路径。也有少数学者从支付意愿和农资投入意愿的角度着手研究，Danso et al.（2006）通过条件价值法等价值评估方法核算农户对采用绿色农业生产技术的支付意愿程度。薛彩霞和姚顺波（2016）的研究发现，使用地理标志显著促进了农户采纳绿色生产技术的意愿，同时也对增加农户的农资投入具有正向影响。朱庆莹等

(2019)研究认为，社会资本作为一种外在的激励机制，对农户耕地保护支付意愿具有显著的促进作用，社会资本每增加 1 个单位，农户耕地保护支付意愿程度增加 3.695 个单位。He et al.(2020)基于受益人支付原则，以作物秸秆沼气生产为例，分析了农户对地方政府主导的作物秸秆能源利用项目的支付意愿。Al-Amin et al.(2020)分析了影响马来西亚为适应气候变化支付意愿的社会经济和动机因素。赵晓颖等(2020)运用选择实验法，从理论和实证的角度分析了茶农对于生物农药的偏好和支付意愿，农户愿意为缩短安全间隔期、不提前使用和不产生抗药性的农药属性多支付 16.974 元/(亩·年)、22.250/(亩·年)和 11.272 元/(亩·年)。

猕猴桃绿色生产技术属于劳动密集型和资本密集型生产技术。绿色生产技术是一种生产性的资本投资，农户投入资本禀赋要素以期在未来获取增产增收回报以及由此带来的具有正外部性的环境产品(颜廷武 等，2016b)。对一般农户而言，实施资本密集型绿色生产技术需要更多的投资，且实现收益的周期较长，可能产生较高的沉没成本(王永进 等，2022)。实施劳动密集型绿色生产技术需要更多的劳动力，存在收益的机会成本问题(黄炳凯 等，2022)。因此，农户对绿色生产技术投资与投劳的意愿呈现出较大差异(贾蕊，2018)。在这样的背景之下，本章将农户采纳绿色生产技术的意愿细分为投资意愿和投劳意愿。从“是否愿意投入资金和投资金额”以及“是否愿意投入劳动和投劳天数”两个方面着手开展研究。采用纠正样本选择性偏误的 Heckman 模型，从内在感知价值和外在政府支持双维度出发，分别考察感知价值与政府支持对农户绿色生产技术投资意愿与投劳意愿的影响，检验政府支持在感知价值对农户绿色生产技术投资意愿与投劳意愿影响的调节效应。研究结果有助于为促进农户采纳绿色生产技术提供理论支撑与政策参考。

5.2　理论分析与研究假设

5.2.1　感知价值对农户绿色生产技术采纳意愿的影响

感知价值理论起源于产品营销领域对顾客意愿及行为的研究，1988 年由 Zeithaml 正式提出。顾客感知价值被认为是一种抽象概念，是基于个体认知的视角，从个体体验的角度出发，对某种具体产品、服务或行为的感知利益和感知成本的主观权衡和评价，是客户在自身所得与所失的基础上总体评价某产品的效用(Parasuraman et al.，2000)。感知价值的来源通常是事前预期和事后结果之间的权衡。农户作为理性经济人产生采纳绿色生产技术的意愿势必要进行收益和成本的衡量(吴璟 等，2021)。也就是说，感知价值(PV)是感知收益(PB)和感知成本

(PC)之差：

$$PV=PB-PC$$

农户采纳绿色生产技术不仅是为了短期的经济效益，也是为了追求综合利益最大化的一种行为(姚柳杨 等，2016)。因此本研究将感知收益和感知成本的研究维度进一步细分，从感知货币收益和感知非货币收益两个方面刻画感知收益变量，从感知货币成本和感知非货币成本两个方面刻画感知成本变量。感知价值(PV)是感知货币收益(PMB)与感知非货币收益(PNMB)与感知货币成本(PMC)和感知非货币成本(PNMC)之差：

$$PV=(PMB+PNMB)-(PMC+PNMC)$$

计划行为理论(TPB)是以人的理性为基础，分析和预测人类行为决策的理论(牛星 等，2022)。该理论认为个体的行为由行为态度、主观规范和感知行为分别控制决定。行为意愿直接决定该行为是否能够发生，行为的意愿越强，该行为发生的可能性就越高。因此，研究农户采纳绿色生产技术的行为意愿，是最终是否采纳该技术的前提。在经济学角度，通常假定农户以总体利益最大化为目标作出合理的生产决策，即农户是否愿意采用一项技术或者在多大程度上采用这项技术，通常是以成本和利益为直接依据(黄炎忠 等，2018)。农户考虑采纳绿色生产技术的关键在于他们的心理，是他们如何看待这种做法的总价值。感知价值是通过收益和成本的权衡计算得来，是农户认为无公害产品、绿色生产方式和绿色农业作为一个整体能够帮助他们以最小成本获得最大收益的程度。这种认识可能是推动农民实践绿色生产最强有力的内生动力。农户对绿色生产技术采纳具有独立的选择权，其态度是影响其行为意愿的首要因素，而感知价值是影响农户行为态度的最直接原因(Flint et al.，2007)。农户通过对采纳绿色生产技术感知价值的判断，确定其参与行为的意愿。感知货币收益和感知非货币收益越高，农民越愿意对绿色生产技术投入资金和劳动；感知货币成本和感知非货币成本越高，农民越不愿意对绿色生产技术投资和投劳。

基于此，本书提出以下研究假设。

假设 H5－1：感知价值对农户绿色生产技术投资意愿具有显著影响。

假设 H5－1a：感知货币收益和感知非货币收益正向影响农户绿色耕作投资意愿。

假设 H5－1b：感知货币成本和感知非货币成本负向影响农户绿色耕作投资意愿。

假设 H5－2：感知价值对农户绿色生产技术投劳意愿具有显著影响。

假设 H5－2a：感知货币收益和感知非货币收益正向影响农户绿色耕作投劳

意愿。

假设 H5－2b：感知货币成本和感知非货币成本负向影响农户绿色耕作投劳意愿。

5.2.2　政府支持对农户绿色生产技术采纳意愿的影响

绿色生产技术采纳意愿是指种植户在农业生产的产前、产中、产后三个环节中，愿意通过采纳相应的生产种植技术，从而减少水资源、农药和化肥等的投入(许佳彬 等，2021)。绿色生产技术既存在“正的外部性”也存在“负的外部性”。如果农户严格按照科学的要求进行施肥、施药并采用节水灌溉设备，在生产过程中没有造成污染，但他同样要承担由其他人污染环境所带来的成本，不能生产出安全农产品。如果农户不考虑环境问题，却可以享受高产量所带来的高收入，并不需要独自承担滥用化肥和农药所造成的环境污染成本，而是由社会来共同承担(鞠磊，2010)。这种市场失灵的状况导致绿色生产技术的经济、社会和生态价值难以通过市场机制完全实现，这时就需要政府的干预予以解决(Guo et al.，2019)。同时，农户作为“理性人”，作为独立的生产者，也会对影响绿色农业生产技术采纳的外部因素进行综合考量，政府进行绿色生产技术政策宣传、技术推广等支持政策时，可以增强农户对农业面源污染危害性的认识，提高其保护生态环境的意识，并将此转化成投资和投劳的意愿。农户在采用绿色生产技术时，可能需要进行大量的资金投入，政府生态补贴可以帮助农户分担一部分采用技术的成本(徐涛 等，2018b)。凌文辁等(2006)认为组织支持是包括工作支持、员工价值认同和关心利益的三维度结构模型，除了上述工具支持如政策宣传、农技推广和生态补贴等方面对提高农户的绿色生产技术采纳意愿有正面的效果之外，情感支持也会和农户的行为意愿有直接的相互作用。一方面，情感支持带给农户安全感和归属感，另一方面，感受到情感支持的农户也会做出互惠行为来回报组织，以促进组织目标的达成(杨柳，2018a)。

基于此，本书提出以下研究假设。

假设 H5－3：政府支持显著正向影响农户绿色生产技术的投资意愿。

假设 H5－3a：工具支持显著正向影响农户绿色生产技术的投资意愿。

假设 H5－3b：情感支持显著正向影响农户绿色生产技术的投资意愿。

假设 H5－4：政府支持显著正向影响农户绿色生产技术的投劳意愿。

假设 H5－4a：工具支持显著正向影响农户绿色生产技术的投劳意愿。

假设 H5－4b：情感支持显著正向影响农户绿色生产技术的投劳意愿。

5.2.3 政府支持在感知价值对绿色生产技术采纳意愿影响中的调节效应

技术—组织—环境(TOE)的理论认为,个体对于技术的采纳意愿同时受到内部因素和外部环境的影响(闫贝贝 等,2022)。在本研究中,内部因素是指农户对于采纳绿色生产技术的感知价值,外部环境是政府对绿色农业提供的支持。感知价值是农户对采纳绿色生产技术收益与成本的综合评价。这一评价是基于主观认知的判断以及客观依据的预期(邵颖红 等,2021)。感知价值对农户绿色生产技术采纳意愿呈高度正相关(郭格 等,2018)。政府支持是政府依据现有的政策和资源,为某一产业提供合法的社会政治支持措施(Yuan et al.,2015)。杜运伟等(2019)认为政府政策导向是影响农户绿色生产意愿的深层因素。技术具有知识溢出正外部性的特征,内外部因素在农户绿色生产技术采纳中共同发挥作用。农业技术信息传播过程中存在着针对性不强,不能有效落地以及内容复杂难以理解、传播渠道不够通畅等问题,导致农户获取绿色生产技术的相关信息需要付出巨大的时间成本和经济成本。政策宣传使农户能够便捷地获取政策信息,为农户拓宽学习渠道,高效传播相关信息。同时,农技推广也应为农户提供田间技术指导,提供学习交流的平台,加快学习进程。如果农户能够获得政府支持,他们会根据掌握的信息来预估成本收益情况,那么他们采纳新技术的意愿就会增加(乔丹,2018)。生态补贴具有无偿性、金额稳定、政策持续性强等特点,能够有效缓解农户采纳绿色生产技术的资金约束。上述工具支持能够有效地提升农户的感知收益,降低感知成本,增强农户采纳绿色生产技术的意愿。社会交换理论认为个体在得到他人的支持后会做出互惠行为(滕玉华 等,2022)。农户得到的情感支持越强烈,能够有效地提升农户的感知收益,降低感知成本,进而有效提升农户采纳绿色生产技术的意愿。

基于此,本书提出以下研究假设。

假设 H5-5:政府支持正向调节感知价值对农户绿色生产技术投资意愿的影响。

假设 H5-6:政府支持正向调节感知价值对农户绿色生产技术投劳意愿的影响。

5.3 变量选取和模型构建

5.3.1 变量选取

1.被解释变量

本章的被解释变量为猕猴桃种植户对绿色生产技术的采纳意愿,并从投资意愿和投劳意愿两个方面进行分析。首先，农户投资意愿的两个阶段：第一阶段是猕猴桃种植户是否愿意对绿色生产技术投资。投资意愿采用二元赋值法，农户愿意投资为“1”，农户不愿意投资为“0”。第二阶段是愿意投资的猕猴桃种植户的意愿投资金额是多少。愿意投资每亩在 100 元以下的为“1”，愿意投资每亩在 100～200 元为“2”，愿意投资每亩在 200～300 元为“3”，愿意投资每亩在 300～400 元为“4”，愿意投资每亩在 400 元以上为“5”。同理，农户投劳意愿的两个阶段：第一阶段是猕猴桃种植户是否愿意对绿色生产技术投入劳动。投劳意愿也采用二元赋值法，农户愿意投劳为“1”，农户不愿意投劳为“0”。第二阶段是愿意投劳农户的意愿投劳天数，愿意投劳在 50 天以下为“1”，愿意投劳在 50～100 天为“2”，愿意投劳在 100～200 天为“3”，愿意投劳在 200～300 天为“4”，愿意投劳在 300 天以上为“5”。

2. 解释变量

本章的核心解释变量为感知价值和政府支持。在第 4 章中，通过因子分析法测度农户感知价值，运用加权平均法测度政府支持。同时，运用相应的方法分别计算出感知价值的四个维度（感知货币收益、感知非货币收益、感知货币成本、感知非货币成本）和政府支持的五个维度（政策宣传、农技推广、生态补贴、情感尊重、情感关心）。

3. 控制变量

农户采纳绿色生产技术的意愿也依托于对自身资本禀赋状况的考量。人力资本的多寡，物质资本禀赋和社会资本禀赋是否丰富，都是显著的影响因素（朱萌等，2016）。为避免感知价值和政府支持以外的因素对农户投资意愿和投劳意愿的影响，本章归纳总结了国内外具有代表性的相关文献，并在该研究的基础上运用知识重构的方法，将农户的个人特征、家庭特征、种植特征和社会网络四类控制变量纳入绿色生产技术采纳意愿模型中（龚继红 等，2016；王昕 等，2017）。其中，个人特征具体包括受教育年限和健康水平；家庭特征由劳动力数量、家庭年总收入变量表达；种植特征由种植规模和农地质量来反映；社会网络由交通是否便利和是否加入合作社变量来表征。具体的评分量化标准设计详见表 5-1。

表 5-1　变量定义、赋值及描述性统计

变量名称	变量取值说明	均值	标准差
绿色生产技术投资意愿	愿意为“1”，不愿意为“0”	0.485	1.113
绿色生产技术投劳意愿	愿意为“1”，不愿意为“0”	0.591	1.930
感知价值及各维度	第 4 章因子分析法测得	—	—
政府支持及各维度	第 4 章加权平均法测得	—	—
受教育年限/年	农户受教育年限	6.698	2.426

续 表

变量名称	变量取值说明	均值	标准差
健康水平	非常好为“5”，很好为“4”，一般为“3”，不好为“2”，非常不好为“1”	3.365	1.171
劳动力数量	年满16周岁劳动力人数	2.721	1.085
家庭年总收入/万元	农户家庭年总收入	5.087	2.191
农地质量	非常好为“5”，很好为“4”，一般为“3”，不好为“2”，非常不好为“1”	3.368	1.021
种植规模/亩	农户实际耕作规模	7.174	5.248
交通是否便利	非常便利为“5”，便利为“4”，一般为“3”，便利为“2”，非常不便利为“1”	3.376	1.199
是否加入合作社	是为“1”，不是为“0”	0.440	0.497

5.3.2 模型构建

本章的被解释变量为猕猴桃种植户对绿色生产技术的采纳意愿(投资意愿和投劳意愿)。首先，投资意愿和投劳意愿的第一阶段：农户是否愿意对绿色生产技术投入资金和投入劳动。第二阶段：愿意投资农户的意愿投资金额是多少和愿意投劳农户的意愿投劳天数是多少。由于第二阶段的投资金额和投劳天数只有在第一阶段农户愿意对绿色生产技术投入资金和投入劳动的时候才可以观测。Heckman两阶段模型适用于解决由样本选择偏差造成的内生性问题。因此，本章选择纠正样本选择偏误的Heckman两阶段模型分析感知价值和政府支持对农户绿色生产技术采纳意愿的影响，其模型如下。

首先假定两阶段决策的误差项相关，并且服从联合正态分布：

$$\begin{pmatrix} u_i \\ \nu_i \end{pmatrix} \sim N\begin{pmatrix} 0 \\ 0 \end{pmatrix}, \begin{pmatrix} 1 & \rho \\ \rho & \sigma^2 \end{pmatrix}$$

第一阶段：通过二元Probit模型对农户绿色生产技术投资意愿或投劳意愿的影响因素进行分析：

$$P_i^* = Z_i\gamma + \mu_i$$

$$P_i = \begin{cases} 1, 若\ Z_i\gamma + \theta C + \mu_i > 0 \\ 0, 若\ Z_i\gamma + \theta C + \mu_i \leqslant 0 \end{cases}$$

其中，P_i 为农户绿色生产技术投资意愿或投劳意愿。P_i^* 为农户投资或投劳意愿对应的潜变量，C 为感知价值和政府支持，Z_i 为解释变量，γ、θ 表示待估系数，μ_i 表示随机干扰项。

同时，计算逆米尔斯比率(Inverse Mills Ratio)λ，公式如下：

$$\lambda = \frac{\varphi(-Z'_i\gamma')}{\Phi(-Z'_i\gamma')}$$

其中，λ 作为第二阶段的修正参数，φ 和 Φ 分别为正态分布的概率密度函数和累积分布函数，γ'为 γ 的估计值。

第二阶段：通过第一阶段逆米尔斯比率 λ 计算值，修正样本的选择性偏误。运用极大似然法对农户绿色生产技术投资的意愿金额和投劳的意愿天数进行估计，具体计算方法如下：

$$y_i = X'_i\beta + \omega C + \lambda\alpha + \nu_i$$

其中，y_i 为受访农户绿色生产技术投资意愿金额和投劳意愿天数，C 为感知价值和政府支持，X'_i 为解释变量，β、ω 和 α 表示比待估系数或系数矩阵，ν_i 表示随机干扰项。

5.4　实证结果及分析

5.4.1　感知价值影响农户绿色生产技术采纳意愿的实证结果及分析

5.4.1.1　感知价值对农户绿色生产技术投资意愿的影响

表 5－2 所示为感知价值对农户绿色生产技术投资意愿影响的回归结果。感知价值对农户是否愿意投资的影响在 1%统计水平上正向显著，且系数为 0.153。感知价值对农户意愿投资金额的影响也在 1%统计水平上正向显著，且系数为 0.267。感知价值变量在农户绿色生产技术投资意愿模型的两个阶段都通过了显著性检验，且系数为正。表明农户感知价值越高，对绿色生产技术的投资意愿越强，愿意投资的金额也越多。因此，假设 H5－1 得以验证。感知货币收益和感知非货币收益对农户是否愿意投资的影响在 5%统计水平上正向显著，且系数为 0.198 和 0.174。感知货币收益和感知非货币收益对农户意愿投资金额的影响也在 5%统计水平上正向显著，且系数为 0.301 和 0.266。表明无论是经济还是其他因素，农户感知收益越高，对绿色生产技术的投资意愿越强，愿意投资的金额越多。感知货币成本和感知非货币成本对农户是否愿意投资的影响在 1%统计水平上负向显著，且系数为－0.231 和－0.178。感知货币收益和感知非货币收益对农户意愿投资金额的影响也在 1%统计水平上负向显著，且系数为－0.257 和－0.323。表明无论是经济还是其他因素，农户感知成本越高，对绿色生产技术的投资意愿越弱，愿意投资的金额也越少。因此，假设 H5－1a 和 H5－1b 得以验证。

表 5-2　感知价值对农户绿色生产技术投资意愿的影响估计结果

变量名称	第一阶段		第二阶段	
	系数	标准差	系数	标准差
感知价值	0.153***	0.009	0.267***	0.075
感知货币收益	0.198**	0.102	0.301**	0.086
感知非货币收益	0.174**	0.100	0.266**	0.075
感知货币成本	−0.231***	0.105	−0.257***	0.073
感知非货币成本	−0.178***	0.100	−0.323***	0.091
受教育年限	0.048*	0.019	0.037	0.158
家庭年总收入	0.071***	0.027	0.053***	0.041
劳动力数量	0.119***	0.040	0.142***	0.093
健康水平	0.034*	0.046	0.212**	0.079
农地质量	−0.043	0.047	−0.127	0.078
交通是否便利	0.069	0.046	0.088	0.087
是否加入合作社	0.004*	0.099	0.162*	0.158
种植规模	0.035	0.008	0.065	0.077
常数项	0.277***	0.203	1.092**	0.776
逆米尔斯比率	15.219*	8.003		
样本数	1138			
删失样本数	584			
未删失样本数	554			
Wald χ^2（沃尔德检验）	547.270***			

注：*、**、***分别表示在10%、5%和1%的显著性水平下显著。

部分控制变量对农户绿色生产技术投资意愿有显著的影响。受教育年限对猕猴桃种植户是否愿意投资的影响在10%统计水平上正向显著，表明户主的文化程度越高，越愿意对绿色生产技术进行投资，但是在第二阶段方程中的影响并不显著，说明目前受教育年限并不能使农户对绿色生产技术投资更多的金额。家庭年总收入变量和劳动力数量变量在第一和第二阶段的模型中通过了1%的显著性检验，且系数为正，说明家庭的收入越高，劳动力越多，农户越愿意对绿色生产技术投入资金，投资的金额也相应增多。健康水平变量在两个阶段的方程中分别通过了 10%和 5%的显著性检验，如果农户身体健康，就会更加愿意关注环境保护以及自己种植猕猴桃的质量，愿意对绿色生产技术进行投资甚至投资更多的金额。加入合作社对猕猴桃种植户是否愿意投资的影响在 10%统计水平上正向显著，说明通过合作社提供相应的服务和培训等，能够显著提高农户对绿色生产技术的投资意愿。

5.4.1.2　感知价值对农户绿色生产技术投劳意愿的影响

表 5-3 汇报了感知价值对农户绿色生产技术投劳意愿影响的回归结果。感知价值对农户是否愿意投劳的影响在 1%统计水平上正向显著，且系数为 0.248。感知价值对农户意愿投劳天数的影响也在 1%统计水平上正向显著，且系数为 0.295。感知价值变量在农户绿色生产技术投劳意愿模型的两个阶段都通过了显著性检验，且系数为正。表明感知价值越高，农户对绿色生产技术的投劳意愿越强，愿意投入劳动的天数也越多。因此，假设 H5-2 得以验证。感知货币收益和感知非货币收益对农户是否愿意投入劳动的影响在 1%统计水平上正向显著，且系数为 0.306 和 0.343。感知货币成本和感知非货币成本对农户意愿投劳天数的影响也在 1%统计水平上负向显著，且系数为 0.347 和 0.386。表明农户感知收益越高，对绿色生产技术的投劳意愿越强，愿意投入劳动的天数也越多。感知货币成本和感知非货币成本对农户是否愿意投资的影响在 5%统计水平上负向显著，且系数为－0.371 和－0.401。感知货币成本和感知非货币成本对农户意愿投资金额的影响也在 5%统计水平上负向显著，且系数为－0.404 和－0.463。表明农户感知成本越高，对绿色生产技术的投劳意愿越弱，投入劳动的天数也越少。因此，假设 H5-2a 和 H5-2b 得以验证。

部分控制变量对农户绿色生产技术投劳意愿有显著的影响。劳动力数量和交通是否便利在第一和第二阶段的模型中都通过了 5%的显著性检验，且系数为正，说明家庭的劳动力数量直接影响了农户对于绿色生产技术的投劳意愿，家庭劳动力越多，农户越愿意投入劳动，投劳的天数也相应增多。健康水平变量在两个阶段的方程中分别通过了 10%和 5%的显著性检验，如果农户身体健康，就会更加愿意对绿色生产技术投入劳动以及投入更多的劳动天数。加入合作社变量对猕猴桃种植户是否愿意投劳的影响在 1%统计水平上正向显著，加入合作社变量对猕猴桃种植户意愿投劳天数的影响在 5%统计水平上正向显著。说明加入合作社变量在农户绿色生产技术投劳意愿模型的两个阶段都通过了显著性检验，农户通过加入合作社，获取相应的培训和服务，会进一步加强对绿色生产技术的了解和掌握，因此对绿色生产技术的投劳意愿越强，愿意投劳的天数也越多。

表5-3 感知价值对农户绿色生产技术投劳意愿的影响估计结果

变量名称	第一阶段		第二阶段	
	系数	标准差	系数	标准差
感知价值	0.248***	0.012	0.295***	0.083
感知货币收益	0.306***	0.021	0.347***	0.091
感知非货币收益	0.343***	0.023	0.386***	0.092
感知货币成本	−0.371**	0.023	−0.404**	0.100
感知非货币成本	−0.401**	0.034	−0.463**	0.105
受教育年限	−0.040	0.022	−0.002	0.024
家庭年总收入	0.038	0.031	0.017	0.030
劳动力数量	0.140**	0.045	0.073**	0.063
健康水平	0.101*	0.048	0.004**	0.069
农地质量	−0.068	0.048	−0.146	0.056
交通是否便利	0.062**	0.047	0.012**	0.068
是否加入合作社	0.079***	0.108	0.191**	0.124
种植规模	0.024	0.012	0.024	0.012
常数项	0.170	0.209	0.266	0.540
逆米尔斯比率	28.580*	5.009		
样本数	1138			
删失样本数	488			
未删失样本数	650			
Wald χ^2	556.598**			

注：*、**、***分别表示在10%、5%和1%的显著性水平下显著。

5.4.2 政府支持影响农户绿色生产技术采纳意愿的实证结果及分析

5.4.2.1 政府支持对农户绿色生产技术投资意愿的影响

根据表5-4，政府支持对农户绿色生产技术投资意愿模型回归结果，政府支持对农户是否愿意投资的影响在1%统计水平上正向显著，且系数为1.087。政府支持对农户意愿投资金额的影响在5%统计水平上正向显著，且系数为1.517。政府支持变量在农户绿色生产技术投资意愿模型的两个阶段都通过了显著性检验，且系数为正，表明农户接收到的政府支持越多，从事绿色生产技术的投资意愿越高，愿意投资的金额也越多。因此，假设H5-3得到证实。在政府工具支持中，政策宣传、农技推广和生态补贴对农户是否愿意投资的影响在 1%统计水平上正向显著，且系数分别为 1.344、2.063 和 2.325。政府工具支持对农户意愿投资金额的影响在 1%统计水平上正向显著，且系数为 1.867、2.588 和 3.036。表明农户接收到的工具支持越多，从事绿色生产技术的投资意愿越高，愿意投资的金额也越多。在政府情感支持中，情感关心对农户是否愿意投资的影响在 10%统计水平上正向显著，且系数为 0.954。情感关心对农户意愿投资金额的影响在 5%统计水平上正向显著，且系数为 1.100。情感尊重对农户是否愿意投资和意愿投资金额的影响均在 1%统计水平上正向显著，且系数分别为 0.977 和 1.101。表明农户接收到的情感支持越多，从事绿色生产技术的投资意愿越高，愿意投资的金额也越多。由此，假设 H5－3a 和 H5－3b 得到证实。从上述实证结果分析，工具支持对农户绿色生产技术采纳和投劳意愿影响的边际效应显著多于情感支持影响的边际效应。

表 5－4　政府支持对农户绿色生产技术投资意愿的影响估计结果

变量名称	第一阶段		第二阶段	
	系数	标准差	系数	标准差
政府支持	1.087***	0.137	1.517**	0.265
政策宣传	1.344***	0.201	1.867***	0.290
农技推广	2.063***	0.355	2.588***	0.303
生态补贴	2.325***	0.376	3.036***	0.344
情感关心	0.954*	0.110	1.100**	0.230
情感尊重	0.977***	0.112	1.101***	0.230
控制变量	已控制	已控制	已控制	已控制
常数项	0.102*	0.202	1.986**	0.619
逆米尔斯比率	15.436**	7.510		
样本数	1138			
删失样本数	554			
未删失样本数	584			
Wald χ^2	519.300*			

注：*、**、***分别表示在 10%、5%和 1%的显著性水平下显著。

5.4.2.2　政府支持对农户绿色生产技术投劳意愿的影响

根据表 5－5，政府支持对农户绿色生产技术投劳意愿影响模型的回归结果，政府支持对农户是否愿意投入劳动的影响在 5%统计水平上正向显著，且系数为 1.184。政府支持对农户意愿投劳天数的影响在 5%统计水平上正向显著，且系数为 2.175。政府支持变量在农户绿色生产技术投劳意愿模型的两个阶段都通过了显著性检验，且系数为正，表明农户接收到的政府支持越多，从事绿色生产技术的投劳意愿越高，愿意投劳的天数也越多。因此，假设 H5－4 得到证实。在政府工具支持中，政策宣传、农技推广和生态补贴对农户是否愿意投劳的影响在 1%统计水平上正向显著，且系数分别为 1.989、3.000 和 3.971。政府工具支持对农户意愿投劳天数的影响也在 1%统计水平上正向显著，且系数为 2.624、3.878 和 4.524。表明农户接收到的工具支持越多，从事绿色生产技术的投劳意愿越高，愿意投劳的天数也越多。

表 5－5　政府支持对农户绿色生产技术投劳意愿的影响估计结果

变量名称	第一阶段		第二阶段	
	系数	标准差	系数	标准差
政府支持	1.184**	0.139	2.175**	0.488
政策宣传	1.989***	0.139	2.624***	0.488
农技推广	3.000***	0.139	3.878***	0.488
生态补贴	3.971***	0.139	4.524***	0.488
情感关心	1.093***	0.139	0.824***	0.488
情感尊重	0.544*	0.139	0.652*	0.488
控制变量	已控制	已控制	已控制	已控制
常数项	0.378**	0.207	3.986***	0.467
逆米尔斯比率	9.793**	6.874		
样本数	1138			
删失样本数	488			
未删失样本数	650			
Wald χ^2	723.634**			

注：*、**、***分别表示在 10%、5%和 1%的显著性水平下显著。

在政府情感支持中，情感关心对农户是否愿意投劳的影响在 1%统计水平上正向显著，且系数分别为 1.093 和 0.824。情感尊重对农户意愿投劳天数的影响在 10%统计水平上正向显著，且系数为 0.544。情感尊重对农户意愿投劳天数的影响在 10%统计水平上正向显著，且系数为 0.625。表明农户接收到的情感支持越多，从事绿色生产技术的投劳意愿越高，愿意投劳的天数也越多。由此，假设 H5－4a 和 H5－4b 得到证实。从上述实证结果分析，工具支持对农户绿色生产技术采纳和投劳意愿影响的边际效应显著多于情感支持影响的边际效应。

5.4.3　感知价值和政府支持的交互项对农户绿色生产技术采纳意愿影响的实证结果及分析

5.4.3.1　感知价值和政府支持的交互项对农户绿色生产技术投资意愿的影响

如表 5-6 所示，感知价值与政府支持的交互项在 1%统计水平上显著正向影响农户绿色生产技术投资意愿，表明在感知价值水平一定的情况下，农户的投资意愿随着政府支持水平的提高而增加。政府支持水平每提升 1 个单位，感知价值对投资意愿的影响将提高 39.6%，感知价值与政府支持的交互项在 1%统计水平上显著正向影响农户绿色生产技术投资金额，表明在感知价值水平一定的情况下，农户的投资金额随着政府支持水平的提高而增加。政府支持水平每提升 1 个单位，感知价值对农户绿色生产技术投资金额的影响将提高 35.4%，农户获得更高的政府支持，就会进一步提升农户对于绿色生产技术的感知收益，降低农户对于绿色生产技术的感知成本，从而促进农户从事绿色生产技术的投资意愿和意愿投资的金额。因此，假设 H5-5 得以验证。

5.4.3.2　感知价值和政府支持的交互项对农户绿色生产技术投劳意愿的影响

实证结果如表 5-6 所示，感知价值与政府支持的交互项在 1%统计水平上显著正向影响农户绿色生产技术投劳意愿，表明在感知价值水平一定的情况下，农户的投劳意愿随着政府支持水平的提高而增加。政府支持水平每提升 1 个单位，感知价值对投劳意愿的影响将提高 58.6%，感知价值与政府支持的交互项在 1%统计水平上显著正向影响农户绿色生产技术投劳天数，表明在感知价值水平一定的情况下，农户的投劳意愿天数随着政府支持水平的提高而增加。政府支持水平每提升 1 个单位，感知价值对农户绿色生产技术投劳天数的影响将提高 50.8%，农户获得更高的政府支持，就会进一步提升农户对于绿色生产技术的感知收益，降低农户对于绿色生产技术的感知成本，从而促进农户从事绿色生产技术的投劳意愿和意愿投劳的天数。因此，假设 H5-6 得以验证。

表 5-6　调节效应检验结果

变量名称	第一阶段		第二阶段	
	系数	标准差	系数	标准差
感知价值×政府支持	0.396*** (0.125)	0.354*** (0.117)	0.586*** (0.139)	0.508*** (0.488)
控制变量	已控制	已控制	已控制	已控制
常数项	0.102*** (0.202)	1.986* (0.619)	0.378** (0.207)	3.986** (0.467)

续表

变量名称	第一阶段		第二阶段	
	系数	标准差	系数	标准差
逆米尔斯比率	13.652*** (6.110)		10.784*** (5.571)	
样本数	1138		1138	
删失样本数	460		486	
未删失样本数	678		652	
Wald χ^2	15.400***		11.200***	

注：*、**、***分别表示在10%、5%和1%的显著性水平下显著。

5.5 稳健性检验

根据上述实证分析可以得出，感知价值能够有效地影响农户绿色生产技术采纳行为意愿，且感知货币收益和感知非货币收益越高，其行为意愿也越高。感知货币成本和感知非货币成本越高，其行为意愿也越低。政府支持及其五个维度政策宣传、农技推广、生态补贴、情感关心、情感尊重对农户绿色生产技术采纳意愿也有显著的正向影响。以上研究结果是运用总体样本进行的分析，本章拟通过对农户分样本的分析，对研究结果进行稳健性检验根据相关研究的做法（程名望 等，2020），将样本猕猴桃种植户划分为老龄组和年轻组。以60岁作为划分年龄人口的标准，大于60岁的农户划分入老龄组并赋值为1，小于60岁的农户划分入年轻组并赋值为0。在总体样本中，老龄农户509人，占总样本的44.73%，年轻农户629人，占总样本的55.27%。

同时，为检验感知价值和政府支持对农户绿色生产技术投资、投劳意愿的影响，本研究运用二元Probit模型检验感知价值、政府支持对农户绿色生产技术投资与投劳意愿的影响，采用OLS模型检验感知价值、政府支持对农户绿色生产技术投资意愿金额与投劳天数的影响。表5-7汇报了老龄组农户感知价值和政府支持对农户绿色生产技术投资投劳意愿影响的Probit和OLS模型回归结果。表5-8汇报了年轻组农户感知价值和政府支持对农户绿色生产技术投资投劳意愿影响的Probit和OLS模型回归结果。模型拟合效果检验的统计量结果伪R^2、−2LL（−2 log likelihood，似然函数值自然对数的−2倍）、χ^2（LR chi2，LR卡方检验值；LR，似然比检验）、P（Prob>χ^2，大于卡方分布临界值的概率）、R^2均表明模型具有较好的拟合效果。无论从作用方向还是显著性状况看，感知价值和政府支持对老龄组和年轻组农户的绿色生产技术采纳意愿与整体样本实证结果在显著性和作用方向上都较为一致。上述结果进一步证实了感知价值、政府支持影响农户绿色生产技术采纳意愿的研究结论具有可靠性。

表 5－7　老龄组稳健性检验结果

变量名称	投资意愿模型		投劳意愿模型	
	第一阶段 Probit	第二阶段 OLS	第一阶段 Probit	第二阶段 OLS
感知价值	0.136*** (0.020)	0.009*** (0.025)	0.240*** (0.022)	0.003*** (0.023)
政府支持	0.171** (0.029)	0.022** (0.031)	0.278*** (0.031)	0.016** (0.030)
感知价值×政府支持	0.116*** (0.042)	0.017*** (0.052)	0.140* (0.045)	0.051*** (0.050)
控制变量	已控制	已控制	已控制	已控制
常数项	0.170*** (0.209)	2.446*** (0.254)	0.304* (0.224)	2.937*** (0.241)
N	509			
伪 R^2	0.100	—	0.203	—
－2LL	1419.055	—	1239.743	—
χ^2	157.760	—	314.77	—
P	0.000	—	0.000	—
R^2	—	0.133	—	0.042

注：*、**、***分别表示在 10%、5%和 1%的显著性水平下显著。

表 5－8　年轻组稳健性检验结果

变量名称	投资意愿模型		投劳意愿模型	
	第一阶段 Probit	第二阶段 OLS	第一阶段 Probit	第二阶段 OLS
感知价值	0.189** (0.030)	0.015*** (0.010)	0.300*** (0.032)	0.016*** (0.010)
政府支持	0.243*** (0.033)	0.045*** (0.028)	0.334*** (0.043)	0.048** (0.030)
感知价值×政府支持	0.177*** (0.029)	0.090*** (0.041)	0.141*** (0.026)	0.208*** (0.051)

续表

变量名称	投资意愿模型		投劳意愿模型	
	第一阶段 Probit	第二阶段 OLS	第一阶段 Probit	第二阶段 OLS
控制变量	已控制	已控制	已控制	已控制
常数项	0.170** (0.123)	1.435*** (0.421)	0.304*** (0.41)	1.242*** (0.641)
N	629			
伪 R^2	0.100	—	0.203	—
−2LL	1867.324	—	1723.672	—
χ^2	179.789	—	278.823	—
P	0.000	—	0.000	—
R^2	—	0.802	—	0.789

注：*、**、***分别表示在10%、5%和1%的显著性水平下显著。

5.6 本章小结

本章研究所用数据来自2020年7～9月在陕西省眉县、周至县、武功县和杨陵区实地调研的1138份猕猴桃种植户问卷结果，运用纠正样本选择偏误的Heckman模型，考察农户绿色生产技术感知价值和政府支持对农户绿色生产技术投资与投劳意愿的影响，主要研究结论如下：

5.6.1 感知价值、政府支持对农户绿色生产技术投资意愿的影响结果分析

(1)感知价值对农户绿色生产技术的投资意愿以及意愿投资金额具有显著正向影响，农户对绿色生产技术的感知价值越高，投资绿色生产技术的意愿越强，愿意投资的金额越多。感知货币收益和感知非货币收益对农户绿色生产技术的投资意愿以及意愿投资金额具有显著的正向影响。感知货币成本和感知非货币成本对农户绿色生产技术的投资意愿以及意愿投资金额具有显著的负向影响。

(2)政府支持对农户绿色生产技术的投资意愿和意愿投资金额具有显著正向影响，农户接收到的政府支持越多，从事绿色生产技术的投资意愿越高，愿意投资的金额也越多。工具支持(政策宣传、农技推广、生态补贴)和情感支持(情感关心和情感尊重)对农户绿色生产技术的投资意愿以及意愿投资金额具有显著的正向影响。

(3)感知价值与政府支持的交叉项在1%统计水平上显著正向影响农户绿色

生产技术投资意愿，政府支持水平每提升 1 个单位，则感知价值对投资意愿的影响将提高 39.6％，感知价值与政府支持的交叉项在 1％统计水平上显著正向影响农户绿色生产技术意愿投资金额，政府支持水平每提升 1 个单位，则感知价值对农户绿色生产技术意愿投资金额的影响将提高 35.4％。

(4)户主的文化程度越高越愿意对绿色生产技术投入资金，但并不能使农户对绿色生产技术投资更多的金额。家庭的富裕程度越高、健康水平越高、加入合作社、家庭劳动力数量越多和农地质量越好，农户越愿意对绿色生产技术投资进行投资，投资的金额也相应增多。

5.6.2　感知价值、政府支持对农户绿色生产技术投劳意愿的影响结果分析

(1)感知价值对农户绿色生产技术的投劳意愿以及意愿投劳天数具有显著正向影响，即农户对绿色生产技术的感知价值越高，越愿意对绿色生产技术投入劳动，愿意投劳的天数也越多。感知货币收益和感知非货币收益对农户绿色生产技术的投劳意愿以及意愿投劳天数具有显著的正向影响。感知货币成本和感知非货币成本对农户绿色生产技术的投劳意愿以及意愿投劳天数具有显著的负向影响。

(2)政府支持对农户绿色生产技术的意愿以及意愿投劳天数具有显著正向影响，农户接收到的政府支持越多，越愿意对绿色生产技术投入劳动，愿意投劳的天数也越多。工具支持(政策宣传、农技推广、生态补贴)和情感支持(情感关心和情感尊重)对农户绿色生产技术的投劳意愿以及意愿投劳天数具有显著的正向影响。

(3)感知价值与政府支持的交叉项在 1％统计水平上显著正向影响农户绿色生产技术投劳意愿，政府支持水平每提升 1 个单位，感知价值对投劳意愿的影响将提高 58.6％。感知价值与政府支持的交叉项在 1％统计水平上显著正向影响农户绿色生产技术意愿投劳天数，政府支持水平每提升 1 个单位，感知价值对农户绿色生产技术意愿投劳天数的影响将提高 50.8％。

(4)农户的健康情况、耕地的质量情况以及加入合作社会直接影响其对于绿色生产技术的投劳意愿，农户身体越健康，自家耕地的质量越好，与合作社越紧密联结，投劳的天数也相应增多。家庭年总收入和劳动力数量均显著影响着农户的投劳意愿，但是并不能影响农户投劳的天数。

第6章　感知价值、政府支持对农户绿色生产技术采纳行为的影响

6.1　问题提出

农业的大幅度发展一方面提高了对能源的需求，另一方面导致了环境的严重污染（罗岚 等，2022）。农业的高污染和高排放对国家未来的食品和生态安全构成威胁。投入品过度使用造成的污染问题日益严重，给经济社会发展、居民生活健康造成了巨大损害（毛慧 等，2022）。农业作为我国国民经济的基础产业，农业生产依然存在资本匮乏、公共物品供给不足、技术扩散缓慢、不确定性强等长期性问题（王图展，2017）。长期以来，人们只是计算农产品的直接生产成本，并没有计算在生产过程中的资源环境损失成本，比如化肥的使用量每增加 1 个单位，化肥施用的环境成本增加 1.57 个单位，农产品产量却只增加 0.139 个单位（赵志坚 等，2012）。绿色农业作为一种有力的改善方式成为人们关注的焦点。绿色农业有助于减少污染，保持经济和生态的可持续发展（杨滨键 等，2019）。

对于中国来说，自实行家庭联产承包责任制以来，农户已经成为农村地区生产经营活动的主体，是最基本的决策单元，其对微观绿色生产技术的采纳关乎着中国农业绿色转型的重大问题（郭锦墉 等，2019）。在乡村振兴战略背景下，研究农户绿色生产技术的影响因素，对于科学制定乡村振兴政策、加快推进农业供给侧结构性改革具有重要意义。学者们就这一问题也开展了大量研究，并由此提出引导与带动农户绿色生产的路径。综合研究认为，农户绿色生产技术的采纳决策主要受到内部因素和外部环境因素综合影响，内部因素主要包括性别、年龄、健康水平、受教育程度、生态认知、家庭收入、非农劳动力转移等（张红丽 等，2021；黄炜虹 等，2016；满明俊 等，2010）。外部因素主要是，社会资本、市场激励、政府监管、补贴、农业保险、参与合作社等（沈昱雯 等，2020；林黎 等，2021）。在第 5 章中，我们分析了感知价值与政府支持对农户绿色生产技术采纳意愿的影响，本章则重点聚焦于对农户绿色生产技术采纳行为的影响。结合我国“一控两减”要求和猕猴桃独有的

种植特性，本研究选取了节水灌溉技术、有机肥替代技术、绿色病虫害防治技术作为研究对象，更加全方位地研究农户的绿色生产技术采纳行为。通过运用二元Probit模型，考察感知价值、政府支持对猕猴桃种植户的绿色生产技术采纳行为的作用机理，并进一步考察政府支持对感知价值与猕猴桃种植户的绿色生产技术采纳行为的调节效应，以期为中国西北地区乃至全国推广绿色生产技术、改善生态环境等提供理论支撑和决策参考。

6.2 理论分析和研究假设

6.2.1 感知价值对农户绿色生产技术采纳行为的影响

感知价值是人们在获取新的产品或者服务时，所能感知到可以获得的利益与其在所付出的成本进行权衡后的效用评价，是一种主观的认知（Foster et al.，1995）。根据行为经济学理论，理性个体具有提高收益和规避成本的行为倾向，是作为内在驱动力的主观感受和心理感知，会直接影响个体的行为决策（Liu et al.，2013）。这些都支持了从感知价值的视角对农户绿色生产技术采纳行为进行研究。农户作为“理性经济人”，判断是否采用一项新的农业技术，主要取决于其能不能提高农业生产收益。因此，成本和收益情况是农户决定持续采用水土保持技术时重点考虑的问题（吴雪莲，2016）。农户的绿色生产技术使用具有显著的经济与环境效应，但关于能否“提高农户收入”，国内外学者并未达成一致意见。有学者认为，绿色生产技术采纳对农户增收有益（Abdulai et al.，2014；Parvathi et al.，2016），也有研究指出生态行为并不能提高收入或者至少是不确定的（Pietola et al.，2001）。因此，将农户对于猕猴桃绿色生产技术采纳行为的感知货币因素纳入到指标体系就显得尤为重要。农民对绿色农业技术可采纳的感知价值是他们对这些技术的预期净收益和成本的感知。这里的收益和成本可以是农户经济范畴的，也可以是心理上的所得或失去。因此本研究选取感知货币收益、感知非货币收益、感知货币成本、感知非货币成本四个维度展开对农户行为的研究。

成本和收益是理性农户技术采纳决策中首要考虑的因素（郅建功 等，2021）。“经济人”假设是古典经济学、新古典经济学中一项最基本的前提假设，个体会将实现利润最大化作为目标（杜丽群 等，2021）。因此，农户会在权衡新技术采纳的预期收益和成本后做出决定，感知价值对农户的行为具有显著的影响（畅华仪 等，2019）。当农户认为绿色生产技术的采纳能够带来更加优质的绿色农产品从而实现价格溢出时，农户会感知到强烈的货币收益，从而促进农户采纳绿色生产技术（万凌霄 等，2021）。当农户认为绿色生产技术可以达到改善环境污染的作用时，农户会感知到强烈的货币收益，从而促进农户采纳绿色生产技术(蔡荣 等,2019)。成本也会直接影响农户的技术采用(黄季焜 等,2008;乔金杰 等,2016)。当农户认为采纳绿色生产技术有不确定的技术适应性和技术采纳的压力时，农户会感知到强烈的货币成本压力，从而抑制农户采纳绿色生产技术(喻永红 等,2006)。当农户认为采纳绿色生产技术需要投入更多的劳动，也可能会影响家庭和谐时，农户会感知到强烈的非货币成本，从而减少农户采纳绿色耕作的动力(李华强 等,2009)。感知价值对农户采纳绿色耕作的影响会随着感受到的感知价值的强度而变化。

基于此，本书提出如下假设。

H6-1:感知价值显著影响农户绿色生产技术采纳行为。

H6-1a:感知货币收益和感知非货币收益正向影响农户绿色生产技术采纳行为。

H6-1b:感知货币收益强度和感知非货币收益强度正向影响农户绿色生产技术采纳行为。

H6-1c:感知货币成本和感知非货币成本负向影响农户绿色生产技术采纳行为。

H6-1d:感知货币成本强度和感知非货币成本强度负向影响农户绿色生产技术采纳行为。

6.2.2 政府支持对农户绿色生产技术采纳行为的影响

绿色生产技术可以有效促进生态环境的改善和农产品质量提升，也同时具有私人物品与公共物品的属性。农户绿色生产技术采纳率低下的一个深层次原因在于生态效益的正外部性无法完全内部化(黄晓慧 等,2019)。在这样的理论和实践背景下，政府支持成为促进农业绿色化发展不可或缺的力量(Wang et al.,2014)。政府工具支持为农户提供专家指导和学习平台，农户获得信息程度、得到技术推广服务的强度以及次数都对农户采纳绿色生产技术具有显著正向驱使力(韩一军 等,2015)。同时，政府生态补贴可以帮助农户分担一部分采纳技术的成本，也成为激发农户采纳绿色生产技术的动力(钱忠好 等,2010)。根据社会交换理论，当农户感受到组织的关心和尊重时，能够有效增强群体凝聚力，互惠互信。一方面，农户会将组织的目标看作是自己的目标，积极为组织奉献，贡献自己的一份力量(杨阳 等,2015)。另一方面，会在组织内部产生一种约束机制，弱化农户在绿色生态行为中的“搭便车”心态(杨柳 等,2018b)。因此，政府情感支持通过提供正向的情绪价值、建立群体认同感和情感联结，从而促进农户积极响应组织推广绿色生产技术的目标。

基于此，本书提出如下假设。

H6－2:政府支持正向影响农户绿色生产技术采纳行为。

H6－2a:工具支持正向影响农户绿色生产技术采纳行为。

H6－2b:情感支持正向影响农户绿色生产技术采纳行为。

6.2.3　政府支持在感知价值对农户绿色生产技术采纳行为影响中的调节效应

学术界普遍认为,农户的行为决策受到内部因素和外部因素共同的影响。通常使用探讨外部环境刺激内部机体反应的刺激-机体-反应(SOR)模型进行研究(谢玉华 等,2019)。作为外部因素的政府支持政策,会通过“挤入效应”与“挤出效应”一起影响农户采纳绿色生产技术行为的决策(郑烨 等,2017)。作为内部因素的感知价值,是农户对绿色生产技术的收益和成本作出的权衡判断。农户受刺激程度越高,感知收益或者感知成本越强。政府在一定程度上作为一个组织,支持着农户采纳绿色生产技术。根据组织支持理论,在接收到组织的支持以后,农户会认为自己应该以积极的行为去担负较多的责任从而回报组织(Farh et al.,2007)。工具支持通过农资、补贴、信息和技术的可获得性来影响农户的感知货币收益和感知货币成本。情感支持通过互惠与信任影响农户的感知非货币收益和感知非货币成本(张彤 等,2022)。因此,外部因素通过提升收益的感知,降低成本的感知,从而增强内部因素对农户的影响(司瑞石,2020)。

据此,本书提出假设。

H6－3:工具支持在感知货币收益与农户绿色生产技术采纳行为关系中起到正向调节作用。

H6－4:工具支持在感知货币成本与农户绿色生产技术采纳行为关系中起到负向调节作用。

H6－5:情感支持在感知非货币收益与农户绿色生产技术采纳行为关系中起到正向调节作用。

H6－6:情感支持在感知非货币成本与农户绿色生产技术采纳行为关系中起到负向调节作用。

6.3　变量选取与模型构建

6.3.1　变量选取

1.被解释变量

本研究的被解释变量为“农户猕猴桃绿色生产技术采纳行为”,根据我国一直推行“一控两减三基本”的农业污染防治办法，本书选取节水灌溉技术、有机肥替代技术和绿色病虫害防治技术三个具有代表性的绿色生产技术作为研究对象。问卷设置问题为“您是否采纳了节水灌溉技术”、“您是否采纳了有机肥替代技术”和“您是否采纳了绿色病虫害防治技术”，如果有采纳技术赋值为1，否则为0。

2. 解释变量

本研究的核心解释变量为“感知价值”和“政府支持”，其数据来源于第3章的实证分析，采用因子分析法测度感知价值、运用加权平均法测度政府支持。进一步，为考察政府支持在感知价值影响农户绿色生产技术采纳行为关系中的调节效应，将两者的交叉项进行去中心化处理后纳入计量模型，规避交叉项可能带来的共线性问题。

3. 控制变量

与传统种植模式相比，节水灌溉技术、绿色病虫害防治技术和有机肥替代技术具有资源节约型、资本集约型和技术密集型的特征。因此，基于已有相关研究，本章选取了户主特征、家庭特征、专业化生产特征和社会特征等因素作为控制变量（仇焕广 等，2014；王浩 等，2012），具体指标及变量定义见表6-1。

表6-1　变量定义、赋值及描述性统计

变量名称	变量取值说明	均值	标准差
绿色生产技术采纳行为	采纳为“1”，未采纳为“0”	0.576	1.697
感知价值及其各维度	第4章因子分析测得	—	—
政府支持及其各维度	第4章加权平均测得	—	—
受教育年限	农户受教育年限（年）	6.698	2.426
健康水平	非常好为“5”，很好为“4”，一般为“3”，不好为“2”，非常不好为“1”	3.365	1.171
劳动力数量	年满16周岁劳动力人数	2.721	1.085
家庭年总收入	农户家庭年总收入（万元）	5.087	2.191
农地质量	非常好为“5”，很好为“4”，一般为“3”，不好为“2”，非常不好为“1”	3.368	1.021
交通是否便利	非常便利为“5”，便利为“4”，一般为“3”，不便利为“2”，非常不便利为“1”	3.376	1.199
种植规模	农户实际耕作规模（亩）	7.174	5.248
是否加入合作社	是为“1”，不是为“0”	0.440	0.497

在实证部分，本章还调研了农户的感知价值强度，考量不同感知价值强度对绿

色生产技术采纳行为的影响，并采用李克特五分量表对测度指标进行赋值，即：非常少为"1"，少为"2"，一般为"3"，强为"4"，非常强为"5"。

表 6-2　感知价值强度赋值及描述性统计

变量名称	变量取值说明	均值	标准差
感知货币收益强度	非常强为"5"，强为"4"，一般为"3"，弱为"2"，非常弱为"1"	2.652	1.267
感知非货币收益强度		2.401	1.064
感知货币成本强度		3.276	1.119
感知非货币成本强度		3.181	1.121

6.3.2　模型构建

农户绿色生产技术采用决策为二元选择变量，本文选用对行为决策解释力较强的二元 Probit 模型考察感知价值、政府支持对农户绿色生产技术采纳行为决策的影响，具体模型构建如下：

$$P(Y_{ij}=1 \mid T_i)=\Phi(\alpha_{ij}+\beta_{ij}T_i+\gamma_{ij}X_i+\varepsilon_{ij})$$

$$P(Y_{ij}=1 \mid M_i)=\Phi(\alpha_{ij}+\beta_{ij}M_i+\gamma_{ij}X_i+\varepsilon_{ij})$$

其中，$\Phi(*)$表示累积分布函数；被解释变量Y_{ij}为第 i 个农户第 j 项绿色生产行为决策，采用为"1"，不采用为"0"；T_i为农户的感知价值程度；M_i为政府支持程度；X_i为其他控制变量，α_{ij}、β_{ij}、γ_{ij}为待估系数，ε_{ij}为随机误差项。

6.4　实证结果及分析

检验所有的自变量之间是否具有多重共线性，结果发现方差膨胀因子均小于2，因此变量满足独立性原则，变量之间不存在严重的共线性问题。去中心化处理后，对节水灌溉技术、绿色防控技术、有机肥替代技术三项绿色生产技术采纳行为进行分组回归分析。本节首先讨论感知价值及感知价值的四个维度——感知货币利益、感知非货币利益、感知货币成本、感知非货币成本对农户绿色生产技术采纳行为的影响，并进一步讨论感知价值四个维度的强度对农户绿色生产技术采纳行为的影响。其次实证分析政府支持及政府支持的五个维度——情感尊重、情感关心、生态补贴、农技推广、政策宣传对农户绿色生产技术采纳行为的影响。在此基础上。最后考察感知价值和政府支持交互项，分析政府支持在感知价值影响农户绿色生产技术采纳行为中的调节作用。本研究还选取指标-2LL、χ^2、P 来衡量模型拟合效果（-2LL 数值越小，模型拟合效果越好；χ^2 越大，P 越小，模型显著性越好，反之越差）。

6.4.1 感知价值影响农户绿色生产技术采纳行为的实证结果及分析

6.4.1.1 感知价值对农户绿色生产技术采纳行为的影响

1.基准回归估计

表 6 - 3 汇报了感知价值分别对农户节水灌溉技术、绿色病虫害防治技术、有机肥替代技术的采纳行为影响的实证回归结果。模型 1、3 和 5 表明，感知价值对农户三项绿色生产技术采纳行为均具有显著的正向影响。具体而言，感知价值在 1%统计水平上显著正向影响农户采纳节水灌溉技术、绿色病虫害防治技术和有机肥替代技术，且回归系数为正，也就是农户对绿色生产技术的感知价值越高，采纳三种技术的概率越大。从回归系数可知，感知价值水平每提升 1 个单位，则农户愿意采纳节水灌溉技术、绿色病虫害防治技术和有机肥替代技术的概率将分别提高 41.2%、39.8%和 43.7%，因此假说 H6 - 1 得到验证。

2.控制变量对农户绿色生产技术采纳行为的影响

部分控制变量对农户绿色生产技术采纳行为存在显著影响。个人特征变量中，受教育年限和健康水平对农户绿色生产技术采纳行为均产生正向影响，并在 1%水平上通过显著性检验，表明农户受教育水平越高，更能认识到生产绿色农产品的优势以及保护环境的重要性。这些想法也必须是在身体健康的情况下才能得以实施。家庭特征变量中，家庭劳动力数量对农户采纳绿色生产技术行为发挥着显著的正向影响作用，在 1%水平上通过显著性检验。家庭年总收入并没有表现出对农户生态行为的影响。专业化生产特征中，农地质量和种植规模对农户绿色生产技术采纳行为有显著的负向影响，并分别在 1%和 5%水平上通过显著性检验。说明种植面积越大，农地质量越好，农户反而越少地决定采纳绿色生产技术。社会特征中，是否加入合作社和交通是否便利在 5%水平上通过显著性检验，说明加入合作社以及便利的交通条件，有利于促进农户产生绿色生态的种植行为。

3.稳健性检验

本研究运用 OLS 模型检验感知价值影响农户绿色生产技术采纳行为的实证分析结果的有效性，由表 6 - 3 的模型 2、4 和 6 回归结果表明，感知价值对农户绿色生产技术采纳行为的影响依然在 1%的水平上显著。受教育年限、健康水平、劳动力数量、农地质量、交通是否便利、种植规模、是否加入合作社均对农户绿色生产技术采纳行为的影响通过了显著性检验。模型整体回归结果与前文基本一致，说明本章实证分析结果稳健、可靠。

表 6－3　感知价值对农户绿色生产技术采纳行为的影响估计结果

变量名称	节水灌溉技术		绿色病虫害防治技术		有机肥替代技术	
	模型 1 (Probit)	模型 2 (OLS)	模型 3 (Probit)	模型 4 (OLS)	模型 5 (Probit)	模型 6 (OLS)
感知价值	0.412*** (0.041)	0.051*** (0.003)	0.398*** (0.041)	0.056*** (0.003)	0.437*** (0.042)	0.065*** (0.004)
受教育年限	0.205*** (0.030)	0.019*** (0.005)	0.195*** (0.030)	0.025*** (0.006)	0.171** (0.028)	0.007 (0.006)
健康水平	0.222*** (0.031)	0.037*** (0.021)	0.231** (0.033)	0.029** (0.014)	0.200** (0.031)	0.045** (0.014)
劳动力数量	0.368*** (0.040)	0.013 (0.019)	0.326*** (0.037)	0.028** (0.012)	0.401*** (0.044)	0.049*** (0.012)
家庭年总收入	0.004 (0.004)	0.018 (0.007)	0.034 (0.010)	0.028** (0.016)	0.065 (0.011)	0.025** (0.010)
农地质量	−0.300*** (0.031)	−0.100*** (0.011)	−0.243*** (0.030)	−0.048*** (0.014)	−0.268*** (0.028)	−0.035*** (0.014)
交通是否便利	0.009** (0.007)	0.068 (0.010)	0.157** (0.010)	0.058* (0.009)	0.397** (0.021)	0.064*** (0.010)
种植规模	−0.100** (0.017)	−0.106* (0.002)	−0.101** (0.018)	−0.007*** (0.003)	−0.211** (0.020)	0.013*** (0.003)
是否加入合作社	0.121** (0.022)	0.098** (0.111)	0.371** (0.040)	0.067** (0.030)	0.405** (0.045)	0.076** (0.030)
常数项	1.311* (0.315)	0.54*** (0.011)	1.432*** (0.252)	0.625** (0.011)	1.290*** (0.255)	0.563** (0.009)
N	1138					
伪 R^2	0.380	—	0.381	—	0.381	—
−2LL	514.365	—	455.971	—	489.150	—
χ^2	401.54	—	540.12	—	477.70	—
P	0.000	—	0.000	—	0.000	—

注：*、**、***分别表示在 10%、5%和 1%的显著性水平下显著。

6.4.1.2　感知价值各维度对农户绿色生产技术采纳行为的影响

1. 基准回归估计

表 6－4 给出了模型估计结果，可以发现，感知货币收益对三项绿色生产技术

的影响均在5%的水平上显著,影响系数分别为0.186、0.344和0.490。感知非货币收益对绿色病虫害防治技术和有机肥替代技术的采纳行为均具有显著的正向影响,且均在1%的水平上显著,影响系数分别为0.301和0.477。但是感知非货币收益对节水灌溉技术采纳行为的影响并不显著。可能的原因是,地下水超采是我国面临的一项严重问题,通过水权制度有效抑制了问题的恶化。目前节水灌溉设施主要由政府、组织、合作社或企业主导进行,农户只需要进行日常灌溉系统基础设施管理和维护(马九杰 等,2021)。大部分的决策由村组织或村民的集体行动作为依据,因此农户的个人感知非货币收益并没有对节水灌溉技术产生显著影响。感知货币成本和感知非货币成本对节水灌溉技术、绿色病虫害防治技术、有机肥替代技术的采纳行为均具有显著负向影响,且均在1%的水平上显著,影响系数分别为−0.110、−0.238、−0.309、−0.132、−0.401和−0.488,也由此印证了感知成本是影响农户行为的重要因素(贺志武 等,2018)。假设H6-1a和H6-1c得到验证。

2.稳健性检验

本研究采用OLS模型检验感知价值各维度影响农户绿色生产技术采纳行为的实证分析结果的有效性,由表6-4的模型2、4和6回归结果表明,感知货币收益显著影响节水灌溉技术、绿色病虫害防治技术和有机肥替代技术的采纳行为。感知非货币收益对绿色病虫害防治技术和有机肥替代技术采纳行为具有显著的正向影响。感知货币成本和感知非货币成本对节水灌溉技术、绿色病虫害防治技术、有机肥替代技术的采纳行为均具有显著负向影响。此外,控制变量也通过了显著性检验。模型整体回归结果与前文基本一致,说明本章实证分析结果稳健、可靠。

表6-4 感知价值各维度对农户绿色生产技术采纳行为的影响估计结果

变量名称	节水灌溉技术		绿色病虫害防治技术		有机肥替代技术	
	模型1 (Probit)	模型2 (OLS)	模型3 (Probit)	模型4 (OLS)	模型5 (Probit)	模型6 (OLS)
感知货币收益	0.186** (0.175)	0.040 (0.021)	0.344** (0.141)	0.466*** (0.024)	0.490** (0.112)	0.558*** (0.022)
感知非货币利益	0.007 (0.134)	0.091*** (0.018)	0.301*** (0.106)	0.114*** (0.021)	0.477*** (0.114)	0.090*** (0.019)
感知货币成本	−0.110*** (0.139)	−0.225*** (0.020)	−0.238*** (0.110)	−0.226*** (0.023)	−0.309*** (0.151)	−0.164** (0.021)
感知非货币成本	−0.132*** (0.126)	−0.231*** (0.019)	−0.401*** (0.113)	−0.116*** (0.022)	−0.488*** (0.132)	−0.078** (0.020)

续表

变量名称	节水灌溉技术		绿色病虫害防治技术		有机肥替代技术	
	模型 1 (Probit)	模型 2 (OLS)	模型 3 (Probit)	模型 4 (OLS)	模型 5 (Probit)	模型 6 (OLS)
控制变量	已控制	已控制	已控制	已控制	已控制	已控制
常数项	0.117** (0.333)	0.614*** (0.051)	1.887*** (0.331)	0.820*** (0.059)	1.218** (0.354)	2.558*** (0.053)
N	1138					
伪 R^2	0.441	—	0.449	—	0.476	—
−2LL	650.851	—	700.001	—	667.436	—
χ^2	436.786	—	744.550	—	719.211	—
P	0.000	—	0.000	—	0.000	—

注：*、**、***分别表示在 10%、5%和 1%的显著性水平下显著。

6.4.1.3　感知价值各维度强度对农户绿色生产技术采纳行为的影响

1.基准回归估计

从表 6－5 可知，感知货币收益强度对节水灌溉技术、绿色病虫害防治技术和有机肥替代技术的采纳行为均产生显著正向影响，分别在 5%、5%和 1%水平上显著，回归系数为 0.167、0.120、0.134。农户感知货币收益强度每提升 1 个单位，节水灌溉技术采纳概率提高 16.7%，绿色病虫害防治技术采纳概率提高 12.0%，有机肥替代技术采纳概率提高 13.4%。理性农户是否采纳绿色生产技术必定会权衡经济收益（刘莹 等，2010），感知货币收益的强度越大，农户采纳绿色生产技术的概率显著提升。感知非货币收益强度对节水灌溉技术、绿色病虫害防控技术和有机肥替代技术的采纳行为均产生显著正向影响，分别在 1% 、1%和 10%水平上显著，回归系数为 0.501、0.171、0.180。农户感知非货币收益强度每提升 1 个单位，三项绿色生产技术采纳概率分别会提高 50.1%、17.1%和 18.0%。感知货币成本对节水灌溉技术、绿色病虫害防治技术和有机肥替代技术的采纳行为均产生显著的负向影响，且在 1%水平上显著，回归系数为－0.133、－0.264、－0.198。收益易受多种因素影响且不确定性大，多数农户承受损失的能力有限（王倩 等，2019），因此说明感知货币成本每提升 1 个单位，三项绿色生产技术采纳概率分别会降低 13.3%、26.4%和 19.8%。感知非货币成本对节水灌溉技术、绿色病虫害防治技术和有机肥替代技术的采纳行为均产生显著的负向影响，分别在 1%、10% 和

10%水平上显著，回归系数为−0.305、−0.390、−0.381。感知非货币成本每提升1个单位，三项绿色生产技术采纳概率分别会降低30.50%，39.00%和38.1%。假设H6－1b和H6－1d得到验证。

2.稳健性检验

本研究运用OLS模型检验感知价值各维度强度影响农户绿色生产技术采纳行为实证分析结果的有效性，由表6－5的模型2、4和6回归结果表明，感知货币收益、感知非货币收益、感知货币成本、感知非货币成本对绿色病虫害防治技术和有机肥替代技术的采纳行为影响依然显著。控制变量也通过了显著性检验。模型整体回归结果与前文基本一致，说明本章实证分析结果稳健、可靠。

表6－5　感知价值各维度强度对农户绿色生产技术采纳行为的影响估计结果

变量名称	节水灌溉技术		绿色病虫害防治技术		有机肥替代技术	
	模型1 (Probit)	模型2 (OLS)	模型3 (Probit)	模型4 (OLS)	模型5 (Probit)	模型6 (OLS)
感知货币收益强度	0.167** (0.057)	0.035*** (0.07)	0.120** (0.036)	0.039** (0.011)	0.134*** (0.037)	0.038*** (0.011)
感知非货币收益强度	0.501*** (0.072)	0.084*** (0.009)	0.171*** (0.044)	0.050*** (0.014)	0.180* (0.044)	0.002* (0.013)
感知货币成本强度	−0.133*** (0.063)	−0.087*** (0.008)	−0.264*** (0.041)	−0.077*** (0.012)	−0.198*** (0.040)	−0.057*** (0.012)
感知非货币成本强度	−0.305*** (0.059)	−0.048*** (0.008)	−0.390* (0.038)	−0.013* (0.012)	−0.381* (0.038)	−0.009* (0.012)
控制变量	已控制	已控制	已控制	已控制	已控制	已控制
常数项	0.492 (0.443)	0.482 (0.064)	2.423** (0.326)	1.220*** (0.098)	2.081*** (0.324)	1.148*** (0.097)
N	1138					
伪 R^2	0.477	—	0.217	—	0.140	—
−2LL	496.723	—	617.258	—	610.507	—
χ^2	452.110	—	341.660	—	198.640	—
P	0.000	—	0.000	—	0.000	—

注：*、**、***分别表示在10%、5%和1%的显著性水平下显著。

6.4.2　政府支持对农户绿色生产技术采纳行为影响的实证结果及分析

1.基准回归估计

政府支持及其各维度对猕猴桃种植户绿色生产技术采纳行为的影响模型估计结果见表 6 - 6。政府支持在 1%的统计水平上正向影响节水灌溉技术、绿色病虫害防治技术和有机肥替代技术的采纳行为。也就是能够获得的政府支持越多,农户采纳绿色生产技术的可能性就越大。在三项技术中,政府支持每增加 1 个单位,农户采纳节水灌溉技术、绿色病虫害防治技术和有机肥替代技术的概率分别会提升 49.4%、46.7%和 58.7%。假设 H6 - 2 得到验证。

在政府的情感支持中,情感关心在 1%的统计水平上正向影响农户绿色生产技术采纳行为。情感关心每增加 1 个单位,农户采纳节水灌溉技术、绿色病虫害防治技术和有机肥替代技术的概率分别会提升 9.8%、13.3%和 12.6%。情感尊重在 1%的统计水平上正向影响节水灌溉技术的采纳行为,在 5%的统计水平上正向影响绿色病虫害防治技术和有机肥替代技术的采纳行为。情感尊重每增加 1 个单位,农户采纳节水灌溉技术、绿色病虫害防治技术和有机肥替代技术的概率分别会提升 8.9%、15.3%和 17.7%。在工具支持中,政策宣传在 1%的统计水平上正向影响农户绿色生产技术采纳行为。政策宣传每增加 1 个单位,农户采纳节水灌溉技术、绿色病虫害防治技术和有机肥替代技术的概率分别会提升 32.8%、28.8%和 33.3%。农技推广在 5%的统计水平上正向影响农户绿色生产技术采纳行为。农技推广每增加 1 个单位,农户采纳节水灌溉技术、绿色病虫害防治技术和有机肥替代技术的概率分别会提升 38.0%、33.4%和 42.5%。生态补贴在 10%的统计水平上正向影响节水灌溉技术的采纳行为,在 1%的统计水平上正向影响绿色病虫害防治技术的采纳行为,在 5%的统计水平上正向影响有机肥替代技术的采纳行为。生态补贴每增加 1 个单位,农户采纳节水灌溉技术、绿色病虫害防治技术和有机肥替代技术的概率分别会提升 31.3%、37.5%和 45.3%。假设 H6 - 2a 和 H6 - 2b 得到验证。

2.稳健性检验

本研究运用 OLS 模型检验政府支持及其各维度影响农户绿色生产技术采纳行为实证分析结果的有效性,由表 6 - 6 的模型 2、4 和 6 回归结果表明,政府支持、情感关心、情感尊重、政策宣讲、农技推广、生态补贴对有机肥替代技术、绿色病虫害防治技术和有机肥替代技术的采纳行为的影响依然显著。控制变量也通过了显著性检验。模型整体回归结果与二元 Probit 模型实证结果基本一致,说明本章实证分析结果稳健、可靠。

表 6-6 政府支持对农户绿色生产技术采纳行为的影响估计结果

变量名称	节水灌溉技术		绿色病虫害防治技术		有机肥替代技术	
	模型 1 (Probit)	模型 2 (OLS)	模型 3 (Probit)	模型 4 (OLS)	模型 5 (Probit)	模型 6 (OLS)
政府支持	0.494*** (0.190)	0.282*** (0.034)	0.467*** (0.152)	0.525*** (0.044)	0.587*** (0.159)	0.524*** (0.043)
情感关心	0.098*** (0.025)	0.021*** (0.005)	0.133*** (0.022)	0.419*** (0.007)	0.126*** (0.023)	0.007*** (0.006)
情感尊重	0.089*** (0.066)	0.058*** (0.012)	0.153** (0.051)	0.046** (0.016)	0.177** (0.051)	0.058*** (0.016)
政策宣传	0.328*** (0.053)	0.010 (0.011)	0.288*** (0.045)	0.024* (0.014)	0.333*** (0.045)	0.043** (0.013)
农技推广	0.380** (0.038)	0.013** (0.007)	0.334** (0.030)	0.044*** (0.010)	0.425** (0.031)	0.039*** (0.009)
生态补贴	0.313* (0.061)	0.065*** (0.012)	0.375*** (0.052)	0.087*** (0.016)	0.453** (0.055)	0.068*** (0.015)
控制变量	已控制	已控制	已控制	已控制	已控制	已控制
常数项	0.881*** (0.246)	0.259*** (0.052)	1.335*** (0.227)	0.897*** (0.067)	0.851*** (0.229)	0.757*** (0.064)
N	1138					
伪 R^2	0.176	—	0.224	—	0.201	—
−2LL	785.492	—	612.420	—	567.390	—
χ^2	167.180	—	352.73	—	285.63	—
P	0.000	—	0.000	—	0.000	—

注：*、**、***分别表示在10%、5%和1%的显著性水平下显著。

6.4.3 感知价值和政府支持的交互项对农户绿色生产技术行为影响的实证结果及分析

依据本书上述理论和实证分析结果表明，感知价值和政府支持分别对农户绿色生产技术采纳行为有显著的影响，但也很可能是具有交互影响，它们之间的作用机制还有待于探索。本节将感知价值与政府支持的交互项纳入模型,探讨这些因素的影响机制。为规避交叉项可能带来的共线性问题,对交互项进行去中心化处理。

6.4.3.1　节水灌溉技术

根据表 6-7 的模型 1 得出,感知货币收益与工具支持的交互项对农户节水灌溉技术采纳行为影响的回归系数为 0.435 并在 5%统计水平上显著,说明农户感知货币收益对农户节水灌溉技术采纳行为的影响受到工具支持调节效应的影响。工具支持每提升 1 个单位,会增强感知货币收益对节水灌溉技术采纳行为影响 43.5%。感知货币成本与工具支持的交互项对农户节水灌溉技术采纳行为影响的回归系数为—0.232 并在 5%统计水平上显著,说明农户感知货币成本对农户节水灌溉技术采纳行为的影响受到工具支持调节效应的影响。工具支持每提升 1 个单位,会减弱感知货币成本对节水灌溉技术采纳行为影响 23.2%。感知非货币收益与情感支持的交互项对农户节水灌溉技术采纳行为影响的回归系数为 0.105 并在 5%统计水平上显著,说明农户感知非货币收益对农户节水灌溉技术采纳行为的影响受到情感支持调节效应的影响。情感支持每提升 1 个单位,会增强感知非货币收益对节水灌溉技术采纳行为影响 10.5%。感知非货币成本与情感支持的交互项对农户节水灌溉技术采纳行为影响的回归系数为—0.195 并在 5%统计水平上显著,说明农户感知非货币成本对农户节水灌溉技术采纳行为的影响受到情感支持调节效应的影响。情感支持每提升 1 个单位,会减弱感知非货币成本对节水灌溉技术采纳行为影响 19.5%。

6.4.3.2　绿色病虫害防治技术

根据表 6-7 的模型 3 得出,感知货币收益与工具支持的交互项对农户绿色病虫害防治技术采纳行为影响的回归系数为 0.361 并在 1%统计水平上显著,说明农户感知货币收益对农户绿色病虫害防治技术采纳行为的影响受到工具支持调节效应的影响。工具支持每提升 1 个单位,会增强感知货币收益对绿色病虫害防治技术采纳行为影响 36.1%。感知货币成本与工具支持的交互项对农户绿色病虫害防治技术采纳行为影响的回归系数为—0.332 并在 1%统计水平上显著,说明农户感知货币成本对农户绿色病虫害防治技术采纳行为的影响受到工具支持调节效应的影响。工具支持每提升 1 个单位,会减弱感知货币成本对绿色病虫害防治技术采纳行为影响 33.2%。感知非货币收益与情感支持的交互项对农户绿色防控技术采纳行为影响的回归系数为 0.116 并在 10%统计水平上显著,说明农户感知非货币收益对农户绿色病虫害防治技术采纳行为的影响受到情感支持调节效应的影响。情感支持每提升 1 个单位,会增强感知非货币收益对节水灌溉技术采纳行为影响11.6%。感知非货币成本与情感支持的交互项对农户绿色病虫害防治技术采纳行为影响的回归系数为−0.122并在10%统计水平上显著，说明农户感知非货币成本对农户绿色病虫害防治技术采纳行为的影响受到情感支持调节效应的影响。情感支持每提升1个单位，会减弱感知非货币成本对绿色病虫害防治技术采纳行为影响12.2%。

6.4.3.3 有机肥替代技术

根据表6-7的模型5得出，感知货币收益与工具支持的交互项对农户有机肥替代技术采纳行为影响的回归系数为0.411并在1%统计水平上显著，说明农户感知货币收益对农户有机肥替代技术采纳行为的影响受到工具支持调节效应的影响。工具支持每提升1个单位，会增强感知货币收益对有机肥替代技术采纳行为影响41.1%。感知货币成本与工具支持的交互项对农户有机肥替代技术采纳行为影响的回归系数为−0.425并在1%统计水平上显著，说明农户感知货币成本对农户有机肥替代技术采纳行为的影响受到工具支持调节效应的影响。工具支持每提升1个单位，会减弱感知货币成本对农户有机肥替代技术采纳行为影响42.5%。感知非货币收益与情感支持的交互项对农户有机肥替代技术采纳行为影响的回归系数为0.103并在1%统计水平上显著，说明农户感知非货币收益对农户有机肥替代技术采纳行为的影响受到情感支持调节效应的影响。情感支持每提升1个单位，会增强感知非货币收益对有机肥替代技术采纳行为影响10.3%。感知非货币成本与情感支持的交互项对农户有机肥替代技术采纳行为影响的回归系数为−0.219并在1%统计水平上显著，农户感知非货币成本对农户有机肥替代技术采纳行为的影响受到情感支持调节效应的影响。情感支持每提升1个单位，会减弱感知非货币成本对有机肥替代技术采纳行为影响21.9%。

综上所述，工具支持在感知货币收益与农户绿色生产技术采纳行为关系中起到正向调节作用，在感知货币成本与农户绿色生产技术采纳行为关系中起到负向调节作用。情感支持在感知非货币收益与农户绿色生产技术采纳行为关系中起到正向调节作用，在感知非货币成本与农户绿色生产技术采纳行为关系中起到负向调节作用。假设H6-3、H6-4、H6-5、H6-6得到验证。同时，本研究运用OLS模型检验感知价值和政府支持的交互项对农户绿色生产技术采纳行为实证分析结果的有效性，根据表6-7的模型2、4、6可知，感知货币收益与工具支持、感知货币成本与工具支持、感知非货币收益与情感支持和感知非货币成本与情感支持的交互项对农户节水灌溉技术、绿色病虫害防治技术和有机肥替代技术行为采纳的影响依然显著。控制变量也通过了显著性检验。模型整体回归结果与二元Probit模型实证结果基本一致，说明本章实证分析结果稳健、可靠。

表 6－7　调节效应检验结果

变量名称	节水灌溉技术		绿色病虫害防治技术		有机肥替代技术	
	模型 1 (Probit)	模型 2 (OLS)	模型 3 (Probit)	模型 4 OLS	模型 5 (Probit)	模型 6 OLS
感知货币收益×工具支持	0.435** (0.080)	0.035*** (0.007)	0.361*** (0.045)	0.039** (0.011)	0.411*** (0.044)	0.038** (0.011)
感知货币成本×工具支持	−0.232** (0.794)	−0.022*** (0.004)	−0.332*** (0.359)	−0.037*** (0.006)	−0.425*** (0.319)	−0.002*** (0.007)
感知非货币收益×情感支持	0.105** (0.010)	0.098*** (0.025)	0.116* (0.076)	0.098*** (0.025)	0.103*** (0.083)	0.037*** (0.006)
感知非货币成本×情感支持	−0.195** (0.080)	−0.035*** (0.007)	−0.122* (0.045)	−0.039** (0.011)	−0.219*** (0.044)	−0.038** (0.011)
控制变量	已控制	已控制	已控制	已控制	已控制	已控制
常数项	3.874*** (0.616)	0.482*** (0.064)	0.182*** (0.312)	0.182*** (0.312)	0.506* (0.053)	1.148*** (0.097)
N	1138					
伪 R^2	0.438	—	0.437	—	0.420	—
−2LL	535.728	—	715.192	—	567.396	—
χ^2	416.94	—	462.38	—	491.02	—
P	0.000	—	0.000	—	0.000	—

注：*、**、***分别表示在 10%、5%和 1%的显著性水平下显著。

6.5　进一步稳健性检验

在前文的实证分析中，研究采用了 OLS 模型检验感知价值、政府支持对农户绿色生产技术采纳行为的影响。在此，为进一步验证上述实证分析结果的有效性，本节运用算术平均法，根据第 4 章感知价值因子分析结果中各维度的因子得分，重新计算农户感知价值变量值。运用二元 Logit 模型，再次验证感知价值、政府支持对农户绿色生产技术采纳行为的影响。表 6－8 汇报了实证结果。除部分控制变量的显著性略有不同外，模型整体回归结果与二元 Probit 模型实证结果基本一致，说明本章实证分析结果是稳健的。

表 6-8　感知价值、政府支持对农户绿色生产技术采纳行为影响的稳健性检验结果

变量名称	节水灌溉技术		绿色病虫害防治技术		有机肥替代技术	
	系数	标准差	系数	标准差	系数	标准差
感知价值	0.823***	0.584	0.872***	0.653	0.598***	0.128
政府支持	0.789**	0.712	0.654***	0.902	0.981***	0.530
受教育年限	1.561***	0.127	0.452**	0.927	0.532***	0.012
健康水平	0.129***	0.001	0.056***	0.216	0.100**	0.012
劳动力数量	0.323***	0.167	0.076**	0.021	0.101**	0.186
家庭年总收入	0.908***	0.050	2.179**	0.193	0.037**	0.812
农地质量	−0.111***	0.421	−0.489**	0.872	−0.124**	0.312
交通是否便利	0.902	0.128	0.273*	0.024	1.003**	0.031
种植规模	−0.781**	0.653	−1.335**	0.023	−2.101***	0.065
是否加入合作社	0.090***	0.134	0.323***	0.024	0.424**	0.210
常数项	0.321***	0.120	0.644**	0.412	0.144***	0.457
N	1138					
伪 R^2	0.364		0.431		0.386	
χ^2	783.00		879.23		809.32	

注：*、**、***分别表示在10%、5%和1%的显著性水平下显著。

6.6 内生性问题分析

回归分析的一个关键问题是基准回归结果可能存在内生性问题(臧敦刚 等，2016)。遗漏变量和双向因果是造成内生性问题的最主要的原因。本节的研究选取了户主特征、家庭特征、专业化生产特征和社会特征等因素作为控制变量，但是被解释变量和解释变量还是可能会受到一些没有观测到的变量的影响(闫迪 等，2021)。同时，政府支持会影响农户的绿色生产技术采纳率，而技术采纳率的提高也会促使政府支持进展得更加顺利。为了解决上述问题，工具变量是修正内生性偏误的主要方法。因此，本节选择变量“村书记年龄”作为政府支持的工具变量并对模型进行两阶段 2SLS 估计。“村书记年龄”对政府支持有较大的影响，但不会对绿色生产技术的采纳产生最直接的影响。由表 6-9 内生性分析估计结果可知，弱工具变量检验结果为 29.908，DWH test 检验结果为 6.874，Sargan 检验结果为 0.179。由此可知，首先，确定内生性问题存在。其次，本节选定的工具变量通过了检验，不存在弱工具变量的问题，“村书记年龄”作为工具变量是合适的。最后，2SLS 模型的实证结果证明内生性问题没有对上述实证分析结果产生实质性影响。

表 6-9　内生性分析的估计结果(以绿色病虫害防治技术为例)

变量名称	2SLS	
	系数	标准差
绿色生产技术采纳行为	0.174**	0.090
控制变量	已控制	
常数项	0.200***	0.105
N	1138	
DWH test	6.874	
Sargan 检验	0.179	
弱工具变量检验	29.908	
R^2	0.441	

注：*、**、***分别表示在 10%、5%和 1%的显著性水平下显著。

6.7　本章小结

本章通过对陕西 1138 名猕猴桃种植者的问卷调查进行分析，探讨了感知价值、政府支持及其相关项对农户节水灌溉技术、绿色病虫害防治技术和有机肥替代技术采纳行为的影响。主要研究结论如下：

(1)感知价值对农户绿色生产技术采纳行为具有显著的影响。感知货币收益和感知非货币收益对农户绿色生产技术采纳行为具有显著的正向提升作用。相反，感知货币成本和感知非货币成本对农户绿色生产技术采纳行为具有显著的负向抑制作用。感知货币收益和感知非货币收益对农户绿色生产技术采纳行为的正向影响将随着感知货币收益和感知非货币收益强度的增加而增强，感知货币成本和感知非货币成本对农户绿色生产技术采纳行为的负向影响将随着感知货币成本和感知非货币成本的强度增加而增强。

(2)政府支持对农户绿色生产技术采纳行为具有显著的正向影响。其中，情感支持(情感关心和情感尊重)和工具支持(政策宣传、农技推广、生态补贴)作为政府支持的主要组成部分，也对农户绿色生产技术的持续采纳行为具有显著的正向影响。

(3)工具支持在感知货币收益与农户绿色生产技术采纳行为关系中起正向调节作用，在感知货币成本与农户绿色生产技术采纳行为关系中起负向调节作用。情感支持在感知非货币收益与农户绿色生产技术采纳行为中起正向调节作用，在感知非货币成本与农户绿色生产技术采纳行为中起负向调节作用。

(4)本章运用OLS模型对整体样本进行了稳健性分析,并通过重新计算农户感知价值变量值,采用Logit模型对研究结果进行了进一步的稳健性检验,均证明上述结论和回归结果具有很强的可靠性。同时,为了克服主观变量之间双向因果关系所带来的潜在内生性问题,本章选择"村书记年龄"作为工具变量来解决基准回归结果可能存在的内生性问题。

第7章　感知价值、政府支持对农户绿色生产技术持续采纳行为的影响

7.1　问题提出

中国是世界上人口最多的国家之一，农业在中国经济取得显著成就过程中发挥了突出作用(He et al.，2023；Xu et al.，2022)。然而，农业的加速发展导致能源需求上升，同时也造成了严重的环境污染，威胁着国家的农产品安全和生态安全(Jiao et al.，2019；Liu et al.，2019；Yang et al.，2018)。农业生产中化肥、农药和灌溉水的不当和过量使用，造成了农业用地、水资源、大气环境的严重污染以及农产品安全问题。因此，中国农业需要加快进入转型升级、实现绿色发展的新阶段。绿色生产技术可以保持水分，改善土壤结构，增加土壤有机质，提高农田生产力，是促进农业可持续发展、保障消费者食品安全、保护农村生态环境的重要技术方式(Liu et al.，2020a)。

农户是农业污染防治攻坚战的排头兵。观察他们采纳绿色生产技术的程度，可以为促进农业经济的可持续发展提供必要的线索和见解(He et al.，2015)。学者们对这一领域的关注持续已久，并取得了丰富的研究成果。影响农户采纳绿色生产技术的因素既有内部因素也有外部因素，既有经济因素也有非经济因素。有学者专门研究了个人禀赋和家庭禀赋的影响，如年龄、性别、受教育年限、健康状况和收入水平(Tian et al.，2022；Ren et al.，2022；Liu et al.，2013)。同时存在的还有生产性因素，土地碎片化和非农劳动力转移是影响农户绿色生产选择的因素(Abadi，2018)。同样，适度的经营规模也有利于农户采纳绿色生产技术(Lu et al.，2020；Xie et al.，2021；陈雪婷 等，2021)。从环境行为的角度来看，对付出成本的感知可以在决策过程中发挥作用，进而影响农户的选择(Gintis，2000；Hohl et al.，2008；Simoglou et al.，2022)。农户对农产品质量的关注和认知也对其技术的选择和采纳产生巨大的影响(Zheng et al.，2020；Machado et al.，2020；张成玉，2010)。

外部因素对农户采纳绿色生产技术也具有显著的影响。中国是一个社会关系错综复杂的国家,亲属关系、亲缘关系、地缘关系和因果关系交织在一起(Feng et al.,2022)。农户通过社交网络获取技术信息,相互交流(Ramirez,2013)。有证据表明,农户加入合作社组织后,农药和化肥的使用量显著减少(Gong et al.,2019;Huang et al.,2018;Abate et al.,2014)。绿色农业种植方式的实施与推广进程一直很缓慢,部分原因是农户担心可能造成的经济损失(Marr et al.,2019)。在各国,国家补贴政策可以成功地消除这种犹豫(Chatzimichael et al.,2014;Cui et al.,2021)。绿色生产技术的外部性很难用市场价格来补偿。因此,政府的科技示范、环境法规和教育计划有望在很大程度上影响农户的绿色选择(Qiao et al.,2022;Hu et al.,2012)。

绿色生产技术的普及已成为推动农业绿色发展的必然进程(Kansanga et al.,2018;Nicolopoulou-Stamati et al.,2016)。然而,通过梳理相关文献后发现,学术界对绿色生产技术采纳行为决策的研究并不充分。传统观点认为,农户采纳绿色生产技术是在某一阶段的静态决策(Conley et al.,2010),即一次性决策,对技术的初始采用和连续采用区别不大。农户往往试图在第一时间采纳某种生产技术,但是对某个时间点的研究不足以反映农户的最终决策。技术采纳是个体在其他个体或群体的影响下,考虑到技术所带来的好处以及自身对技术的适用性而做出的行为决策。农户持续采纳技术是对技术采用时间的延伸,是基于初次采用后的实际效果是否符合个体对技术效果预期的考量(陈儒 等,2018)。绿色生产技术的推广和采用本质上是一个技术扩散的过程。它可以分为两个阶段:第一个阶段是农户选择是否采纳绿色生产技术,第二个阶段是已经采纳了绿色生产技术的农户是否选择持续这种行为。随着“绿色”成为农业生产和发展的主色调,农户对绿色生产技术的采用率有所提高,但农户的持续采纳行为却并不令人满意。也就是说,农民对绿色生产技术的采纳行为和持续采纳行为之间存在着差异。但只有不断采用绿色生产技术,农户才能在本质上形成绿色发展模式和生产方式,实现农业经济发展与生态环境保护的相互协调。鉴于此,本章基于陕西省猕猴桃主产区的问卷调查数据,分析了感知价值、政府支持及其交互项对农户绿色生产技术持续采纳行为决策的影响。本章试图对已有文献研究成果进行补充,研究结论将有助于理解农户不持续采纳绿色生产技术的原因。确定这一问题的深层次原因将有助于鼓励农户在生产活动中持续采纳绿色生产技术,也为政府制定相关政策提供实证依据,对促进农业绿色发展具有重要的理论意义和实践价值。

7.2　理论分析和研究假设

7.2.1　感知价值对农户绿色生产技术持续采纳行为的影响

感知价值是个体在购买产品或服务时，权衡可能感知到的收益和成本后的效用评估(Flint et al.，2002)。主观心理感知是农户环境行为决策的内在驱动力。在本章的研究中，绿色生产技术持续采纳行为的感知价值是农户在权衡感知收益和成本后得到的综合评价，因此感知价值的高低取决于预期收益和预期成本之间的关系。理性个体倾向于增加利润和规避成本，感知价值水平越高，个体的持续行为倾向越明显(Pieters，1987)。

感知货币收益和感知非货币收益是指农户在绿色生产技术持续采纳的过程中感知到的预期经济效益、环境改善、村庄发展和自我实现的总和。首先，从感知货币收益来看，如果农民认为持续采纳绿色生产技术可以生产出绿色农产品、改善农田质量、提高产量，或者有机会享受政府补贴、低息贷款等农业优惠政策，那么预期货币收益会促使农户愿意长期采纳绿色生产技术。其次，如果持续采纳绿色生产技术带来的生态和社会效益得到广泛认可(如生态环境的改善和农户的自我实现等)，那么预期的非货币收益也将鼓励农户持续采纳绿色生产技术(Jin et al.，2022；Nyangau et al.，2020)。采纳绿色生产技术之后，农民会检验最初采纳决定的合理性，以决定是否继续采用该项技术。同时，感知货币利益强度和感知非货币利益强度会对农户绿色生产技术的持续采纳行为产生不同程度的影响。

付出的成本都会对行为产生决定性的影响(Asravor，2018；Damalas et al.，2019)。农户的感知成本来自对绿色生产技术可持续采纳行为效果的整体评估。在绿色生产技术的实际采用过程中，感知货币成本是对经济不确定结果的主观感知。例如，采用有机肥替代技术需要大量的化肥采购成本，节水灌溉设施的建设和维护也需要充足的资金(Constantine et al.，2020)。农户感知到的非货币成本既意味着他们需要花时间持续学习技术知识，也可能需要面临来自家庭成员的反对意见等(Shee et al.，2020)。此外，在改变方法之前，农户也可能会感受到身体和精神压力的增加。因此，感知货币成本和感知非货币成本越高，农户持续采纳绿色生产技术的积极性越低。同时，感知货币成本强度和感知非货币成本强度越高，对技术的整体评价满意度越低，这对农户绿色生产技术的可持续采纳行为产生了不同程度的负面影响。

基于此，本书提出如下假设。

H7－1：感知价值对农户绿色生产技术持续采纳行为有显著影响。

H7-1a:感知货币收益和感知非货币收益正向影响农户绿色生产技术持续采纳行为。

H7-1b:感知货币收益强度和感知非货币收益强度越高,对农户绿色生产技术持续采纳行为提升作用越强。

H7-1c:感知货币成本和感知非货币成本负向影响农户绿色生产技术持续采纳行为。

H7-1d:感知货币成本强度和感知非货币成本强度越高,对农户绿色生产技术持续采纳行为抑制作用越强。

7.2.2 政府支持对农户绿色生产技术持续采纳行为的影响

由于技术采用的不确定性和周期性,农户对绿色生产技术的持续采纳行为的任何决定都是成本与收益之间的长期权衡。然而,农户往往不具备必要的技术知识来理解和评估所涉及的所有收益和成本(Fan et al.,2015)。农药和化肥的过度使用是由有限的知识造成的,提供适当的技术培训和政策宣传以提高知识的深度和广度,可以对这一现状产生积极的影响(Bao et al.,2021)。加强技术培训,加大政策宣传力度,实施激励政策,可以更有效地鼓励农户持续采用绿色种植方式。根据经济学的市场失灵理论,绿色生产技术具有公共产品的性质(夏午宁 等,2022)。农户采纳绿色生产技术时存在外部性和信息不对称(Anni,2010)。在市场失灵的情况下,讨论政府支持对农户绿色生产技术持续采纳行为决策的影响是非常必要的。在中国,大多数生态农业发展项目都涉及政府,农户获得绿色生产技术的基础知识和技术培训的主要渠道是政府的农业相关政策宣讲和推广服务(Khan et al.,2015)。通过技术培训、技术大讲堂、田间指导和一对一的技术专项服务等形式,推动和引导农户采纳和持续采纳绿色生产技术。随着技术知识和操作技能的不断提高,农户在最初绿色生产技术的采用过程中逐渐获得了良好的体验。当这种好的感受达到农户的期望并提高其技术满意度时,农户将更有动力持续采纳一项或多项绿色生产技术。采纳绿色生产技术的成本投入主要包括基础设施投资、要素采购成本和运营成本。持续采纳绿色生产技术的效益包括两部分,社会生态效益和个人收入的增加。当农户的私人收入低于劳动力的投资和机会成本时,他们对绿色生产技术的持续采纳行为决策将受到很大影响,这是政府激励措施产生最大作用的时候(Grzelak et al.,2019)。支持性补贴是农户收入的重要组成部分,并指导农户的生产发展决策(Pilvere et al.,2019)。政府的生态补贴可以通过降低经济成本,有效地增强农户持续实施绿色生产技术的决心。政府的情感支持是指农户从村组织、村干部,以及专业技术人员处获取的对从事绿色生产技术的关注、认可和鼓励(姜维军 等,2023)。除了物质和信息资源,农户在面对新技术时的所需要的情感支持，一方面能够提高个体的自我效能和认同感，另一方面能够提升其行为的满意度(张秀娥 等，2019)。

基于此，本书提出如下假设。

H7－2：政府支持正向影响农户绿色生产技术持续采纳行为。

H7－2a：情感支持正向影响农户绿色生产技术持续采纳行为。

H7－2b：工具支持正向影响农户绿色生产技术持续采纳行为。

7.2.3 政府支持在感知价值对农户绿色生产技术持续采纳行为影响中的调节效应

知识、感知价值与农户绿色生产技术持续采纳行为决策之间存在着因果关系。具体地说，知识的影响导致感知价值的提升，从而促进绿色生产技术的持续采纳行为(Wang et al.，2017)。然而，获得这些知识需要大量的时间和精力。有些技术非常复杂，农户很难快速掌握。政府通过农业推广服务，让中国数亿分散的农户接触到绿色生产技术。加强对农户技术应用的干预、指导和控制，显著提高了农民对技术的应用，提高了农民的综合科学能力，优化了要素投入的配置效率，减少了可能的不适。同时，政府通过向污染者征税和给予环境保护者补贴，使绿色生产技术非市场部分内部化。补贴作为外部性影响因素，对技术的扩散也具有显著的正向影响作用(王金霞 等，2009)。农户也会在农业补贴政策的变化中，逐步提高绿色生产技术持续采纳的主动性(严立冬 等，2009)。因此，政府支持在感知货币收益和感知货币成本对农户持续采纳绿色生产技术行为的影响中起到调节作用。当农户感受到情感支持时，能够增强其对集体的归属感(Chen et al.，2007)。这种对组织的认同感会提高农户的感知非货币收益，降低感知非货币成本，进而会做出互惠行动以回应他人对自己的支持(王太祥 等，2020)。因此，政府情感支持在感知非货币收益和感知非货币成本对农户持续采纳绿色生产技术行为的影响中起到调节作用。

基于此，本书提出如下假设。

H7－3：工具支持在感知货币收益与绿色生产技术持续采纳行为关系中起正向调节作用。

H7－4：工具支持在感知货币成本与绿色生产技术持续采纳行为关系中起负向调节作用。

H7－5：情感支持在感知非货币收益与绿色生产技术持续采纳行为关系中起正向调节作用。

H7－6：情感支持在感知非货币成本与绿色生产技术持续采纳行为关系中起负向调节作用。

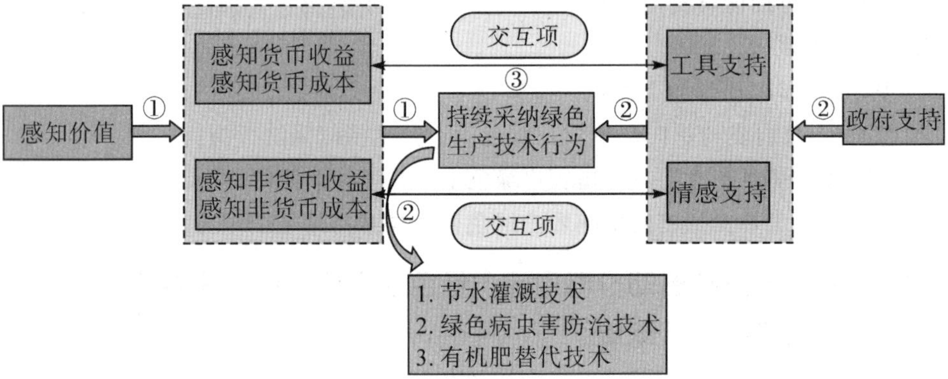

图 7-1　研究理论模型

如图 7-1 所示，灰色框代表感知价值的四个组成维度和政府支持的五个组成维度。路径①表示感知价值和感知价值的四个维度对农户绿色生产技术持续采纳行为的影响路径。路径②表示政府支持和政府支持的五个维度对农户绿色生产技术持续采纳行为的影响路径。路径③表示感知价值和政府支持的交互项对农户绿色生产技术持续采纳行为的影响路径。

7.3　变量选取和模型构建

7.3.1　变量选取

(1)被解释变量。根据相关研究基础和猕猴桃种植特点(Yin et al.,2021)，本节选择节水灌溉技术、绿色病虫害防治技术和有机肥替代技术的持续采纳行为作为被解释变量。在调研问卷中，农民被问及三个问题："您是否采纳节水灌溉技术超过两年?""您是否采纳有机肥替代技术超过两年?""您是否采纳绿色病虫害防治技术超过两年?"如果采纳了某项绿色生产技术超过两年，则相应变量赋值为 1，否则为 0。

(2)解释变量。本节核心解释变量为第 4 章农户感知价值的因子分析计算结果与政府支持的加权平均法计算结果。

(3)控制变量。本研究控制了个人特征、家庭特征、生产特征和社会特征等可能影响农户绿色生产技术持续采纳行为的变量，以消除干扰。许多实证研究表明，个体和家庭特征是影响农户行为的重要因素(Aryal et al.,2021;Cui et al.,2022)。本书选取的个体特征变量包括农户的健康水平和受教育程度，家庭特征变量包括家庭总收入和家庭劳动力数量。受教育程度对农户理解技术的功能和作用有显著影响。劳动者的身体状况和数量是技术实施的基本因素。收入水平影响农户投资和持续采纳新技术的能力以及农户对技术损失影响的反应。本章选择的生产特征变量包括农地质量和种植规模。不同种植规模和种植质量的农户绿色生产意识不同。社会特征的选取变量为农户是否加入农业合作社和交通是否便利。农业合作社为农户提供技术指导，对农户的技术采纳行为有重要影响。购买绿色生产技术所需生产要素的便利程度还取决于交通的便利程度（Li et al.，2021；Abdollahzadeh et al.，2015）。表 7－1 定义并解释了本章研究选择的变量，并说明了描述性统计数据。

表 7－1　变量定义、赋值及描述性统计

变量名称	变量取值说明	平均值	标准差
绿色生产技术持续采纳行为	持续采纳为“1”，未持续采纳为“0”	0.434	1.103
感知价值及其各维度	第 4 章因子分析测得	—	—
政府支持及其各维度	第 4 章加权平均测得	—	—
受教育年限/年	实际接受教育年限	6.698	2.426
健康水平	非常好为“5”，好为“4”，一般为“3”，不好为“2”，非常不好为“1”	3.365	1.171
劳动力数量	年满 16 周岁劳动力人数	2.721	1.085
家庭年总收入/万元	家庭实际年收入	5.087	2.191
农地质量	非常好为“5”，好为“4”，一般为“3”，不好为“2”，非常不好为“1”	3.368	1.021
种植规模/亩	实际种植面积	7.174	5.248
交通是否便利	非常好为“5”，好为“4”，一般为“3”，不好为“2”，非常不好为“1”	3.376	1.199
是否加入合作社	是为“1”，不是为“0”	0.440	0.497

7.3.2　模型构建

7.3.2.1　二元 Probit 模型

本研究选择二元 Probit 模型来分析农户绿色生产技术持续采纳行为。估计模型为

$$Y_i = \delta D_i + \beta X_i + \varepsilon_i$$

其中：Y_i 为被解释变量，表示农户的绿色生产技术持续采纳行为；X_i 表示感知价值和政府支持；ε_i 为控制变量；δ 和 β 表示待估系数。

7.3.2.2 稳健性和内生性分析

首先，本章运用OLS估计方程检验回归结果的稳健性。将OLS回归结果与Probit模型回归结果进行比较，判断回归结果的稳健性。其次，在使用二元选择模型进行实证研究时，回归分析的一个关键问题是基准回归结果可能是内生的（Yan et al.，2022）。工具变量法是修正模型中内生误差的主要方法。通过工具变量将内生解释变量分解为与随机误差项相关的部分和与随机误差项无关的部分，再通过与随机误差项无关的部分得到参数的一致性估计（Newey，1987）。2SLS是一种用于解决内生问题的方法，它通过两个OLS回归实现：第一阶段使用工具变量预测内生变量，第二阶段用因变量Y回归第一阶段回归的拟合值（Rivers et al.，1988）。本章选择"村书记年龄"作为工具变量，进行有效的内生性检验，解决模型中的内生误差问题。

7.4 实证结果及分析

7.4.1 感知价值影响农户绿色生产技术持续采纳行为的实证结果及分析

7.4.1.1 感知价值对农户绿色生产技术持续采纳行为的影响

表7-2汇报了感知价值对农户绿色生产技术持续采纳行为影响的实证模型估计结果。模型1、3和5表明，感知价值对农户绿色生产技术持续采纳行为有显著的正向影响。感知价值对农户节水灌溉技术、绿色病虫害防治技术和有机肥替代技术的持续采纳行为影响在1%的统计水平上显著，且回归系数为正。说明感知价值越高，农户对绿色生产技术持续采纳行为的可能性越大。由回归系数可知，感知价值水平每增加1个单位，节水灌溉技术、绿色病虫害防治技术和有机肥替代技术持续采纳的概率分别增加38.4%、34.8%和33.9%。本研究采用OLS模型来检验实证分析的有效性。模型2、4和6表明，在1%显著水平下，感知价值对农户绿色生产技术持续采纳行为的影响仍然显著。模型的整体回归结果与前文基本一致，表明实证分析结果稳健可靠。因此，假设H7-1得到验证。

控制变量的影响分析。受教育年限、健康状况和是否加入农业合作社对农户绿色生产技术持续采纳行为通过了显著性检验，且系数为正，说明农户受教育年限越长、身体健康状况越好，以及加入农业合作社可以促进其绿色生产技术持续采纳行为。农地质量和种植规模通过了三种绿色生产技术持续采纳行为的显著性检验，系数为负。说明农户种植规模大，耕地质量好，在一定程度上更容易获得令人满意的种植收入，从而农户对绿色生产技术持续采纳行为的积极性会降低。劳动力数量和家庭年总收入在绿色病虫害防治技术和有机肥替代技术的持续采纳行为方面均通过了 5%显著性检验，而在节水灌溉技术中未通过显著性检验。节水灌溉技术具有一定的“公共物品”特征，一般是小农个体无法单独采用的。因此，政府对灌溉设施的补贴是影响该技术推广的主要因素。只有当水资源市场交易的预期收益大于交易成本时，农民才会做出持续采纳节水灌溉技术的决策（Cáceres et al.，2021）。交通是否便利在有机肥替代技术持续采纳行为中通过了 1%显著性检验，而在节水灌溉技术和绿色病虫害防治技术的持续采纳行为中未通过显著性检验。这可能是由于有机肥往往需要采购和运输，但节水灌溉设备和病虫害防治设施一旦安装就可以投入使用。

表 7-2　感知价值对农户绿色生产技术持续采纳行为的影响估计结果

变量名称	节水灌溉技术		绿色病虫害防治技术		有机肥替代技术	
	模型 1 (Probit)	模型 2 (OLS)	模型 3 (Probit)	模型 4 (Probit)	模型 5 (OLS)	模型 6 (Probit)
感知价值	0.384*** (0.028)	0.062*** (0.003)	0.348*** (0.021)	0.092*** (0.004)	0.339*** (0.022)	0.080*** (0.004)
受教育年限	0.140*** (0.030)	0.023*** (0.005)	0.149*** (0.024)	0.038*** (0.006)	0.008** (0.025)	0.004** (0.006)
健康水平	0.341*** (0.086)	0.045*** (0.011)	0.141** (0.056)	0.029** (0.014)	0.149** (0.055)	0.045** (0.014)
劳动力数量	0.034 (0.064)	0.001 (0.009)	0.120** (0.051)	0.028** (0.012)	0.172** (0.050)	−0.049*** (0.012)
家庭年总收入	0.065 (0.047)	0.002 (0.007)	0.093** (0.034)	0.028** (0.009)	0.091** (0.034)	0.025** (0.009)
农地质量	−0.289*** (0.073)	−0.038*** (0.011)	−0.168** (0.058)	−0.048** (0.014)	−0.150** (0.060)	−0.035** (0.014)
交通是否便利	0.012 (0.083)	0.017 (0.011)	0.024 (0.055)	0.016 (0.014)	0.189*** (0.054)	0.064*** (0.014)
种植规模	−0.032* (0.017)	−0.002* (0.002)	−0.027** (0.013)	−0.007** (0.003)	−0.046*** (0.012)	0.013*** (0.003)
是否加入合作社	0.715*** (0.171)	0.104*** (0.177)	0.202* (0.118)	0.067** (0.030)	0.261** (0.119)	0.076** (0.030)
常数项	2.465*** (0.315)	0.031 (0.047)	0.670** (0.252)	0.625*** (0.061)	0.207 (0.255)	0.563*** (0.061)

续表

变量名称	节水灌溉技术		绿色病虫害防治技术		有机肥替代技术	
	模型 1 (Probit)	模型 2 (OLS)	模型 3 (Probit)	模型 4 (Probit)	模型 5 (OLS)	模型 6 (Probit)
N	1138					
伪 R^2	0.414	—	0.382	—	0.327	—
−2LL	558.740	—	487.402	—	477.716	—
χ^2	393.93	—	602.77	—	464.980	—
P	0.000	—	0.000	—	0.000	—

注：*、**、***分别表示在10%、5%和1%的显著性水平下显著。

7.4.1.2 感知价值各维度对农户绿色生产技术持续采纳行为的影响

从表7-3可以看出，在1%水平下，感知货币收益对有机肥替代技术的持续采纳行为具有显著的正向影响，系数为0.134。在5%水平下，感知货币收益对绿色病虫害防治技术的持续采纳行为具有显著的正向影响，系数为0.353。然而，感知货币收益对节水灌溉技术的持续采纳行为影响却并不显著。原因可能是节水灌溉技术的持续使用虽然可以解决目前水资源利用效率低的问题，但短期内并不能大幅度增加农民的收入。感知非货币收益对所有三种绿色生产技术的持续采纳行为都有积极而显著的影响。对应系数分别为0.627、0.779、0.744。感知货币成本和感知非货币成本对这三种绿色生产技术的持续采纳行为都具有负面的作用。无论对成本的认识是出于经济收入、技术的可用性还是家庭成员的反对，都会对农民可持续地实施绿色生产技术产生不利影响。采用OLS模型进行稳健性检验，回归结果与Probit模型基本一致，表明实证分析结果稳健可靠。因此，假设H7-1a和H7-1c得到验证。

表7-3 感知价值各维度对农户绿色生产技术持续采纳行为的影响估计结果

变量名称	节水灌溉技术		绿色病虫害防治技术		有机肥替代技术	
	模型 1 (Probit)	模型 2 (OLS)	模型 3 (Probit)	模型 4 (OLS)	模型 5 (Probit)	模型 6 (OLS)
感知货币收益	0.159 (0.179)	0.050** (0.021)	0.353** (0.160)	0.006* (0.024)	0.134*** (0.205)	0.687*** (0.018)
感知非货币收益	0.627*** (0.136)	0.079*** (0.018)	0.779*** (0.116)	0.137*** (0.020)	0.744*** (0.145)	0.094*** (0.015)

续表

变量名称	节水灌溉技术		绿色病虫害防治技术		有机肥替代技术	
	模型 1 (Probit)	模型 2 (OLS)	模型 3 (Probit)	模型 4 (OLS)	模型 5 (Probit)	模型 6 (OLS)
感知货币成本	−1.404*** (0.147)	−0.226*** (0.019)	−1.329*** (0.116)	−0.311*** (0.022)	−1.869*** (0.203)	−0.217*** (0.017)
感知非货币成本	−1.188*** (0.128)	−0.213*** (0.019)	−0.923*** (0.108)	−0.217*** (0.022)	−0.713*** (0.162)	−0.078*** (0.016)
控制变量	已控制	已控制	已控制	已控制	已控制	已控制
常数项	0.953** (0.341)	0.626*** (0.050)	0.138 (0.309)	0.611*** (0.057)	0.283 (0.185)	0.417*** (0.043)
N	1138					
伪 R^2	0.431	—	0.394	—	0.733	—
−2LL	523.440	—	708.832	—	406.767	—
χ^2	397.090	—	460.990	—	1115.46	—
P	0.000	—	0.000	—	0.000	—

注：*、**、***分别表示在 10%、5%和 1%的显著性水平下显著。

7.4.1.3　感知价值各维度强度对农户绿色生产技术持续采纳行为的影响

由表 7-4 的回归结果可知，感知货币收益强度对农户绿色生产技术持续采纳行为有显著的正向影响，在 1%统计水平下显著，回归系数分别为 0.150、0.169 和 0.126。当农户感知货币收益强度每增加 1 个单位时，节水灌溉技术、绿色病虫害防治技术和有机肥替代技术的持续采纳程度分别增加 15.0%、16.9%和 12.6%。理性的农户是否持续采纳绿色生产技术必然会衡量经济效益。感知货币收益强度越大，农民就越有可能持续地采纳绿色生产技术。感知非货币收益强度对农户绿色生产技术持续采纳行为具有显著的正向拉动作用，分别通过了 1%、1%和 10%的显著性检验，回归系数分别为 0.516、0.753 和 0.268。当农户感知非货币收益强度每增加 1 个单位，节水灌溉技术、绿色病虫害防治技术和有机肥替代技术的持续采纳程度分别增长 51.6%、75.3%和 26.8%。感知货币成本强度对农户绿色生产技术持续采纳行为有显著的反向约束作用。收入容易受到多种因素的影响。采纳绿色生产技术的收入不确定性高，且大多数农户承受损失的能力有限。感知货币成本强度每增加 1 个单位，节水灌溉技术、绿色病虫害防治技术和有机肥替代技术的持续采纳行为分别降低 50.8%、75.5%和 21.3%。感知非货币成本强度对农户绿色生产技术持续采纳行为也具有显著的负面制约作用。感知非货币成本强度每增加 1 个单位，节水灌溉技术、绿色病虫害防治技术和有机肥替代技术的持续采纳率分别降低 29.6%、50.8%和 23.2%。采用 OLS 模型进行稳健性检验，回归结果与 Probit 模型基本一致，表明实证分析结果稳健可靠。因此，假设 H7－1c 和 H7－1d 得到验证。

表 7－4 感知价值各维度强度对农户绿色生产技术持续采纳行为的影响估计结果

变量名称	节水灌溉技术		绿色病虫害防治技术		有机肥替代技术	
	模型 1 (Probit)	模型 2 (OLS)	模型 3 (Probit)	模型 4 (OLS)	模型 5 (Probit)	模型 6 (OLS)
感知货币收益强度	0.150*** (0.058)	0.031*** (0.007)	0.169*** (0.056)	0.048*** (0.007)	0.126*** (0.035)	0.040** (0.012)
感知非货币收益强度	0.516*** (0.074)	0.083*** (0.009)	0.753*** (0.078)	0.125*** (0.009)	0.268* (0.043)	0.018* (0.014)
感知货币成本强度	−0.508*** (0.064)	−0.079*** (0.008)	−0.755*** (0.072)	−0.116*** (0.009)	−0.213*** (0.039)	−0.066*** (0.013)
感知非货币成本强度	−0.296*** (0.061)	−0.046*** (0.008)	−0.508*** (0.066)	−0.077*** (0.008)	−0.232* (0.037)	−0.008* (0.012)
控制变量	已控制	已控制	已控制	已控制	已控制	已控制
常数项	0.468 (0.455)	0.469*** (0.063)	1.102** (0.457)	0.538*** (0.065)	1.844*** (0.314)	1.094*** (0.101)
N	1138					
伪 R^2	0.478	—	0.120	—	0.139	—
−2LL	478.356	—	476.543	—	654.958	—
χ^2	438.240	—	690.150	—	211.330	—
P	0.000	—	0.000	—	0.000	—

注：*、**、*** 分别表示在 10%、5%和 1%的显著性水平下显著。

7.4.2 政府支持对农户绿色生产技术持续采纳行为影响的实证结果及分析

政府支持及其各维度对猕猴桃种植户绿色生产技术持续采纳行为的影响模型估计结果见表 7－5。政府支持在 1%的统计水平上正向影响节水灌溉技术、绿色病虫害防治技术和有机肥替代技术的持续采纳行为。也就是能够获得的政府支持越多，农户持续采纳绿色生产技术的可能性就越大。在这三项技术中，政府支持每增加 1 个单位，农户持续采纳节水灌溉技术、绿色病虫害防治技术和有机肥替代技术的概率分别会提升 50.8%、49.9%和 54.3%。假设 H7 - 2 得到验证。

在政府的情感支持中，情感关心在 5%的统计水平上正向提升农户绿色生产技术持续采纳行为。情感关心每增加 1 个单位，农户持续采纳节水灌溉技术、绿色病虫害防治技术和有机肥替代技术的概率分别会提升 13.7%、14.1%和 16.6%。情感尊重在 5%的统计水平上正向影响节水灌溉技术和绿色病虫害防治技术的持续采纳行为，在 10%的统计水平上正向影响有机肥替代技术的持续采纳行为。情感尊重每增加 1 个单位，农户持续采纳节水灌溉技术、绿色病虫害防治技术和有机肥替代技术的概率分别会提升 19.3%、18.7%和 19.3%。在工具支持中，政策宣传在 1%的统计水平上正向影响农户对绿色生产技术持续采纳行为。政策宣传每增加 1 个单位，农户持续采纳节水灌溉技术、绿色病虫害防治技术和有机肥替代技术的概率分别会提升 37.8%、36.0%和 49.0%。农技推广在 1%的统计水平上正向影响农户绿色生产技术持续采纳行为。农技推广每增加 1 个单位，农户持续采纳节水灌溉技术、绿色病虫害防治技术和有机肥替代技术的概率分别会提升 43.3%、57.5%和 51.7%。生态补贴在 5%的统计水平上正向影响节水灌溉技术的持续采纳行为，在 1%的统计水平上正向影响绿色病虫害防治技术和有机肥替代技术的持续采纳行为。生态补贴每增加 1 个单位，农户采纳节水灌溉技术、绿色病虫害防治技术和有机肥替代技术的概率分别会提升 48.9%、59.5%和 56.0%。假设 H7 - 2a 和 H7 - 2b 得到验证。本节采用 OLS 模型进行稳健性检验，回归结果与 Probit 模型基本一致，表明实证分析结果稳健可靠。

表 7 - 5　政府支持对农户绿色生产技术采纳行为的影响估计结果

变量名称	节水灌溉技术		绿色病虫害防治技术		有机肥替代技术	
	模型 1 (Probit)	模型 2 (OLS)	模型 3 (Probit)	模型 4 (OLS)	模型 5 (Probit)	模型 6 (OLS)
政府支持	0.508*** (0.220)	0.201*** (0.086)	0.499*** (0.181)	0.200*** (0.085)	0.543*** (0.223)	0.245*** (0.098)
情感关心	0.137** (0.037)	0.136* (0.022)	0.141** (0.037)	0.095*** (0.027)	0.166** (0.038)	0.179*** (0.030)
情感尊重	0.193** (0.040)	0.109*** (0.020)	0.187** (0.038)	0.143*** (0.023)	0.193* (0.40)	0.260*** (0.026)
政策宣传	0.378*** (0.157)	0.353*** (0.049)	0.360*** (0.156)	0.359*** (0.058)	0.490*** (0.192)	0.831*** (0.065)
农技推广	0.433*** (0.180)	0.201*** (0.086)	0.575*** (0.228)	0.200*** (0.085)	0.517*** (0.222)	0.245*** (0.098)

续 表

变量名称	节水灌溉技术		绿色病虫害防治技术		有机肥替代技术	
	模型 1 (Probit)	模型 2 (OLS)	模型 3 (Probit)	模型 4 (OLS)	模型 5 (Probit)	模型 6 (OLS)
生态补贴	0.489** (0.191)	0.164*** (0.025)	0.595*** (0.230)	0.168*** (0.025)	0.560*** (0.227)	0.197** (0.031)
控制变量	已控制	已控制	已控制	已控制	已控制	已控制
常数项	0.455*** (0.138)	0.764*** (0.032)	0.564*** (0.143)	0.320*** (0.089)	0.294*** (0.126)	0.296*** (0.082)
N	1138					
伪 R^2	0.275	—	0.261	—	0.298	—
−2LL	664.656	—	765.243	—	643.398	—
χ^2	366.456	—	367.649	—	307.645	—
P	0.000	—	0.000	—	0.000	—

注：*、**、***分别表示在1%、5%和10%的显著性水平下显著。

7.4.3 感知价值和政府支持的交互项对农户绿色生产技术持续采纳行为影响的实证结果及分析

本章通过实证研究发现感知价值和政府支持都对农户的绿色生产技术持续采纳行为产生了积极影响，但它们之间也可能存在交互作用，其作用机制尚待探讨。本节将感知价值与政府支持之间的相互作用放入模型中，研究其可能的作用。

7.4.3.1 节水灌溉技术

根据表7-6的模型1，感知货币收益与工具支持的交互项对农户节水灌溉技术持续采纳行为影响的回归系数为0.345并在1%统计水平上显著，说明农户感知货币收益对农户节水灌溉技术持续采纳行为的影响受到工具支持调节效应的影响。工具支持每提升1个单位，会增强感知货币收益对节水灌溉技术持续采纳行为影响34.5%。感知货币成本与工具支持的交互项对农户节水灌溉技术持续采纳行为影响的回归系数为−0.532并在5%统计水平上显著，说明农户感知货币成本对农户节水灌溉技术持续采纳行为的影响受到工具支持调节效应的影响。工具支持每提升1个单位，会减弱感知货币成本对节水灌溉技术持续采纳行为影响53.2%。感知非货币收益与情感支持的交互项对农户节水灌溉技术持续采纳行为影响的回归系数为0.405并在1%统计水平上显著，说明农户感知非货币收益对农户节水灌溉技术持续采纳行为的影响受到情感支持调节效应的影响。情感支持每提升1个单位位，会增强感知非货币收益对节水灌溉技术持续采纳行为影响40.5%。感知非货币成本与情感支持的交互项对农户节水灌溉技术持续采纳行为影响的回归系数为-0.611并在5%统计水平上显著，说明农户感知非货币成本对农户节水灌溉技术持续采纳行为的影响受到情感支持调节效应的影响。情感支持每提升1个单位，会减弱感知非货币成本对节水灌溉技术持续采纳行为影响的61.1%。农户对农业知识的需求越来越大。因此，政府应提高工具支持的深度、广度和有效性，使农民更好的掌握绿色农业技术。

7.4.3.2 绿色病虫害防治技术

根据表7-6的模型3，感知货币收益与工具支持的交互项对农户绿色病虫害防治技术持续采纳行为影响的回归系数为0.440并在10%统计水平上显著，说明农户感知货币收益对农户绿色病虫害防治技术持续采纳行为的影响受到工具支持调节效应的影响。工具支持每提升1个单位，会增强感知货币收益对绿色病虫害防治技术持续采纳行为影响44.0%。感知货币成本与工具支持的交互项对农户绿色病虫害防治技术持续采纳行为影响的回归系数为-0.577并在1%统计水平上显著，说明农户感知货币成本对农户绿色病虫害防治技术持续采纳行为的影响受到工具支持调节效应的影响。工具支持每提升1个单位，会减弱感知货币成本对绿色病虫害防治技术持续采纳行为影响57.7%。感知非货币收益与情感支持的交互项对农户绿色病虫害防治技术持续采纳行为影响的回归系数为0.438并在10%统计水平上显著，说明农户感知非货币收益对农户节水灌溉技术持续采纳行为的影响受到情感支持调节效应的影响。情感支持每提升1个单位，会增强感知非货币收益对绿色病虫害防治技术持续采纳行为影响43.8%。感知非货币成本与情感支持的交互项对农户绿色病虫害防治技术持续采纳行为影响的回归系数为-0.547并在1%统计水平上显著，说明农户感知非货币成本对农户绿色病虫害防治技术持续采纳行为的影响受到情感支持调节效应的影响。情感支持每提升1个单位，会减弱感知非货币成本对绿色病虫害防治技术持续采纳行为影响54.7%。

7.4.3.3 有机肥替代技术

根据表7-6的模型5，感知货币收益与工具支持的交互项对农户有机肥替代技术持续采纳行为影响的回归系数为0.555并在1%统计水平上显著，说明农户感知货币收益对农户有机肥替代技术持续采纳行为的影响受到工具支持调节效应的影响。工具支持每提升1个单位，会增强感知货币收益对有机肥替代技术持续采纳行为影响55.5%。感知货币成本与工具支持的交互项对农户有机肥替代技术持续采纳行为影响的回归系数为-0.492并在1%统计水平上显著，说明农户感知货币成本对农户有机肥替代技术持续采纳行为的影响受到工具支持调节效应的影响。工具支持每提升1个单位，会减弱感知货币成本对有机肥替代技术持续采纳行为影响 49.2%。感知非货币收益与情感支持的交互项对农户有机肥替代技术持续采纳行为影响的回归系数为 0.606 并在 1%统计水平上显著，说明农户感知非货币收益对农户有机肥替代技术持续采纳行为的影响受到情感支持调节效应的影响。情感支持每提升 1 个单位，会增强感知非货币收益对有机肥替代技术持续采纳行为影响 60.6%。感知非货币成本与情感支持的交互项对农户有机肥替代技术持续采纳行为影响的回归系数为－0.490 并在 1%统计水平上显著。农户感知非货币成本对农户有机肥替代技术持续采纳行为的影响受到情感支持调节效应的影响。情感支持每提升 1 个单位，会减弱感知非货币成本对有机肥替代技术持续采纳行为影响 49.0%。

综上所述，工具支持在感知货币收益与农户绿色生产技术持续采纳行为关系中起到正向调节作用，在感知货币成本与农户绿色生产技术持续采纳行为关系中起到负向调节作用。情感支持在感知非货币收益与农户绿色生产技术持续采纳行为关系中起到正向调节作用，在感知非货币成本与农户绿色生产技术持续采纳行为关系中起到负向调节作用。假设 H7－3、H7－4、H7－5、H7－6 得到验证。同时，本研究运用 OLS 模型检验感知价值和政府支持的交互项对农户绿色生产技术持续采纳行为实证分析结果的有效性，根据表 7－6 的模型 2、4、6 可知，感知货币收益与工具支持、感知货币成本与工具支持、感知非货币收益与情感支持和感知非货币成本与情感支持的交互项对农户节水灌溉技术、绿色病虫害防治技术和有机肥替代技术持续采纳行为的影响依然显著。部分控制变量也通过了显著性检验。模型整体回归结果与二元 Probit 模型实证结果基本一致，说明本章实证分析结果稳健、可靠。

表 7－6　调节效应检验结果

变量名称	节水灌溉技术		绿色病虫害防治技术		有机肥替代技术	
	模型 1 (Probit)	模型 2 (OLS)	模型 3 (Probit)	模型 4 (OLS)	模型 5 (Probit)	模型 6 (OLS)
感知货币收益×工具支持	0.345*** (0.120)	0.178*** (0.101)	0.440* (0.175)	0.143* (0.102)	0.555*** (0.192)	0.098*** (0.007)
感知货币成本×工具支持	－0.532** (0.190)	－0.154** (0.102)	－0.577*** (0.191)	－0.199*** (0.109)	－0.492*** (0.172)	－0.263*** (0.123)
感知非货币收益×情感支持	0.405*** (0.175)	0.190*** (0.109)	0.438* (0.172)	0.202** (0.110)	0.606*** (0.194)	0.079* (0.006)
感知非货币成本×情感支持	－0.611** (0.195)	－0.200** (0.111)	－0.547*** (0.189)	－0.181*** (0.105)	－0.490*** (0.183)	－0.104** (0.009)

续 表

变量名称	节水灌溉技术		绿色病虫害防治技术		有机肥替代技术	
	模型 1 (Probit)	模型 2 (OLS)	模型 3 (Probit)	模型 4 (OLS)	模型 5 (Probit)	模型 6 (OLS)
控制变量	已控制	已控制	已控制	已控制	已控制	已控制
常数项	1.843*** (0.355)	1.435*** (0.357)	0.987*** (0.274)	1.099*** (0.234)	1.195* (0.381)	1.293*** (0.334)
N	1138					
伪 R^2	0.556	—	0.651	—	0.683	—
−2LL	628.236	—	635.769	—	578.376	—
χ^2	529.64	—	567.56	—	664.78	—
P	0.000	—	0.000	—	0.000	—

注：*、**、***分别表示在 10%、5%和 1%的显著性水平下显著。

7.5　进一步稳健性检验

根据上述实证分析发现，感知价值可以有效地影响农户绿色生产技术的持续采纳行为，感知货币收益和感知非货币收益越高，持续采纳行为发生的概率也越高。感知货币成本和感知非货币成本越高，持续采纳行为发生的概率也会显著降低。政府支持及其五个维度政策宣传、农技推广、生态补贴、情感关心、情感尊重对农户绿色生产技术持续采纳行为也有显著的正向提升作用。以上研究结果是运用总体样本进行的分析，本节拟通过随机抽取总样本的 85%作为样本量，采用二元 Logit 模型对研究结果进行进一步的稳健性检验。由表 7－7 汇报模型回归结果。感知价值、政府支持对节水灌溉技术、有机肥替代技术、绿色病虫害防治技术的持续采纳行为的影响均通过了显著性检验。模型整体回归结果与前文基本一致，上述结果进一步证实了感知价值、政府支持对农户绿色生产技术持续采纳行为影响的研究结论具有可靠性。

表 7－7　感知价值、政府支持对农户绿色生产技术持续采纳行为影响的稳健性检验结果

变量名称	节水灌溉技术		绿色病虫害防治技术		有机肥替代技术	
	系数	标准差	系数	标准差	系数	标准差
感知价值	0.008***	0.002	0.198*	0.001	0.182***	0.179
政府支持	0.345**	0.117	0.303***	0.034	0.831***	0.021
受教育年限	0.012***	0.173	0.015***	0.033	0.008**	0.007

续 表

变量名称	节水灌溉技术		绿色病虫害防治技术		有机肥替代技术	
	系数	标准差	系数	标准差	系数	标准差
健康水平	0.047***	0.004	0.182**	0.019	0.149**	0.163
劳动力数量	0.040	0.176	0.384**	0.008	0.172**	0.194
家庭年总收入	0.004	0.045	0.019**	0.783	0.091**	0.101
农地质量	−1.976***	0.287	−1.489**	0.048	−1.158**	0.168
交通是否便利	0.012	0.101	0.024	0.016	0.636***	0.379
种植规模	−0.323*	0.134	−0.345**	0.007	−0.182***	0.005
是否加入合作社	0.033***	0.068	0.027*	0.067	0.261**	0.132
常数项	0.462***	0.189	0.423**	0.625	0.207	0.534
N	1138					
伪 R^2	0.198	0.109	0.562			
χ^2	747.54	664.78	623.09			

注：*、**、***分别表示在10%、5%和1%的显著性水平下显著。

7.6 内生性分析

在对主观变量的研究中，可能存在反向因果关系和遗漏变量的问题，这是相关文献均面临的难题。为了解决估计结果的偏差，克服政府支持在农户行为决定方程中的内生性问题，本节选择“村书记年龄”作为工具变量。村书记年龄对政府支持具有较大的影响，却不会对农户持续采纳绿色生产技术产生直接影响。因此，“村书记年龄”满足有效工具变量的选择条件。由表7-8内生性分析估计结果可知，弱工具变量检验结果为26.313，DWH test检验结果为5.260，Sargan检验结果为0.145。由此可知，首先，确定内生性问题存在。其次，本节选定的工具变量通过了检验，不存在弱工具变量的问题，“村书记年龄”作为工具变量是合适的。最后，2SLS模型的实证结果证明，内生性问题没有对上述实证分析结果产生实质性影响。

表7-8 内生性分析的估计结果(以有机肥替代技术为例)

变量名称	2SLS	
	系数	标准差
绿色生产技术采纳行为	0.231***	0.100
控制变量	已控制	
常数项	0.183***	0.090
N	1138	

续表

变量名称	2SLS	
	系数	标准差
DWH test	5.260	
Sargan 检验	0.145	
弱工具变量检验	26.313	
R^2	0.379	

注：＊＊＊表示在10%的显著性水平下显著。

7.7　本章小结

农业系统中“高投入、高产出、高浪费”的生产方式对环境和农产品质量构成了严重威胁。中国绿色农业发展的基本秘诀在于农户及其行为模式。加快农户采纳绿色生产技术是一项有力的措施。然而，微观调查数据显示，许多农户在采纳绿色生产技术后的一年内就放弃了。绿色生产技术的推广不应止步于农户的浅尝辄止，只有通过农民对绿色生产技术的持续采纳，才能实现绿色农业的可持续发展。本章通过对陕西 1138 名猕猴桃种植者的问卷调查结果分析，探讨了感知价值、政府支持及其相互作用对绿色生产技术持续采纳行为的影响。主要研究结论如下：

(1)感知价值对农户绿色生产技术的持续采纳行为具有显著的影响。感知货币收益和感知非货币收益对农户绿色生产技术的持续采纳行为有显著的正向提升作用。相反，感知货币成本和感知非货币成本对农户绿色生产技术的持续采纳行为有显著的负向抑制作用。感知货币收益和感知非货币收益对农户绿色生产技术的持续采纳行为的正向影响将随着感知货币收益和感知非货币收益强度的增加而增强，感知货币成本和感知非货币成本对农户绿色生产技术的持续采纳行为的负向影响将随着感知货币成本和感知非货币成本的强度增加而增强。

(2)政府支持对农户绿色生产技术的持续采纳行为具有显著的正向影响。其中，情感支持(情感尊重和情感关心)和工具支持(政策宣传、农技推广和生态补贴)作为政府支持的主要组成部分，对农户绿色生产技术的持续采纳行为具有显著的正向影响。

(3)工具支持在感知货币收益与绿色生产技术持续采纳行为关系中起正向调节作用，在感知货币成本与绿色生产技术持续采纳行为关系中起负向调节作用。情感支持在感知非货币收益与绿色生产技术持续采纳行为关系中起正向调节作用，在感知非货币成本与绿色生产技术持续采纳行为关系中起负向调节作用。

(4)本章运用 OLS 模型对整体样本进行了稳健性分析,并通过随机抽取总样本的 85%作为样本量,采用二元 Logit 模型对研究结果进行了进一步的稳健性检验,均证明上述结论和回归结果具有很强的可靠性。同时,为了克服主观变量之间双向因果关系所带来的潜在内生性问题,本章选择"村书记年龄"作为工具变量,运用 2SLS 模型进行内生性分析。

第 8 章　农户绿色生产技术采纳效应评价

根据计划行为理论，农户对绿色生产技术采纳行为被分为不同的阶段。前文通过理论和实证分析了感知价值、政府支持对农户绿色生产技术采纳意愿、采纳行为和持续采纳行为的影响。在此基础上，本章主要研究农户采纳绿色生产技术的效应评价。

8.1　问题提出

改革开放以来，农业在中国经济取得巨大成功中发挥了突出的作用(Deng et al.，2019)。为了追求经济效益和增加产量，化肥和农药的使用变得更加频繁(Song et al.，2016；Jallow et al.，2017)。农业系统高投入、高产出、高浪费的生产方式破坏了农村生态环境，国家面临着越来越多的生态问题(Wang et al.，2014；靳乐山 等，2011)。政府部门出台了《关于创新体制机制促进农业绿色发展的意见》《关于大力实施乡村振兴战略加快农业转型升级的意见》等一系列政策文件。这些政策旨在通过科学有效的农业绿色生产方式，构建高质量的现代农业生产体系，促进农业经济的可持续发展(Liu et al.，2020b)。中国经济正处于注重环境友好型绿色经济和人民高质量生活水平协同发展的新模式(Jiang et al.，2023)。绿色农业生产是可持续发展原则在农业中的应用，在保证农产品生产的同时，尊重生态环境和经济发展的规律。节能减排是绿色农业生产的主要目标(Kassie et al.，2013；Guo et al.，2020)，通过减少有害化学品投入，提高农业资源利用率，从而控制农业面源污染，建立可持续发展的农业体系(Ye et al.，2023)。

农业是农户赖以生存的支柱，而绿色农业是我国农业发展的未来。推动农业绿色生产的主要途径是鼓励农民采用优质、环保的绿色生产技术(Xue et al.，2008)。农户绿色生产技术采纳效应评价受到了大量学者的关注。理论和实践均表明，农户采纳绿色生产技术，能够有效提高农产品的质量和核心竞争力，提升农业效率，增加农业经营收入以及改善农业面源污染。因此，采纳绿色生产技术比传统种植方式具有更高的生态效应和经济效益(韩会平 2013；李瑾 等，2003；颜廷武等,2016a;张聪颖 等,2017)。周晓舟和唐创业(2008)认为,在产量方面,采用测土配方施肥后,农作物的产量比不施肥的高 106.23%,比常规施肥的高 10.28%;在经济效益方面,采用测土配方施肥比不施肥和常规施肥的分别增效 4396 元/hm^2 和 730 元/hm^2。赵连阁和蔡书凯(2013)基于安徽省农户的实地调查数据,研究显示,化学和物理绿色病虫害防治型与传统的病虫害防治方式相比,显著降低了农户施用农药的成本,显著提高了农户的种植产量。在实现经济效益的同时,达到保护环境的生态效益目标。罗小娟等(2014)运用江苏省 52 个县(市)2004—2006 年的相关社会经济数据,实证研究显示,测土配方施肥项目的实施显著提高了样本县(市)的种植业总产值,而且效果逐年递增。李洋阳等(2015)从生态环境效益、社会效益和经济效益三个维度构建效益评价指标体系,研究发现,保护性耕作比传统耕作具有更高的综合效益。黄腾等(2018)研究认为采纳节水灌溉技术对农业亩均收入具有显著拉动作用,并且农业亩均收入低于平均水平的农户更愿意采纳节水灌溉技术。侯晓康等(2019)运用我国苹果主产区陕、鲁等地 1079 个样本农户微观调研数据,采用 ESR 模型考察发现,农户采纳绿色生产技术能够有效地提高收入。因此,农户采纳绿色生产技术确实能够达到减少农药化肥施用量、提高水资源利用率,促进农民增收和环境保护等多重效果(Adnan et al.,2018; Zhang et al.,2009)。

但是仅仅考虑经济和生态效应足够吗?20 世纪中期以来,人类从唯经济指数独尊的时代过渡到同时注重经济、社会、文化、环境等综合指数的时代(沈杰,2006)。罗金耀(2003)通过德尔菲法构造了经济、技术和社会三大类指标评价体系,对绿色生产技术进行多层次灰色关联综合评价。相较于 GDP,幸福指数更能全面地反映现实情况以及目前经济社会的发展程度(郝身永 等,2015)。李克强在 2015 年指出"人民的福祉是衡量改革发展成果的标尺"。习近平进一步强调,改善农民主体地位、增进农民福祉,是农村工作的出发点和落脚点(尤亮 等,2018)。一般意义上的主观幸福感,是由快乐感(情感要素)和满意度(认知要素)两部分构成(王培刚,2010)。我国社会主要矛盾已经转化为人民日益增长的美好生活需要和不平衡不充分的发展之间的矛盾,人民对美好生活的向往之情愈加强烈(张经纬等,2021)。幸福感作为一种较为长期稳定的因素,是反映民生问题的重要指标,逐渐成为社会各界关注的重大议题(尹振涛 等,2021)。

在中国经济新常态下,农户面临着越来越多的挑战和不确定性,影响其幸福感的因素错综复杂(陈素琼 等,2017;Eek et al. 2021;Alsharef et al. 2021;Chatzipanagiotou et al.,2023)。社会政策的目标是努力实现绝大多数人的主观幸福,那么研究如何增进人民的幸福感就变得尤其重要(赵奉军,2004)。随着幸福感成为衡量生活质量的重要指标(Ghods et al.,2022),农村居民的幸福感不仅关系到农业绿色生产的稳步发展，而且在一定程度上影响着社会的和谐与稳定（Zhang，2019）。绿水青山就是金山银山，环境就是民生，青山就是美丽，蓝天就是幸福（杨继东 等，2014）。在如今的“绿色思潮”之下，良好的生态环境是最普惠的民生福祉，是最公平的公共产品（周长城 等，2019）。由此，本章的研究提出，猕猴桃种植户采纳绿色生产技术是否会带来生态效应、经济效应和社会效应？如果这些效应存在，是否在农户采纳绿色生产技术对幸福感影响中具有中介效应？然而现有的文献并没有解决这些问题。本章的研究目的是采用实地调研，收集数据，运用科学的方法进行实证研究，为这一问题寻找答案。

8.2　理论分析和研究假设

Martey et al.（2019）研究发现，绿色农业显著提高了土地生产力和农业收入，分别提高了 55％和 30％。同样，Donkor et al.（2019）也通过实证研究发现，绿色农业具有明显的经济效益。农户采纳绿色生产技术提高了尼日利亚的木薯产量，增加了农户的净收入。司瑞石和张雪倩（2022）根据陕西、甘肃、宁夏的农户调研数据，证实了采纳绿色生产技术促使农户收入提高的观点。农户的绿色生产行为由于严格遵守农产品安全生产的相关规定和科学规范的生产过程，产品质量要显著优于普通农产品。在完全竞争市场和买卖双方信息对称的前提下，绿色农产品的“质优”能够换来“价优”，从而促进了农户绝对收入的增加。绿色农产品涉及“从田间到餐桌”的全过程，其发展与生产者、消费者等多个主体相关。生产者是绿色农业发展体系的源头，从源头上把握绿色农产品生产，是构建农产品安全体系的关键。绿色消费能够推动市场改革，而采纳绿色生产技术的农户可以有效地抓住绿色农产品的市场，获得比普通农户更高的收入，从而促进农户相对收入的增加。猕猴桃种植户采纳绿色生产技术，如有机肥替代技术和绿色病虫害防治技术，有助于农户实现化学投入品的减量化施用，从而减少由此造成的土壤和空气污染（邝佛缘 等，2022）。采纳节水灌溉也是另一种双赢的管理策略，它减少了温室气体排放，提高了水资源利用效率（Deng et al. 2006；Song et al.，2020）。农户采纳绿色生产技术有利于减轻环境污染，节约资源，生态效益显著。马斯洛需求层次理论中，个体需求从低到高依次是：生理需求、安全需求、社会需求、自尊需求和自我实现需求。在最基本的需求得到满足后，人们开始关注更高层次的需求（Maslow et al.，1943）。因此，有学者认为农户转向绿色农业生产，不仅是为了增加收入，也是为了享受社会地位变化带来的优势（Ingram et al.，2016）。社会地位指个体在自身所处的经济社会环境中，基于特定指标排序后的一种位置排名，包含社会经济地位与社会计量地位（黄婷婷 等，2016）。随着村民自治制度的日益规范，村民公开选举已成为村民权利的重要来源。农户采纳绿色生产技术可能会给人以更好的印象和评价,他们也可能有更多机会成为党员或领导干部,从而提高他们在村里的地位。

基于此,本书提出如下假设。

H8-1:采纳绿色生产技术具有经济效应,可以有效增加农户的绝对收入和相对收入。

H8-2:采纳绿色生产技术具有生态效应,可以有效缓解农业污染。

H8-3:采纳绿色生产技术具有社会效应,可以有效提高农户在村庄和合作社中的地位。

美国经济学家罗伯特·伊斯特林利用美国和其他11个国家的数据来比较各国的幸福感,提出了著名的"幸福悖论":在经济增长的早期阶段,收入的增加转化为幸福感的增加(Easterlin,1974)。在达到一定的收入水平后,幸福感随着收入的增加而降低,即收入增长与幸福感呈倒U形关系(Clark et al.,2008)。然而,之后的相关研究表明,平均而言,在一个国家内,富人的幸福感程度仍然高于穷人(Boyce et al.,2010)。在新古典经济学中,幸福与效用密切相关。更高的收入代表着更多的选择,可以更好地满足个人的喜好和需求,这意味着更高的收入可以带来更大的幸福感(Blanchflower et al.,2004)。在发展中国家,低收入人群的收入增长与幸福感呈正相关(Alpizar et al.,2005)。由于基本需求,例如人际交往、教育和医疗的成本不断上升,对于中国农户来说,绝对收入增加对幸福的边际贡献是显著的(邢占军,2011)。因此通过采纳绿色生产技术获得更高收入而带来更多的幸福感。Alpizar et al.(2005)采用实验方法研究了人类的比较行为对幸福感的影响,收入的比较是一个显著影响个体幸福感的经济因素(McBride,2001)。相对剥夺效应的存在会随着他人收入的增加而降低对自身幸福感的评价(Card,2012;Stutzer,2004)。Paul和Guilbert(2013)认为,人们通过将自己与参照群体进行比较来获得效用。在孟加拉国的一项研究中,当受访者的收入随着时间的推移而增加时,他们的满意度会更高,但收入低于邻居的人对生活的满意度会降低(Asadullah et al.,2012)。因此,一个人的幸福感取决于自己的收入和参照群体的收入(Arthaud-Day et al.,2005;Luttmer,2005)。综上所述,相对收入越高,个人越幸福。采纳绿色生产技术通过增加农户的相对收入,从而提高农民的幸福感。污染影响个体的工作、生活以及健康,对幸福感产生负面影响(Laffan,2018;Song et al.,2019)。这是否意味着减少污染会增加幸福感(Jin et al.,2022),答案是肯定的。减少污染有望改善当地的环境质量,从而提高人们的幸福感(Zhang et al.,2017)。农户采纳绿色生产技术,通过减轻环境污染,改善人居环境,幸福感随之增加。许多实证研究调查了社会地位和幸福感之间的联系。Van和Vandeplas(2018)发现高等级种姓比中低等级种姓感到更幸福。工作、家庭和收入满意度,社会地位与幸福感之间存在着间接的正向关系(姬琳 等,2023)。因此,采纳绿色生产技术通过提高农户在村庄中的社会地位来提高农户的幸福感。

基于此,本书提出如下假设。

H8-4:采纳绿色生产技术对农户幸福感有显著的正向影响。

H8-4a:采纳绿色生产技术通过增加农户的绝对收入提高农户幸福感。

H8-4b:采纳绿色生产技术通过增加农户的相对收入提高农户幸福感。

H8-4c:采纳绿色生产技术通过缓解环境污染提高农户幸福感。

H8-4d:采纳绿色生产技术通过提升农户社会地位提高农户幸福感。

研究理论模型如图 8-1 所示。

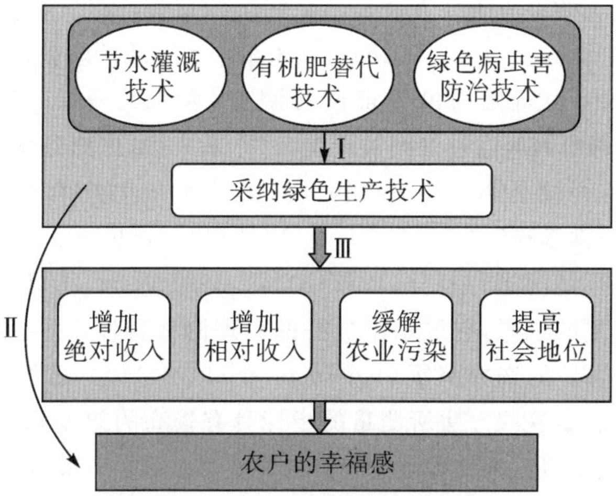

图 8-1　研究理论模型

8.3　变量选取和模型构建

8.3.1　变量选取

通过问卷收集的数据,本研究评估和测度了农户的幸福感、绿色生产技术采纳、中介变量和控制变量。本章对于幸福感的测度研究可能在数据的深度和广度上受到了限制,未能使用面板数据(Li et al.,2023)。因此,本研究在对变量的调查中尽可能丰富问卷问题,以减少样本量不足导致的结果不准确问题(Gao et al.,2022)。

(1)被解释变量。幸福被定义为一种经常体验积极态度、舒适和对生活的满意以及追求更高生活价值的状态(Clay et al.,2022)。幸福是每个人都向往的自然人权(Alamry,2022)。幸福也是个人或家庭整体综合认知的一种感受体验,是衡量人们生活质量的重要指标(Walsh et al.,2018)。幸福还取决于一个人对生活不同方面的看法,可以被定义为个人幸福的主观表达(Ryan et al.,2000)。个人是评估其生活经历的最终“法官”(Layard,2010)。包括对生活满意度、兴奋感、积极情绪以及缺乏抑郁和焦虑的评估(Tian et al.,2015)。在本研究中,幸福感是指农民在采用农业绿色生产技术后所体验到的各种幸福感受。这是一种精神愉悦的状态,产生于实现一个人认为是好的或成功的事情。这是一个农民主观的、心灵的感受,建立在记忆的基础上,需要主观的判断(Mansour et al.,2016)。

幸福是一个人根据自己的标准对生活质量的整体评估(Diener,1984)。但是衡量人类幸福感这个广泛而全面的概念是困难的,因为它不能被独立准确地测量。目前许多研究领域的主流研究办法是使用相关的量表,通过询问受访者的主观感受来确定幸福感(Linton et al.,2016)。在密歇根大学政治学教授罗纳德·英格哈特(Ronald Inglehart)所做的世界价值观调查(World Values Survey,WVS)中(Hoorn,2018),调研问卷通过询问被调查者“一般来说,你感到幸福吗?”来衡量幸福感。类似地,综合社会调查和盖洛普世界民意调查也使用问卷来量化幸福感。受访者通过在“非常幸福”、“幸福”、“不太幸福”和“一点也不幸福”选项之间选择,并根据自己的实际情况进行打分(Pavot et al. 1991;Ram,2017)。生活质量量表也被用于衡量幸福的水平,它展示了良好的心理测量特性,使用了从0(完全不幸福)到10(完全幸福)的选择范围(Hoefman et al.,2011)。虽然上述方法较为简单,但已有研究表明,这些方法所测量的指标具有较高的效度和信度。因此,在一定程度上,这些测量可以准确地表达个体的真实感受(Oswald et al.,2010)。

幸福由情感成分和认知成分两部分组成(Diener et al.,2018a;Yan et al.,2003)。情感成分包括愉快的情绪和消极的情绪,可以采用正面和负面情绪量表(positive and negative affect scale,PANAS)来衡量(Qiu et al.,2008)。快乐情绪水平越高,消极情绪水平越低,幸福感越高(Ben-Zur,2003)。认知部分是个体对自己目前的生活状态进行综合评价后的满意度。通过生活满意度量表测量(life satisfaction scale)(Diener et al.,1985),满意度越高,幸福感越高(Izzo et al.,2022)。利用上述方法,情感成分和认知成分的测量可以帮助我们实现更加接近真实的幸福感(Díaz et al.,2022)。因此本研究的问卷包括以下问题:第一,情感成分:“请问您近一年中大部分时间都感到快乐吗?”“请问您近一年中大部分时间都感到悲伤吗?”第二,认知成分:“请问您对最近几年的生活满意吗?”使用李克特五级量表并赋值:非常少为“1”,少为“2”,一般为“3”,强烈为“4”,非常强烈为“5”(Junça-Silva et al.,2021)。通过计算情感成分和认知成分的加权平均值,获得农户的幸福感数据。

(2)解释变量。根据猕猴桃种植者在整个猕猴桃生产周期中的行为,本研究选取了节水灌溉技术、绿色病虫害防治技术和有机肥替代技术作为研究对象。节水灌溉技术是一种提高水资源利用率、缓解水资源危机的生态环境保护技术。有机肥替代技术是一种利用有机肥改善农产品品质和土地污染的技术。绿色病虫害防治技术是一种集物理防治、生物防治和生态防治于一体的农药施药技术(Yi et al.,2023)。本研究从两个方面对农民采纳绿色生产技术进行评价。一是农户是否采纳了绿色生产技术;二是农户采纳绿色生产技术的强度。在调查问卷中,农户被询问三个问题:"您是否采纳了节水灌溉技术?""您是否采纳了有机肥替代技术?""您是否采纳了绿色病虫害防治技术?"每个选项都被设置为一个二进制变量,如果农户采纳了该项绿色生产技术,则变量赋值为 1;如果农户没有采纳该项绿色生产技术则为 0。农户采纳了上述三种绿色生产技术中的任何一种,则被视为采纳了绿色生产技术。将三个变量的值相加,得到每个农户采纳绿色生产技术的强度。农户不采纳绿色生产技术时,强度取值为 0;采纳一种绿色生产技术时,强度取值为 1;采纳两种绿色生产技术时,强度取值为 2;采纳三种绿色生产技术时,强度取值为 3。

(3)中介变量。根据研究假设和机制分析,本章研究农户采纳绿色生产技术对幸福感影响的中介变量为增加绝对收入、增加相对收入、缓解农业污染和提升社会地位。极其有效为"5",有效为"4",一般为"3",较差为"2",没有变化为"1"。

(4)控制变量。在已有幸福感研究的基础上,为了尽量减少变量缺失的问题,本章在实证分析中加入了以下控制变量:年龄、受教育年限、劳动力数量、婚姻状况、健康状况、是否加入合作社、家中是否有村干部(Graham et al.,2017;Hogan et al.,2016)。表 8-1 定义并解释了本章节实证分析中所选择变量,并说明了描述性统计数据。

表 8-1　变量定义、赋值及描述性统计

变量名称	变量定义	平均值	标准差
采纳绿色生产技术	如果农户采纳绿色生产技术的任何一种是为"1",否为"0"	0.773	0.419
采纳强度	农户采纳绿色生产技术的数量	1.996	2.341
幸福感	情感成分和认知成分的加权平均值	3.415	—
情感成分	请问您近一年中大部分时间都感到快乐吗?	3.847	1.849
	请问您近一年中大部分时间都感到悲伤吗?	2.799	1.653
认知成分	请问您对最近几年的生活满意吗?	3.600	1.956
年龄/岁	实际年龄	40.279	36.500

续表

<table>
<tr><th>变量名称</th><th>变量定义</th><th>平均值</th><th>标准差</th></tr>
<tr><td>受教育年限/年</td><td>实际接受教育时间</td><td>6.686</td><td>2.421</td></tr>
<tr><td>劳动力数量</td><td>年满 16 周岁劳动力人数</td><td>2.708</td><td>1.091</td></tr>
<tr><td>婚姻状况</td><td>结婚为“1”，单身为“0”</td><td>0.713</td><td>1.101</td></tr>
<tr><td>健康状况</td><td>非常好为“5”，好为“4”，一般为“3”，不好为“2”，非常不好为“1”</td><td>3.367</td><td>1.025</td></tr>
<tr><td>是否加入合作社</td><td>是为“1”，否为“0”</td><td>0.439</td><td>0.496</td></tr>
<tr><td>家中是否有村干部</td><td>是为“1”，否为“0”</td><td>0.146</td><td>0.353</td></tr>
<tr><td>增加绝对收入</td><td rowspan="4">极其有效为“5”，有效为“4”，一般为“3”，较差为“2”，没有变化为“1”</td><td>3.367</td><td>1.205</td></tr>
<tr><td>增加相对收入</td><td>3.362</td><td>1.171</td></tr>
<tr><td>缓解农业污染</td><td>2.375</td><td>1.314</td></tr>
<tr><td>提升社会地位</td><td>3.355</td><td>1.025</td></tr>
</table>

8.3.2 模型构建

8.3.2.1 有序 Probit 模型

幸福感是一个典型的有序离散变量。因此，我们利用有序 Probit 模型来评估采纳绿色生产技术对农户幸福感的影响：

$$Y_i^{*} = \alpha_1 X_i + \alpha_2 C_i + \varepsilon_i \ \# \tag{8-1}$$

其中，Y_i^{*} 表示农户的幸福感；X_i 表示农户采纳绿色生产技术；C_i 表示影响农户幸福感的控制变量；α_1 和 α_2 为待估计参数；ε_i 为随机扰动项。

8.3.2.2 中介效应模型

利用中介效应模型（温忠麟 等，2014），本节试图确定农户采纳绿色生产技术如何通过增加农户绝对收入、增加相对收入、缓解农业污染和提高社会地位来影响农户的幸福感（Baron et al.，1986）。检验采纳绿色生产技术与农户幸福感之间的相关性是第一步。如果估计结果显著，则根据中介效应模型进行验证。第二步，采纳绿色生产技术与中介变量之间的关联检验。第三步，构建农户采纳绿色生产技术、农户幸福感与中介变量的回归模型，对中介变量进行验证。如果式（8－3）和式（8－4）的估计结果均显著，则认为间接效应显著。如果某个估计结果在统计上不显著，则使用 Bootstrap 检验。对原假设的拒绝表明间接效应是显著的。方程如下：

$$Y_i = \alpha_1 X_i + \alpha_2 C_i + \varepsilon_i \tag{8-2}$$

$$M_i = \alpha_0 + \alpha_3 X_i + \alpha_4 C_i + \varepsilon_i \tag{8-3}$$

$$Y_i = \alpha_5 X_i + \alpha_6 M_i + \alpha_7 C_i + \varepsilon_i \ \# \tag{8-4}$$

在式(8－3)～(8－4)中，M_i 表示中介变量，包括增加绝对收入、增加相对收入、缓解农业污染和提高社会地位。α_0，α_1，α_2，α_3，α_4，α_5，α_{06}，α_7 表示参数估计。其余变量和符号的含义与式(8－1)相同。

8.4　实证结果及分析

8.4.1　采纳绿色生产技术对农户幸福感的直接影响

表 8－2 显示了有序 Probit 模型的估计结果。模型 1 表明，采纳绿色生产技术对农户幸福感有显著的正向影响，采纳绿色生产技术农户的幸福感比不采纳绿色生产技术农户的幸福感高 28.6％。根据模型 2 的实证结果，采纳绿色生产技术的强度对农户的幸福感有显著的正向影响，边际效应为 14.6％。由此可见，采纳的技术种类越多，农民的幸福感就越高。模型 3、4、5 表明，农户采纳节水灌溉技术、绿色病虫害防治技术、有机肥替代技术均可以有效地提高农户的幸福感，但三种不同的绿色生产技术对农户幸福感影响的边际效应各不相同。采纳节水灌溉技术边际效应最大，为 30.3％。有机肥替代技术的边际效应为 27.4％，而绿色害虫防治技术的边际效应为 19.8％。中国的节水灌溉系统属于准公共商品，且多由政府赞助，更少的投入和更大的产出使农民更容易获得满足(钱龙 等，2022)。绿色病虫害防治技术的边际效应最低，可能的原因是该技术具有一定的科学性和系统性，农户在一定程度上很难熟练掌握(刘迪 等，2019)。同时，绿色病虫害防治技术在实践中仍然以试验示范区为主，并没有在农户中得到大规模实施(耿宇宁 等，2017b)。由此，假设 H8－4 得到验证。

在控制变量方面，农户年龄与幸福感呈 U 形关系。农户年轻时生活压力小，但由于工作、生活和经济压力的增加，他们的幸福感随着年龄的增长而下降。随后农户的生活开始渐渐变得舒适和稳定。当达到一定年龄时，他们的幸福感会随着年龄的增长而逐渐增加。已婚农户的幸福感明显高于单身农民，婚姻丰富了农户的家庭生活，从而促进了幸福感的提高。农户健康状况越好，幸福感越高。同时，家庭劳动力人口数量对农民幸福感也有显著的正向影响。更多的家庭劳动力减少了每个人的工作时间，也从一定角度提高了农户的幸福感。家中是否有村干部和是否加入农业合作社对农户的幸福感有显著的正向影响。令人惊讶的是，较高的教育水平并没有像预期的那样提高农户的幸福感。尽管已有研究认为我国的教育对居民幸福感具有明显的拉动作用(胡宏兵 等，2019)，但是农村居民有可能受“教育与幸福悖论”的影响，从而大幅度降低教育对幸福感提升的直接效应(房敏 等，2022)。

表 8－2 采纳绿色生产技术对农户幸福感直接影响的估计结果

变量名称	幸福感				
	模型 1	模型 2	模型 3	模型 4	模型 5
采纳绿色生产技术	0.286*** (0.096)	—	—	—	—
采纳强度	—	0.146*** (0.081)	—	—	—
节水灌溉技术	—	—	0.303*** (0.100)	—	—
绿色病虫害防治技术	—	—	—	0.198*** (0.087)	—
有机肥替代技术	—	—	—	—	0.274*** (0.090)
年龄	−0.056*** (0.009)	−0.033** (0.010)	−0.051*** (0.009)	−0.043*** (0.007)	−0.044* (0.010)
年龄的平方	0.032*** (0.016)	0.100*** (0.023)	0.031* (0.010)	0.010*** (0.009)	0.023*** (0.007)
受教育年限	0.076 (0.059)	0.066 (0.044)	0.053 (0.042)	0.053 (0.042)	0.057 (0.044)
劳动力数量	0.042*** (0.016)	0.041*** (0.014)	0.042*** (0.016)	0.044*** (0.017)	0.050*** (0.023)
婚姻状况	0.154** (0.056)	0.157*** (0.060)	0.157*** (0.060)	0.154*** (0.056)	0.165*** (0.062)
健康水平	0.195*** (0.052)	0.185** (0.050)	0.195*** (0.052)	0.120*** (0.060)	0.186* (0.051)
是否加入合作社	0.321*** (0.081)	0.321*** (0.081)	0.300** (0.080)	0.320*** (0.080)	0.420*** (0.100)
家中是否有村干部	0.553** (0.062)	0.560*** (0.060)	0.651*** (0.061)	0.560*** (0.060)	0.662* (0.063)
R^2/伪 R^2	0.047	0.047	0.048	0.047	0.050

注：*、**、*** 分别表示在 10%、5%和 1%的显著性水平下显著。

8.4.2　不同群组的异质性分析

资本是指被生产出来或自然存在的生产要素储备(Ostrom,2003),大致可分为人力资本、自然资本、社会资本、经济资本等(Schultz,1961;鲍曙光,2022)。根据已有文献,结合中国农村实际情况,本节从以下 4 个方面选取 8 个变量分析采纳绿色生产技术对不同资本禀赋的猕猴桃种植户幸福感影响的差异。在人力资本方面选取受教育年限和劳动力数量两个变量,在自然资本中选取种植规模和农地质量两个变量,在经济资本中选取家庭年总收入和收入稳定性 2 个变量,最后在社会资本中选取是否加入合作社种类和家庭成员政府工作数量 2 个变量(叶初升 等,2020;李辉婕 等,2019)。

8.4.2.1　采纳绿色生产技术对不同自然资本农户幸福感的影响

根据表 8-3 可以发现,种植规模低于平均值的农户,采纳绿色生产技术会显著影响其幸福感,边际效应为 0.428;而种植规模高于平均值的农户采纳绿色生产技术对其幸福感的影响却并不显著。可能的原因是,大规模种植户可能会由于收入较多或者已经在种植方面具有了规模效应等原因,本身就已经拥有较高的幸福感。此外,无论农地质量如何,采纳绿色生产技术都能显著提高农户的幸福感,但是可以看出农地质量越好,农户采纳绿色生产技术的幸福感提升效应越高。

表 8-3　采纳绿色生产技术对不同自然资本的农民幸福感影响的估计结果

变量	幸福感			
	种植规模		农地质量	
	大于均值	小于均值	大于均值	小于均值
采纳绿色耕作技术	0.213 (0.127)	0.428*** (0.190)	0.451** (0.198)	0.382** (0.152)
控制变量	已控制	已控制	已控制	已控制
N	322	816	466	672
R^2/伪 R^2	0.109	0.123	0.114	0.107

注:*、**、***分别表示在 10%、5%和 1%的显著性水平下显著。

8.4.2.2　采纳绿色生产技术对不同人力资本农户幸福感的影响

根据表 8-4 可以发现,受教育程度较高的农户采纳绿色生产技术对其幸福感的影响略高于受教育程度较低的农户,边际效应分别为 0.329 和 0.212。劳动力数量高于平均值和低于平均值的农户采纳绿色生产技术对其幸福感的影响都十分显著,但两者的差距比较大,边际效应分别是 0.330 和 0.611。这可能是因为如果农户运用最少的劳动力即可采纳绿色生产技术,说明农户对绿色生产技术的获取和掌握都比较容易,农户更容易获得幸福感。

表 8-4　采纳绿色生产技术对不同人力资本的农民幸福感影响的估计结果

变量	幸福感			
	受教育程度		劳动力数量	
	大于均值	小于均值	大于均值	小于均值
采纳绿色耕作技术	0.329*** (0.222)	0.212*** (0.137)	0.330* (0.174)	0.611*** (0.141)
控制变量	已控制	已控制	已控制	已控制
N	366	772	503	635
R^2/伪 R^2	0.087	0.108	0.141	0.107

注：*、**、***分别表示在1%、5%和10%的显著性水平下显著。

8.4.2.3　采纳绿色生产技术对不同经济资本农户幸福感的影响

从表 8-5 可以看出，采纳绿色生产技术对家庭年总收入高于均值的农户幸福感的边际效应为 0.499，高于年总收入低于均值的农户。这说明收入越高的农户，采纳绿色生产技术的幸福感效应越高。在收入稳定性分组中，采纳绿色生产技术并不能显著影响农户的幸福感。可能的原因是，由于各地城镇化建设进程的不断加快，农户收入来源日益多样化，种植收入在农民总收入中的占比不断下降，农民对种植收入的依赖程度越来越低(张旭光 等，2018)。因此对于收入稳定性低于均值的农户和收入稳定性高于均值的农户来说，采纳绿色生产技术并不能显著影响农户的幸福感。

表 8-5　采纳绿色生产技术对不同经济资本的农民幸福感影响的估计结果

变量	幸福感			
	家庭年总收入		收入稳定性	
	大于均值	小于均值	大于均值	小于均值
采纳绿色耕作技术	0.499*** (0.398)	0.278*** (0.131)	0.651 (0.198)	0.382 (0.152)
控制变量	已控制	已控制	已控制	已控制
N	345	793	516	622
R^2/伪 R^2	0.097	0.133	0.114	0.107

注：*、**、***分别表示在1%、5%和10%的显著性水平下显著。

8.4.2.4　采纳绿色生产技术对不同社会资本农户幸福感影响的分析

从表 8-6 可以看出，加入合作社种类分组中，大于均值和小于均值的农户，采纳绿色生产技术对其幸福感均有显著的提高，边际效应分别为 0.224 和 0.292。家庭中政府工作人员数量分组中，大于均值的农户，采纳绿色生产技术对其幸福感有显著性的提高，边际效应为 0.517，而小于均值的农户，采纳绿色生产技术对其幸福感也有提高，但提高幅度相对小一些，边际效应为 0.192。

表 8－6　采纳绿色生产技术对不同社会资本的农民幸福感影响的估计结果

变量	幸福感			
	加入合作社种类		家庭中政府工作人员数量	
	大于均值	小于均值	大于均值	小于均值
采纳绿色耕作技术	0.224* (0.311)	0.292** (0.127)	0.517*** (0.152)	0.192** (0.334)
控制变量	已控制	已控制	已控制	已控制
N	503	635	319	819
R^2/伪 R^2	0.102	0.117	0.176	0.128

注：*、**、***分别表示在 1%、5%和 10%的显著性水平下显著。

8.4.3　采纳绿色生产技术对农户幸福感影响的中介效应分析

本节采用中介效应模型，分析农民采纳绿色生产技术是否通过增加绝对收入、增加相对收入、减轻农业污染、提高农民的社会地位来影响农民的幸福感。在表 8－7 中，模型 1 显示，就整体影响而言，采纳绿色生产技术对农户幸福感有显著的正向影响。模型 2～5 表明，采纳绿色生产技术增加了绝对收入、增加了相对收入、缓解了农业污染、提高了社会地位。由此，假设 H8－1、H8－2 和 H8－3 得到验证。模型 6～9 表明，增加绝对收入、相对收入、缓解农业污染和提高社会地位对农民的幸福感有显著的正向影响。模型 10 表明，包括所有变量后，回归结果依然显著。通过创建比较自变量与因变量、自变量与中介变量、自变量和中介变量与因变量的模型，可以确定本研究确实存在部分的中介效应。采纳绿色生产技术对农户幸福感的影响在 1%水平上显著，系数为 0.455。在引入中介变量后，采纳绿色生产技术对农户幸福感的影响仍然显著，影响系数分别为 0.342、0.213、0.199 和 0.220。因此，增加绝对收入、增加相对收入、缓解农业污染和提高社会地位四个变量对采纳绿色生产技术与农户幸福感之间的关系具有部分中介作用，中介效应分别为 7.7%、20.3%、13.2%和 28.7%。由此，假设 H8－4a、H8－4b、H8－4c、H8－4d 得到验证。

表 8－7　中介效应检验结果

变量名称	幸福感	增加直接收入	增加间接收入	缓解农业污染	提升社会地位	幸福感				
	模型 1	模型 2	模型 3	模型 4	模型 5	模型 6	模型 7	模型 8	模型 9	模型 10
采纳绿色耕作技术	0.455*** (0.099)	0.681*** (0.104)	0.463*** (0.101)	0.360** (0.098)	0.679*** (0.098)	0.342*** (0.114)	0.213** (0.109)	0.199*** (0.100)	0.220** (0.104)	0.233* (0.118)
增加直接收入	—	—	—	—	—	0.077** (0.037)	—	—	—	0.075* (0.044)
增加间接收入	—	—		—	—	—	0.203*** (0.037)	—		0.198*** (0.043)
缓解农业污染	—	—	—	—	—	—	—	0.132** (0.028)	—	0.127*** (0.028)
提升社会地位	—	—	—	—	—		—		0.287*** (0.038)	0.262*** (0.039)
控制变量	已控制	已控制	已控制	已控制	已控制	已控制	已控制	已控制	已控制	已控制
R^2/伪 R^2	0.119	0.187	0.163	0.066	0.113	0.121	0.130	0.127	0.139	0.155

注：*、**、***分别表示在1%、5%和10%的显著性水平下显著。

8.5 稳健性检验

8.5.1 替换被解释变量赋值

在本章的实证分析中，幸福感的测度是通过农户的主观评价所做出的判断。但由于农户自身认知水平的差异，数据测量可能存在一定误差。例如，农民可能夸大或低估了他们的幸福感，但在调查中无法判断谁处于什么样的情况(Duncombe et al.，2003)。因此，本节采用替换解释变量赋值的方法进行稳健性检验(Lewis et al.，2009)。具体方法是对农户幸福感进行重新评价，并利用二元 Probit 模型对其进行估计。第一，低估幸福感的情况：将“很好”、“好”和“一般”合并为“好”并赋值为 1，将“坏”和“很坏”合并为“坏”并赋值为 0。第二，夸大幸福感的情况：将“很好”和“好”合并为“好”并赋值为 1，将“坏”、“很坏”和“一般”合并为“坏”并赋值为 0。从表 8-8 的回归结果看，无论是“低估幸福感”还是“夸大幸福感”，采纳绿色生产技术对农户幸福感仍有显著影响，这能够很好地支持前文的实证结果。

8.5.2 部分样本的中介效应再分析

考虑到老年人的身体状况和对新技术的接受能力，本研究排除了 60 岁以上农户的样本，重新进行了中介效应分析，结果如表 8-9 所示。采纳绿色生产技术对农户幸福感的影响在 1%水平上显著，系数为 0.557。引入中介变量后，采纳绿色生产技术对农民幸福感的影响仍然显著，影响系数分别为 0.386、0.337、0.331 和 0.326。因此，增加绝对收入、增加相对收入、缓解农业污染和提升社会地位四个变量对采纳绿色生产技术与农民幸福感之间的关系具有部分中介作用，中介效应分别为 17.1%、22.0%、22.6%和 23.1%。部分样本的回归结果与整体样本的回归结果基本一致。以上结果表明，在 1138 名农民的调查数据的情况中，受访者的主观回答并不是本节面临的主要问题。

8.6 内生性分析

8.6.1 研究方法

上述研究结果表明，农户采纳绿色生产技术可以显著提高幸福感。但研究也面临着一个难题，究竟是“采纳绿色生产技术”提高了农户幸福感，还是具有更高幸福感的农户更乐于“采纳绿色生产技术”呢？解决这一问题的思路是考虑采纳绿色生产技术的农户将来是否会比不采纳绿色生产技术的农户的幸福感更高。因此，本节选择倾向得分匹配法(PSM)以降低样本选择偏差，解决自选择和内生性问题(Becerril et al.，2010)。主要方法是将受访农户分为实验组和对照组，将采纳绿色生产技术的农户(实验组)与未采纳绿色生产技术的农户(对照组)进行匹配。

表 8-8 替换被解释变量赋值后的稳健性检验结果

变量名称	低估幸福感	夸大幸福感	低估幸福感	夸大幸福感	低估幸福感	夸大幸福感	低估幸福感	夸大幸福感	低估幸福感	夸大幸福感
	模型 1	模型 2	模型 3	模型 4	模型 5	模型 6	模型 7	模型 8	模型 9	模型 10
采纳绿色生产技术	0.201*** (0.084)	0.496*** (0.097)	—	—	—	—	—	—	—	—
采纳强度	—	—	0.222*** (0.085)	0.379*** (0.090)	—	—	—	—	—	—
节水灌溉技术	—	—		—	0.352* (0.085)	0.410*** (0.101)	—	—		—
绿色病虫害防治技术	—	—	—	—	—	—	0.354** (0.092)	0.505*** (0.102)	—	—
有机肥替代技术	—	—	—	—	—		—		0.231*** (0.085)	0.433** (0.093)
控制变量	已控制	已控制	已控制	已控制	已控制	已控制	已控制	已控制	已控制	已控制
R^2/伪 R^2	0.037	0.037	0.038	0.037	0.039	0.039	0.037	0.037	0.036	0.036

注：*、**、***分别表示在 1%、5%和 10%的显著性水平下显著。

表 8-9　考虑部分样本的稳健性检验结果

变量名称	幸福感	增加直接收入	增加间接收入	缓解农业污染	提升社会地位	幸福感				
	模型 1	模型 2	模型 3	模型 4	模型 5	模型 6	模型 7	模型 8	模型 9	模型 10
采纳绿色生产技术	0.557*** (0.114)	0.314** (0.109)	0.533*** (0.100)	0.339*** (0.104)	0.208* (0.118)	0.386*** (0.114)	0.337** (0.109)	0.331*** (0.100)	0.326*** (0.104)	0.208** (0.118)
增加直接收入	—	—	—	—	—	0.356*** (0.099)	—	—	—	0.301*** (0.098)
增加间接收入	—	—		—	—	—	0.377** (0.111)	—	—	0.339*** (0.098)
缓解农业污染	—	—	—	—	—	—	—	0.230*** (0.085)	—	0.127** (0.080)
提升社会地位	—	—	—	—	—	—	—	—	0.098*** (0.050)	0.075*** (0.038)
控制变量	已控制	已控制	已控制	已控制	已控制	已控制	已控制	已控制	已控制	已控制
R^2/伪 R^2	0.201	0.201	0.202	0.201	0.203	0.200	0.201	0.127	0.139	0.155

注：*、**、***分别表示在1%、5%和10%的显著性水平下显著。

农户采纳绿色生产技术影响其幸福感的平均处理效果 ATT 可写成：

$$ATT_i = E(Y_i^1/D_i = 1) - E(Y_i^0/D_i = 1) = \frac{1}{N}\sum_j [(Y_i^1) - \sum_j W(i,j)(Y_j^0)]R^2 \quad (8-5)$$

其中，N 是实验组样本数，Y_i^1 表示实验组中第 i 个样本观测结果，Y_j^0 表示对照组中第 j 个样本观测到的结果，$W(i,j)$表示对照组的权重。不同的匹配方法，权重函数的计算方法也不同。本文综合采用最近邻匹配($k=1$ 和 $k=4$)和核匹配(0.06 和 0.10)，计算农户采纳绿色生产技术对其幸福感匹配影响的净效应。

8.6.2 平衡性检验

本研究通过最近邻匹配和核匹配法，对样本进行匹配，结果如表 8－10 所示。伪 R^2 值显著下降，从 0.486 下降到 0.112～0.134，LR 统计量显著下降，从 549.68 下降到 196.91～266.68。由此可以说明实验组和对照组之间解释变量的差异被显著降低了，最大限度地降低了样本选择偏误，匹配质量较好(Rosenbaum et al.，1985)。

表 8－10 匹配前后解释变量的平衡性检验结果

匹配方法	伪 R^2	LR	P	MeanBias	MedBias
匹配前	0.486	549.68	0.000	95.3	83.6
最近邻匹配($k=1$)	0.120	196.91	0.000	26.7	19.5
最近邻匹配($k=4$)	0.112	211.20	0.000	25.0	14.5
核匹配(0.06)	0.130	260.01	0.000	29.9	23.1
核匹配(0.10)	0.134	266.68	0.000	30.6	22.9

8.6.3 采纳绿色生产技术对农户幸福感影响的效应分析

从表 8－11 的结果可知，在未匹配时，样本总量的平均处理效应为 0.510，t 值为 8.73。为了更加精准地估计采纳绿色生产技术对农户幸福感的影响，本文采用四种匹配方法分别估计 ATT，结果汇报如下。在使用核匹配(0.06)法时，农户如果没有采纳绿色生产技术，其幸福感为 3.138；但如果采纳了绿色生产技术，其幸福感增加到 3.625，增加了 0.487，可见，采纳绿色生产技术对农户幸福感有显著的促进作用，其他匹配方法同理可证。由此说明上文的回归分析结果具有良好的稳健性。

表 8－11 采纳绿色生产技术对农户幸福感影响总体效应的估计结果

匹配方法	实验组	对照组	ATT	标准差	t
未匹配	3.626	3.116	0.510	0.058	8.73
核匹配(0.06)	3.625	3.138	0.487	0.178	2.75

续表

匹配方法	实验组	对照组	ATT	标准差	t
核匹配(0.10)	3.625	3.153	0.472	0.174	2.73
最近邻匹配($k=1$)	3.568	3.081	0.487	0.205	2.38
最近邻匹配($k=4$)	3.568	3.143	0.425	0.186	2.29

8.7　本章小节

幸福是每个人工作和取得财富的最终目标。中国是一个农业发达的国家，农业对国民经济和社会经济活动至关重要。在中国广大农村地区，化肥和农药的过量、不科学施用引起了人们对环境保护的严重关切。中国政府大力推广农业绿色生产，以取代以往牺牲环境的农业模式。然而，这会给参与这一转变的农户带来何种效应？本章的研究利用中国陕西省猕猴桃主产区 1138 名猕猴桃种植户的微观调查数据，考察了采纳绿色生产技术的经济效应（增加绝对收入和增加相对收入）、生态效应（缓解农业污染）和社会效应（提高社会地位）。同时利用中介效应分析研究了采纳绿色生产技术通过增加绝对收入、增加相对收入、缓解农业污染、提高社会地位四个中介变量对农户幸福感的影响机制。

主要结论如下：

（1）采纳绿色生产技术具有显著的经济效应（增加绝对收入和增加相对收入）、生态效应（减轻农业污染）和社会效应（提高社会地位）。采纳绿色生产技术对农户幸福感有显著的正向影响，采纳绿色生产技术农户的幸福感比不采纳绿色生产技术农户的幸福感高 28.6%，并且采纳的技术种类越多，农户的幸福感就越高。采纳节水灌溉技术、绿色病虫害防治技术、有机肥替代技术均可以有效地提高农户的幸福感，三种不同的绿色生产技术对农户幸福感影响的边际效应分别为 30.3%、19.8% 和 27.4%。通过进一步的异质性分析，本研究发现，采纳绿色生产技术对不同人力资本、自然资本、经济资本和社会资本的农户幸福感的影响不同。

（2）在控制变量方面，农户年龄与幸福感呈 U 形关系。已婚农户的幸福感明显高于单身农民；农户健康状况越好，幸福感越高。家庭劳动力人口数量对农民幸福感有显著的正向影响。家中是否有村干部和是否加入农业合作社对农户的幸福感也有明显的促进作用。在政府工作和参与农业合作社对农民的幸福感有显著的正向影响。

（3）本章通过替换被解释变量部分样本中介效应再分析方法进行了稳健性检验。同时，在考虑了样本选择性问题的基础上，运用倾向得分匹配法（PSM），通过建立实验组和对照组，实证分析农户采纳绿色生产技术对其幸福感的影响，以降低样本选择偏差，解决自选择性和内生性问题。

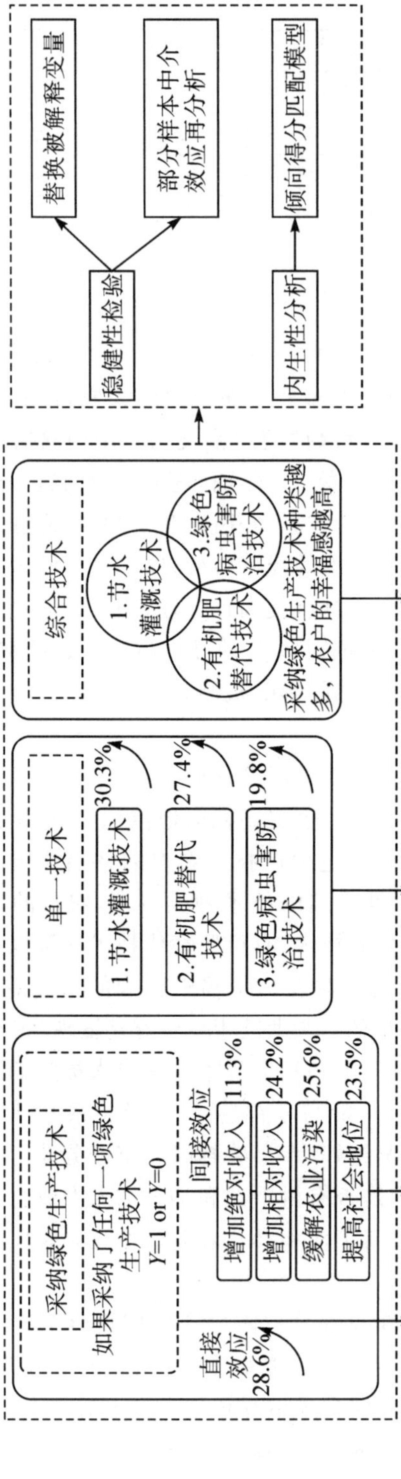
采纳绿色生产技术
如果采纳了任何一项绿色生产技术
Y=1 or Y=0
直接效应
28.6%
间接效应
增加绝对收入 11.3%
增加相对收入 24.2%
缓解农业污染 25.6%
提高社会地位 23.5%
单一技术
1.节水灌溉技术 30.3%
2.有机肥替代技术 27.4%
3.绿色病虫害防治技术 19.8%
综合技术
1.节水灌溉技术
2.有机肥替代技术
3.绿色病虫害防治技术
采纳绿色生产技术种类越多，农户的幸福感越高
农户的幸福感
稳健性检验
替换被解释变量
部分样本中介效应再分析
内生性分析
倾向得分匹配模型

图8-2　本章研究结论

第 9 章　研究结论、政策建议与展望

按照"总体框架—理论分析—数据获得—现状分析—实证分析—结论建议"的研究思路，本研究根据计划行为理论、农户行为理论、市场失灵理论、外部性理论、信息不对称理论等相关理论，在对国内外相关研究文献进行系统综述的基础上，基于微观农户视角，采用眉县、周至县、武功县和杨陵区猕猴桃种植户的微观调查数据，对感知价值和政府支持进行测度。使用多种数理模型和计量方法，基于内在感知价值和外在政府支持两大关键因素，从双重视角出发，构建逻辑框架，明确影响路径，实证分析农户绿色生产技术采纳意愿、采纳行为、持续采纳行为和采纳效应的作用机制。在总结前文研究结论的基础上，本章将针对性地提出促进农户绿色生产技术采纳和优化现有政府支持模式的政策建议，同时结合研究不足对未来研究方向进行展望。

9.1　研究结论

本研究综合运用因子分析法、二元 Probit 模型、有序 Probit 模型、Heckman 样本选择模型、倾向得分匹配法(PSM)、中介效应模型等多种计量模型，实证研究感知价值和政府支持对农户绿色生产技术的采纳意愿、采纳行为、持续采纳行为和采纳效应的影响。通过微观调研数据，第 3 章对样本区域内猕猴桃种植户感知价值、政府支持、绿色生产技术采纳意愿和采纳行为情况进行了描述性统计分析。同时深入分析了农户采纳绿色生产技术的收入效应、生态效应、社会效应以及主观幸福感。第 4 章运用因子分析法测度感知价值，采用加权平均法测度政府支持。第 5 章到第 8 章按照"农户绿色生产技术采纳意愿—采纳行为—持续采纳行为—采纳效应分析"的逻辑框架，从机理和实证两个方面展开研究。在此基础上本书得出以下结论。

9.1.1　农户绿色生产技术采纳行为现状

1. 农户绿色生产技术采纳意愿情况分析

对于节水灌溉技术，愿意采纳的猕猴桃种植户有 637 户，占总样本的 55.98%；

对于绿色病虫害防治技术，愿意采纳的猕猴桃种植户有 876 户，占总样本的 76.98%；对于有机肥替代技术，愿意采纳的猕猴桃种植户有 955 户，占总样本的 83.92%。不同种类绿色生产技术农户意愿采纳户数占比序次为：有机肥替代技术＞绿色病虫害防治技术＞节水灌溉技术。

2. 农户绿色生产技术采纳行为和持续采纳行为情况分析

对于节水灌溉技术，有 168 户采纳该项技术，占总样本的 14.76%。其中，持续使用该技术的农户有 159 户，占比为 94.64%。样本猕猴桃种植户采纳节水灌溉技术的采纳率较低，但是基本上使用了该项技术就会一直坚持使用。对于绿色病虫害防治技术，有 566 户采用该项技术，占总样本的 49.74%。其中，持续使用该技术的农户有 239 户，占比为 42.23%，也就是总样本中超过一半的猕猴桃种植户在采纳过绿色病虫害防治技术后选择再次依靠化学农药防治病虫害。对于有机肥替代技术，有 778 户采纳了该项技术，占总样本的 68.37%。其中，持续使用该技术的农户有 694 户，占比为 89.20%。从样本数据来看，猕猴桃种植户基本上使用了有机肥替代技术后就会一直坚持使用。不同绿色生产技术农户实际采纳户数占比序次为：有机肥替代技术＞绿色病虫害防治技术＞节水灌溉技术，持续采纳户数占比序次为：节水灌溉技术＞有机肥替代技术＞绿色病虫害防治技术。

3. 农户绿色生产技术采纳效应分析

根据本研究第 2 章机理分析，采纳绿色生产技术具有经济效应、生态效应和社会效应。在增加直接收入变量中，认为采纳绿色生产技术可以显著增加直接收入的农户有 207 人，占比为 18.19%；认为采纳绿色生产技术可以增加直接收入的农户有 384 人，占比为 33.74%；认为增加效果一般的农户有 287 人，占比为 25.22%；认为采纳绿色生产技术会减少直接收入的农户有 149 人，占比为 13.09%；认为会显著减少直接收入的农户有 111 人，占比为 9.76%。在增加间接收入变量中，认为采纳绿色生产技术可以显著增加间接收入的农户有 201 人，占比为 17.66%；认为采纳绿色生产技术可以增加间接收入的农户有 360 人，占比为 31.63%；认为效果一般的农户有 333 人，占比为 29.26%；认为采纳绿色生产技术会减少间接收入的农户有 144 人，占比为 12.65%；认为会显著减少间接收入的农户有 100 人，占比为 8.80%。在缓解农业污染变量中，认为采纳绿色生产技术对缓解农业面源污染效果极大的农户有 307 人，占比为 26.98%；认为采纳绿色生产技术对改善农业面源污染非常有效的农户有 445 人，占比为 39.10%；认为效果一般的农户有 170 人，占比为 14.94%；认为采纳绿色生产技术对改善农业面源污染效果较差的农户有 128 人，占比为 11.25%；认为采纳绿色生产技术对改善农业面源污染没有任何效果的农户有 88 人，占比为 7.73%。在提升农户社会地位变量中，认为采纳绿色生产技术对提升他们在村里的社会地位效果极大的农户有 106 人，占比为 9.31%；认为采纳绿色生产技术对提升他们在村里的社会地位非常有效的农户有 156 人，占比为 13.71%；认为效果一般的农户有 186 人，占比为 16.34%；认为采纳绿色生产技术对提升他们在村里的社会地位效果较差的农户有 314 人，占比为 27.59%；认为采纳绿色生产技术对提升他们在村里的社会地位没有任何效果的农户有 376 人，占比为 33.04%。

采纳绿色生产技术通过增加直接收入、增加相对收入、缓解农业污染、提升社会地位四条路径来提升农户的幸福感。在 1138 户样本农户中，无论是节水灌溉技术、绿色病虫害防治技术还是有机肥替代技术，有 887 户农户至少采纳了其中一种技术。其中有 3 户认为自己非常不幸福，有 10 户认为自己不幸福，有 357 户认为幸福感一般，有 396 户认为自己幸福，有 121 户认为自己非常幸福。综上可知，在从事绿色生产技术的农户中，认为自己非常幸福和幸福的农户数量(517 户)远远大于认为自己非常不幸福和不幸福的农户数(13 户)。有 251 户农户没有从事绿色病虫害防治技术、节水灌溉技术和有机肥替代技术中的任何一种，其中有 16 户认为自己非常不幸福，有 47 户认为自己不幸福，有 111 户认为幸福感一般，有47 户认为自己幸福，有 30 户认为自己非常幸福。综上可知，在未从事绿色生产技术的农户中，认为自己非常幸福和幸福的农户数量(77 户)小于认为自己一般和不幸福的农户数(174 户)。

在 1138 份猕猴桃种植户的总体样本中，感觉自己非常幸福的农户有 151 人，占总体样本量的 13.27%；其中有 121 户农户至少从事了绿色病虫害防治技术、节水灌溉技术和有机肥替代技术中的一种，占比 80.13%。感觉自己幸福的农户有 443 人，占总体样本量的 38.93%；其中，有 396 户农户从事了绿色生产技术，占比 89.39%。感觉自己一般幸福的农户有 468 人，占总体样本量的 41.12%；其中有 357 户农户从事了绿色生产技术，占比 76.28%。感觉自己不幸福的农户有 57 人，占总体样本量的 5.01%；其中有 10 户农户从事了绿色生产技术，占比 17.54%。感觉自己非常不幸福的农户有 19 人，占总体样本量的 1.67%；其中有 3 户农户从事了绿色生产技术，占比 15.79%。

4.猕猴桃种植户在绿色生产技术采纳行为中存在的问题情况

目前，猕猴桃种植户在绿色生产技术采纳行为中存在诸多的问题，主要有绿色生产技术采用意愿不均衡、农户水土保持耕作技术实际采用率和持续采用率偏低、农户绿色生产技术实际采纳率与采纳意愿存在偏差。本研究通过机理和实证分析，以期对以上问题提出相应的对策建议。

9.1.2 感知价值的测度及分析

首先，运用探索性因子分析方法测度猕猴桃种植户的绿色生产技术采纳感知价值水平的综合指数和各维度得分。在进行因子分析前，对选取的13个原始变量采用克朗巴哈系数(Cronbach's Alpha)作为数据的信度检验依据，运用KMO值和Bartlett球形度检验作为数据的效度检验。感知价值问卷总量表的Cronbach's Alpha系数为0.835，KMO值为0.872，Bartlett球形度检验中近似卡方值为1890.466，显著性水平为0.00，说明感知价值的相关变量通过了因子分析的适用性检验和效度检验，本书所用的表征指标及样本数据适合做因子分析。其次，按照特征值大于1的原则，从感知价值变量中共提取4个公共因子，分别命名为感知货币收益因子、感知非货币收益因子、感知货币成本因子、感知非货币成本因子，4个公因子的方差贡献率分别为43.16%、16.30%、21.17%、14.96%，各个因子变量的累计方差贡献率为95.59%。根据公式

$$\text{感知价值}=(\text{货币收益因子}\times 0.4316+\text{货币成本因子}\times 0.2117+\text{非货币收益因子}\times 0.1630+\text{非货币成本因子}\times 0.1496)/0.9559$$

计算出感知价值的综合得分。最后计算出感知货币收益指数、感知非货币收益指数、感知货币成本指数、感知非货币成本指数。

9.1.3 政府支持的测度及分析

1.政府支持的测度

结合相关研究，本研究将政府支持划分为情感支持及工具支持，其中情感支持包括情感关心和情感尊重两个方面，工具支持包括政策宣传、农技推广、生态补贴三个方面，共五个维度表征政府支持。在情感支持变量中，获得情感关心的农户有506人，占总样本量的44.46%；获得情感尊重的农户有393人，占总样本量的34.53%。工具支持变量中，获得政府宣传的农户有733人，占总样本量的64.41%；获得政府推广的农户有638人，占总样本量的56.06%。获得政府补贴的农户有422人，占总样本量的37.08%。农户获得支持的比例:政府宣传>政府推广>情感关心>政府补贴>情感尊重。

政府的情感支持中，情感关心指标调研结果显示该变量的均值为0.45，标准差为0.49；情感尊重指标调研结果显示该变量的均值为0.35，标准差为0.48。政府的工具支持中，政策宣传指标调研结果显示该变量的均值为0.64，标准差为0.48；农技推广指标调研结果显示该变量的均值为0.56，标准差为0.50；生态补贴指标调研结果显示该变量的均值为0.37，标准差为0.43。本研究采用加权平均法测度政府支持，其中情感支持权重占40%，工具支持权重占60%，即政府支持=情

感支持×40%＋工具支持×60%。

2.采纳不同绿色生产技术农户获得政府支持差异分析

第一,采纳与未采纳绿色生产技术农户获得政府支持的差异分析。

采纳绿色病虫害防治技术的农户,有 61.92%和 52.72%获得了政府的情感关心和情感尊重,而未采纳绿色防控技术的农户,只有 39.82%和 29.70%获得了政府的情感关心和情感尊重。采纳绿色防控技术的农户中,分别有 81.17%、74.06%、50.63%的农户获得了政府的政策宣传、农技推广和生态补贴,而未采纳绿色防控技术的农户,只有 59.96%、51.28%和 33.48%的农户获得了相应的支持。采纳和未采纳该项技术的农户获得政府支持率差距:情感尊重＞农技推广＞情感关心＞政策宣传＞生态补贴。

采纳节水灌溉技术的农户,分别有 61.64%和 55.98%获得了政府的情感关心和情感尊重,而未采纳节水灌溉技术的农户,只有 41.68%和 31.05%获得了这两项支持。在工具支持中,有 82.39%采纳节水灌溉技术的农户获得了政策宣传。有 77.36%的农户获得了农技推广,而未采纳节水灌溉技术的农户,有 52.61%的农户获得该项支持。有 49.69%的农户获得了生态补贴,未采纳节水灌溉技术的农户有 35.04%获得了该项支持。采纳和未采纳该项技术的农户获得政府支持率差距:情感尊重＞农技推广＞政策宣传＞情感关心＞生态补贴。

采纳有机肥替代技术的农户,分别有 48.56%和 42.80%获得了政府的情感关心和情感尊重,而未采纳有机肥替代技术的农户,只有 29.05%和 21.62%获得了这两项支持。在工具支持中,分别有 74.78%、67.72%和 45.97%采纳有机肥替代技术的农户获得了政策宣传、农技推广和生态补贴。而在未采纳有机肥替代技术的农户中,48.20%、37.84%和 23.20%的农户获得相应的工具支持。采纳和未采纳该项技术的农户获得政府支持率差距:农技推广＞政策宣传＞生态补贴＞情感尊重＞情感关心。

3.绿色生产技术不同采纳强度农户获得政府支持差异分析

未采纳绿色生产技术的农户中,接收到政府情感关心支持的农户占总样本量的 29.05%、接收到政府情感尊重支持的农户占总样本量的 21.62%、接收到政策宣传支持的农户占总样本量的 46.20%、接收到农技推广支持的农户占总样本量的 37.84%、接收到生态补贴支持的农户占总样本量的 23.20%。获得政府支持的农户比例:政策宣传＞农技推广＞情感关心＞政府补贴＞情感尊重。采纳一种绿色生产技术的农户中,接收到政府情感关心支持和情感尊重支持的农户占总样本量的 50.33%和 38.24%。接收到政策宣传支持的农户占总样本量的 48.25%、接收到农技推广支持的农户占总样本量的 64.40%、接收到生态补贴支持的农户占总样本量的43.52%。获得政府支持的农户比例:农技推广>情感关心>政策宣传>政府补贴>情感尊重。采纳两种绿色生产技术的农户中,接收到政府情感关心支持和情感尊重支持的农户占总样本量的61.50%和46.25%。接收到政策宣传支持、政府推广支持、政府补贴支持的农户占总样本量的78.75%、67.50%和49.50%。获得政府支持的农户比例:政策宣传>政府推广>情感关心>政府补贴>情感尊重。采纳三种绿色生产技术的农户中,接收到政府情感关心支持、情感尊重支持、宣传支持、推广支持、政府补贴支持的农户分别占总样本量的62.64%、55.98%、82.39%、77.36%和52.69%。获得政府支持的农户比例:政府宣传>政府推广>情感关心>情感尊重>政府补贴。

9.1.4 感知价值、政府支持对农户绿色生产技术采纳意愿的影响结果

1.投资意愿。感知价值对农户绿色生产技术的投资意愿以及意愿投资金额具有显著正向影响,农户对绿色生产技术的感知价值越高,投资绿色生产技术的意愿越强,愿意投资的金额越多。政府支持对农户绿色生产技术的投资意愿以及投资金额具有显著正向影响,农户接收到的政府支持越多,从事绿色生产技术的投资意愿越高,愿意投资的金额也越多。感知价值与政府支持的交叉项在1%统计水平上显著正向影响农户绿色生产技术投资意愿,政府支持水平每提升1个单位,感知价值对投资意愿的影响将提高39.6%。感知价值与政府支持的交叉项在1%统计水平上显著正向影响农户绿色生产技术投资金额,政府支持水平每提升1个单位,感知价值对农户绿色生产技术投资金额意愿的影响将提高35.4%。户主的文化程度越高,越愿意对绿色生产技术投入资金,但并不能增加农户对绿色生产技术投资的金额。家庭的富裕程度越高,健康水平越高,加入合作社,家庭劳动力数量越多,农地质量越好,农户越愿意对绿色生产技术投入资金,投资的金额也相应增多。

2.投劳意愿。感知价值对农户绿色生产技术的投劳意愿以及意愿投劳天数具有显著正向影响,即农户对绿色生产技术的感知价值越高,越愿意对绿色生产技术投入劳动,愿意投劳的天数也越多。政府支持对农户绿色生产技术的投劳意愿以及意愿投劳天数具有显著正向影响,农户接收到的政府支持越多,越愿意对绿色生产技术投入劳动,愿意投劳的天数也越多。感知价值与政府支持的交叉项在1%统计水平上显著正向影响农户绿色生产技术投劳意愿,政府支持水平每提升1个单位,感知价值对投劳意愿的影响将提高58.60%。感知价值与政府支持的交叉项在1%统计水平上显著正向影响农户绿色生产技术投劳天数,政府支持水平每提升1个单位,感知价值对农户绿色生产技术投劳天数的影响将提高50.8%。农户的健康情况、耕地的质量情况以及是否加入合作社直接影响着其对于绿色生产技术的投劳意愿,农户身体越健康,自家耕地的质量越好,与合作社越紧密联结,投

劳的天数也相应增多。家庭年总收入和劳动力数量均显著影响着农户的投劳意愿，但是并不能影响农户投入劳动的天数。

3. 稳健性检验：将样本猕猴桃种植户划分为老龄组和年轻组，运用二元 Probit 模型检验感知价值、政府支持对农户绿色生产技术投资与投劳意愿的影响，采用 OLS 模型检验感知价值、政府支持对农户绿色生产技术投资意愿金额与投劳天数的影响。进一步证实感知价值、政府支持等影响农户绿色生产技术采纳意愿的研究结论具有可靠性。

9.1.5　感知价值、政府支持对农户绿色生产技术采纳行为的影响结果

(1)感知价值对农户绿色生产技术采纳行为具有显著的影响。感知货币收益和感知非货币收益对农户绿色生产技术采纳行为具有显著的正向影响。相反，感知货币成本和感知非货币成本对农户绿色生产技术采纳行为具有显著的负向影响。感知货币收益和感知非货币收益对农户绿色生产技术采纳行为的正向影响将随着感知货币收益和感知非货币收益强度的增加而增加，感知货币成本和感知非货币成本对农户绿色生产技术采纳行为的负向影响将随着感知货币成本和感知非货币成本的强度增加而增加。

(2)政府支持对农户绿色生产技术采纳行为具有显著的正向影响。其中，情感支持(情感尊重和情感关心)和工具支持(政策宣传、农技推广和生态补贴)作为政府支持的五个维度，对农户绿色生产技术的采纳行为具有显著的正向影响。

(3)工具支持在感知货币收益与农户绿色生产技术采纳行为关系中起正向调节作用，在感知货币成本与农户绿色生产技术采纳行为关系中起负向调节作用。情感支持在感知非货币收益与农户绿色生产技术采纳行为中起正向调节作用，在感知非货币成本与农户绿色生产技术采纳行为中起负向调节作用。

(4)为了克服主观变量之间双向因果关系所带来的潜在内生性问题，选择“村书记年龄”作为工具变量，进行内生性分析，同时运用 OLS 模型和二元 Logit 模型进行稳健性分析。结果证明上述结论和回归结果具有很好的稳健性。

9.1.6　感知价值、政府支持对农户绿色生产技术持续采纳行为的影响结果

(1)感知价值对农户绿色生产技术的持续采纳行为具有显著的影响。感知货币收益和感知非货币收益对农户绿色生产技术的持续采纳行为有显著的正向影响。相反，感知货币成本和感知非货币成本对农户绿色生产技术的持续采纳行为有显著的负向影响。感知货币收益和感知非货币收益对农户绿色生产技术的持续采纳行为的正向影响将随着感知货币收益和感知非货币收益强度的增加而增加，感知货币成本和感知非货币成本对农户绿色生产技术的持续采纳行为的负向影响

将随着感知货币成本和感知非货币成本强度的增加而增加。

(2)政府支持对农户绿色生产技术的持续采纳行为具有显著的正向影响。其中,情感支持(情感尊重和情感支持)和工具支持(政策宣传、农技推广和生态补贴)作为政府支持的五个维度,对农户绿色生产技术的持续采纳行为也具有显著的正向影响。

(3)工具支持在感知货币收益与绿色生产技术持续采纳行为之间的关系中起正向调节作用,在感知货币成本与绿色生产技术持续采纳行为关系中起负向调节作用。情感支持在感知非货币收益与绿色生产技术持续采纳行为关系中起正向调节作用,在感知非货币成本与绿色生产技术持续采纳行为关系中起负向调节作用。

(4)为了克服主观变量之间双向因果关系所带来的潜在内生性问题选择"村书记年龄"作为工具变量,进行内生性分析,同时运用 OLS 模型和二元 Logit 模型进行稳健性分析。结果证明上述结论和回归结果具有很好的稳健性。

9.1.7 农户绿色生产技术采纳行为效应分析结果

(1)采纳绿色生产技术对农户幸福感有显著的正向影响,采纳绿色生产技术农户的幸福感比不采纳绿色生产技术农户的幸福感高 28.6%。采纳绿色生产技术的强度对农户的幸福感有显著的正向影响,边际效应为 14.6%。采纳技术的种类越多,农户的幸福感就越高。农户采纳节水灌溉技术、绿色病虫害防治技术和有机肥替代技术均可以有效地提高农户的幸福感,但三种不同的绿色生产技术对农户幸福感影响的边际效应分别为 30.3%、19.8%、27.4%。通过进一步的异质性分析,研究发现采纳绿色生产技术对不同人力资本、自然资本、经济资本和社会资本农户的幸福感的影响不同。

(2)通过中介效应模型分析。首先,验证了农户采纳绿色生产技术具有经济效应、生态效应和社会效应。其次,实证研究了增加绝对收入、增加相对收入、缓解农业污染和提高社会地位四个变量对采纳绿色生产技术与农户幸福感之间的关系具有部分中介作用,中介效应分别为 11.3%、24.2%、25.6%和 23.5%。

(3)在控制变量方面,农民年龄与幸福感呈 U 形关系。已婚农户的幸福感明显高于单身农民,农户健康状况越好,幸福感越高。家庭劳动力人口数量对农民幸福感也有显著的正向影响。在政府工作和参与农业合作社对农户的幸福感有显著的正向影响。

(4)通过被解释变量替换和部分样本中介效应再分析进行了稳健性检验。同时,运用倾向得分匹配法(PSM)以降低样本选择偏差,以解决自选择和内生性问题。

9.2 政策建议

农户绿色生产技术的采纳行为是内部和外部因素共同作用的结果，根据上述研究结论可知，感知价值、政府支持对农户绿色生产技术采纳意愿、行为和效果有显著的影响。强化农户对绿色生产技术的感知价值以及优化相应的政府支持是提升农户绿色生产技术采纳意愿和采纳行为的关键因素，同时，政府支持也在感知价值对农户绿色生产技术采纳意愿和采纳行为中起到调节效应。基于此，本书从感知价值(感知收益和感知成本)和政府支持(工具支持和情感支持)两方面提出促进农户绿色生产技术采纳行为的政策建议。一方面，探究如何提高农户对绿色生产技术采纳意愿和行为的感知收益，降低感知成本，综合提高整体感知价值，充分调动农户生态环境行为的积极性，从而产生内生驱动。另一方面，提升绿色农业政府支持体系建设、通过政府制度引导，拓宽农户绿色生产技术采纳行为的现实路径，为促进农业绿色发展、促进农民幸福感提供新思路，为相关部门的政策制定提供参考和依据。

9.2.1 优化政府工具支持体系建设

本书的实证研究结果表明，政府支持中的工具支持对农户绿色生产技术采纳意愿和采纳行为有显著的正向影响。同时，工具支持对感知价值、农户绿色生产技术采纳意愿和采纳行为的影响具有调节作用。在本研究中，工具支持主要包括政策宣传、农技推广和生态补贴。具体优化措施如下。

9.2.1.1 优化绿色生产技术政策宣传体系

加强农户关于耕地质量保护与生态保护方面的政策宣传，提高农户对绿色农业生产和环境改善的认知水平，使农户充分认识到农业面源污染的危害性和保护生态环境的重要性，从而促进农户提升绿色生产技术采纳的内生动力。以乡村振兴战略实施为契机，通过推进生态文明建设，增强农民的环境保护意识，自觉履行环境保护义务，进一步提高农民对绿色农业技术的感知价值，鼓励更多的农民加入实践。具体方法如下：

第一，将绿色农业生产的重要性、相关法律法规及政策的宣传教育制定为常规性工作。通过持续宣传可持续发展的理念，使农户充分认识到人与自然要协调发展。

第二，要充分发挥媒介的传播作用。首先，政府可以发挥传统媒体的主渠道作用，例如电视、广播、报纸等，定时播放宣传绿色生产技术对于促进改善农业面源污染、改善农户宜居环境的重要作用。其次，可以充分运用现代化媒介手段，开展多层次、多形式、全方位的农村环保政策宣传教育，例如通过手机短信、微信、微博、抖音、直播等方式，长期为农户推送过量使用农药和化肥的危害等相关信息，大量信息的宣导可以帮助农户切实明白环境污染治理的重要性和紧迫性。此外，由于现代化媒介的特性能够拓展宣传的范围，特别是在偏远的地区也能够获得相同的讯息，增强农户环境保护意识，自觉履行环境保护义务。

第三，农村实际参与耕地劳作的农户普遍现状是年龄偏大，受教育水平低。集中体现出的是老龄化的问题和不可避免的兼业化的现状。针对这样的群体，在通过媒介宣传的同时，政府基层组织要定期组织入户宣传活动，确保农户能够清晰地认识到农业经济发展与资源环境的协同发展关系。

第四，牢固树立和践行绿水青山就是金山银山的理念，通过考核、示范、表彰奖励等方式，总结绿色生产技术宣传的成功方法和实践经验，推广做得好的地区的经验和方法。找出教训，摸索规律，形成体系报告以供其他地区学习和拓展，从而有效促进农业农村绿色发展。

9.2.1.2 完善农业技术推广服务机制

多数种植户在化肥和农药的施用上主要依赖于自身经验。因此，推进科学合理采纳绿色生产技术的道路仍任重而道远。此外，一些绿色生产技术的专业性较强，农户靠自学并不能很好地掌握。“授人以鱼，不如授人以渔”，政府应注重农业技术推广体系的建设，降低农民学习和应用技术的成本，确保农民掌握绿色农业新技术，补上技术推广道路上的“最后一公里”，并在农村经济增长与环境保护之间创造“长期共赢”局面。具体方法如下：

第一，强化精准宣传。农业技术推广能够使农户更好地掌握技术要点，基层政府可以借助地方农业频道、农业报刊、微信、抖音、微博等公共媒介平台，加大绿色生产技术的推广力度，强化精准宣传，提高农户技术使用的便捷性，提升农户自身使用技术的可行能力，提高生产专业化水平。

第二，建立相关公共平台，为农户提供更多与外界交流的平台，重视农户自身的要素获取能力的培养，引导农户正确地甄别和筛选农业技术相关信息，进一步降低农户对于绿色生产技术的感知成本，提高感知收益，从而促进农户绿色生产技术的采纳。增强小农户对农业可持续发展和环境变化认知等新知识、新信息的获取能力，建立相关公共社交平台，提升小农户获取信息与资源的便利程度，为农民提供更多与外界交流的平台，重点培养农民自身的知识获取能力，向农民展示如何正确识别和选择农业技术信息，降低农民对绿色农业技术的感知成本，从而促进这些技术的应用。

第三，完善基层农业技术推广体系，加强农田基础设施建设，到田间地头进行示范，建立村级示范户，发挥带动效应。让农户切实认识到各项绿色生产技术的功能和作用，了解技术实施的要点以及可能带来的问题。必要时采用“一对一”的上门讲解，有针对性地解决农户的技术问题，降低农户学习和使用技术的成本，确保农户切切实实地掌握新型绿色种植技术，实现农村经济发展与环境保护的“长效共赢”。同时，引导农户根据个体特征和家庭资源禀赋，选择相应的绿色生产技术，最大程度破解由于人力、资本、自然、社会禀赋所带来的限制和不利影响。

第四，发挥邻里之间的示范效应。通过一些种植大户的成功经验，组织周边农户开展学习和交流。让农户亲眼看到采纳绿色生产技术所带来的好处。实地了解和学习不同绿色生产技术的收益、风险、建设周期、技术要点等，从而全面深入地了解绿色生态农业种植，提高农户整体的认知程度，实现从源头减少化肥农药过量施用带来的面源污染。

9.2.1.3 深化生态农业补贴力度和效度

农户成本和收益是影响农户绿色技术采纳行为的最直接因素，是内在利益需求的驱动。农民的利益和成本是影响绿色农业技术可持续应用的最直接因素。加强政府补贴的管理，增加对绿色生产技术的财政补贴，通过政策激励不断降低农民的绿色生产成本，增强农民的获得感，规范农民的绿色生产行为。

首先，政府需进一步加强政府补贴的管理，将补贴用在实处，加大绿色生产技术财政补贴力度，通过政策激励不断降低农户绿色生产成本，增强农户获得感，引导和规范农户绿色生产行为。也可以考虑为农民提供更好的成本管理工具，让农户对于绿色生产技术的感知货币成本降低，感知货币收益提升，从而促进农户绿色生产技术的持续采纳。

其次，建立、制定精细化生态补贴政策，分地区、分种植品种、分不同绿色技术制定补贴标准。通过设计合理的激励政策，以奖代补，充分调动农民积极性。对具有强烈意愿采纳生态耕种技术的农户，典型示范效应强的农户给予优先和大力度支持，以强带弱，以优带劣，以此形成良性的引导机制，实现保护性耕作与耕地的可持续发展。农户采纳绿色生产技术最直接的是增加农业生产资料的投入，因此，为鼓励农户积极采用技术，需要政府提供补贴。

另外，由于绿色生产技术的生态效益，不仅采纳该项技术的农户可以享受，其他人也可以无偿享有。而不采纳绿色技术的农户带来的生态污染，其他人也要一起承担责任和后果。因此，更需要补贴等政策的激励，加大公共产品，特别是社会保障的供给力度。

在制定补贴政策时，首先，由于不同类型的农户对不同类型的绿色生产技术的意愿和决策都是具有一定差异的，因此综合考虑自身特征，可以对不同的地区，不同类型的农户，不同的绿色技术有针对性地，因地制宜制定生态补贴政策。其次，可以丰富补贴的形式，例如现金补贴、农机补贴、实物补贴、服务价格补贴等，可实行多样化补贴组合，如实物补贴和现金补贴相结合、农机补贴和实物补贴相结合、农资补贴和技术补贴相结合等。再次，应增强电商相关政策普惠性。现行政策导致市场资源向大户倾斜，政府应给予弱势农户更多财政补贴与政策支持，将政策落实到每个生产单元，从根本上树立农户参与电商经济的信心，打破弱势群体“信息孤岛”现象，逐步将更多满足条件的农户纳入到农村电商的产业链条中。最后，政府可以对农户采取广泛的调研，听取农户对现有补贴政策的实际感受，采取措施进行更合理的调整，提高农户对国家补贴政策实施的满意度。

此外，实施补贴时要进行广泛的宣传，让农户能够清楚明白地知晓补贴的信息，充分调动农民积极性。

9.2.2 切实满足农户情感反馈需求

从情感支持角度看，政府应在农户绿色生产技术采纳过程中遇到困难时，给予充分的关心和帮助，同时给予充分尊重，重视农户在环境治理中所作出的贡献，进而强化农户对政府组织的认同感和忠诚度，强化农户对绿色生产技术的采纳意愿。大力推广绿色农业技术的社会化服务，增加对小农户的技术帮扶力度，降低或分摊绿肥种植成本。从感知非货币收益的角度来看，应注重提高小农户对绿色农业生产和环境改善的认知水平，促进可持续发展农业的信息广泛传播，发挥邻里之间的示范效应。让农户亲眼看到生态耕种所带来的好处及自身的稳定性，强化对绿色生产技术从改善环境到身心健康的认可，全面、深入地了解生态耕种技术，提高农户整体的认知程度，培养农户的亲环境意识，提高农户对亲环境农业生产行为的认知程度，进而提高其采纳生态耕种意愿，实现从源头减少化肥农药过量施用带来的面源污染。通过设计合理的激励政策，可以奖代补；也可以对那些具有强烈意愿采纳生态耕种技术的农户，典型示范效应强的农户给予优先和大力度支持，以强带弱，以优带劣，以此形成良性的引导机制，实现保护性耕作与耕地的可持续发展。完善环境规制体系，设定阶段性技术创新目标。政府不仅要强化环保行为，还要真作为，更要着眼于环保有为的长效机制。

9.2.3 创新市场体制，有效提升农户收入

“三农”问题的重中之重是解决农民的收入问题。一方面，农村经济的良好发展和农民群体的幸福感提升与国家政治和经济全局发展密切相关。改革开放以来，随着经济结构变化和农村经济发展，“绿水青山就是金山银山”主要带来的是农民收入水平的提高以及结构的变化。采纳绿色生产技术具有良好的经济收益和生态效益，从感知货币价值（经济收益）的角度来看，通过拓宽绿色农产品的销售渠道，提高绿色农产品的市场认可度，完善生态农产品市场运行机制，从而提升农户

的收入。另一方面,需要大力推广绿色农业技术的社会化服务,增加对小农户的技术帮扶力度,降低或分摊其绿肥种植成本。

我国应建立和完善农业绿色生产的质量认证体系和地理标志产品绿色生产的相关市场机制。绿色农产品、有机农产品,绿色地理标志农产品,将提高农业绿色产品的市场价值,提高优质绿色产品的价格竞争力。在绿色农产品和市场之间免费提供高效的联系,让农民不用担心绿色农产品卖不出去,卖不上好价钱,从而提高农民的绝对收入和相对收入。农户作为"理性经济人",对绿色生产技术的感知价值是影响其采纳行为的重要因素,其中农户的感知货币收益显著正向影响其对绿色生产技术的采纳行为。绿色生产技术具有良好的经济收益,因此,通过拓宽绿色农产品的销售渠道,提高绿色农产品的市场认可度,完善生态农产品市场运行机制,从而提升农户的收入。

结合本书,基于"理性经济人假设",农户决定是否从事绿色农业生产行为,关键在于农户能否从绿色农业生产行为中获得收益并使其收益最大化。从理论上来讲,绿色农产品生产能够提高生产者的种植业每亩纯收入。绿色农产品因生产成本较高,因此分析生产者生产绿色农产品能否获利,需要综合考虑绿色农产品的成本、产量以及售价,只有与普通农产品相比,绿色农产品生产的利润空间更大时,生产者在生产决策时才会转变生产方式,由普通农产品生产转向绿色农产品生产。

9.2.4　完善农村治理体制,大力推动农户社会地位提升

根据马斯洛的需求理论,生理需要,安全需要,爱与归属的需要、尊重的需要、自我实现的需要构成了一个人的多种动机和需求。自我实现的需要是其中最高等级的一种需要。如果参与农业绿色生产可以成为选举村主任(村干部),农业合作社负责人和获得各种补贴的先决条件,这将使农民不仅享受到农业绿色生产带来的经济效益、生态效益,还能更好地达成自我实现的"幸福果实"。农业合作社兼具服务功能和监管职能,能够成为小农户和现代绿色农业发展衔接的桥梁。如果农户参与绿色农业技术就能够成为合作社负责人或者在合作社中有话语权,那么农村就是一个熟人社会,实际展示绿色生产技术给农户带来增加收入,改善生态环境、提高自身社会地位等好处的宣传,有效提高农户的绿色生产认知。

9.3　研究局限与未来展望

本书在相关文献研究的基础上,深入探讨了感知价值、政府支持对农户绿色生产技术采纳行为影响的机理。运用陕西省 1138 户猕猴桃种植户的实地调研数据,进一步通过对感知价值和政府支持的测度,实证分析了感知价值、政府支持对猕猴

桃种植户绿色生产技术采纳意愿、行为决策和效果的影响得出较为丰富的研究结论，在此基础上提出相应的有针对性的政策建议，具有重要的理论和实践的借鉴意义。然而整个研究中由于作者个人能力的局限性，还存在一些不足之处，有待研究探索和发现，从而进一步改进和完善，具体如下：

(1)本研究根据计划行为理论、农户行为理论、感知价值理论、市场失灵理论等相关理论，结合分层逐级抽样与随机抽样相结合的方式，基于微观农户视角，抽取了陕西省周至县、眉县、杨陵区、武功县的1138户猕猴桃种植户进行实地入户调查，作为样本进行研究。陕西省秦岭北麓，南依秦岭，北跨渭河，地形平缓、气候温和、雨量适中、土壤深厚且肥沃，被国内外专家公认为猕猴桃最佳原产地和集中产区，是全球最大的猕猴桃生产基地之一，因此本书数据能够较好地反映猕猴桃绿色生产技术的一些客观情况。但限于时间和篇幅有限，本研究没有对不同省区进行分析。不同省区之间政治、经济、自然、法律环境有很大的区别，例如环境面源污染程度、环境治理技术选择、经济发展等方面，可能由此产生样本瞄准性偏差，并不能反映所有猕猴桃种植区域的实际情况。此外，本书只是研究分散个体小农户，由于农户类型的多样性和异质性，应该增加对新型经营主体的研究。因此在充足时间和经费的基础上，今后要扩展研究区域和拓宽研究对象，扩大调研范围，增加样本容量，进一步保证研究结果的可信性和典型性。

(2)感知价值、政府支持、农户采纳绿色生产技术的测度方法目前学术界尚未达成共识。本书运用了计量经济学和描述性统计分析的方法，但是受作者专业领域的限制，变量多采用比较主观的指标，有一定的局限性。在调研数据的获取过程中，难免存在隐瞒和主观臆想的问题，未能客观反映现实情况，从而影响到实证结果的合理性。因此，在未来研究中，要着力完善与丰富变量测度相关指标，选取更为客观的测度指标，也可采用更为深入的入户访谈形式或者长期观察的方式，进行面板数据的收集，深入研究农户绿色生产技术采纳行为的动态变化，以保证估计结果的客观性。未来的研究中应加强与其他学科领域的学者之间的交流与合作，将农户主观评价与试验、观测等方法进行结合，提升研究结论的科学性和合理性。

(3)综合考虑调研的可操作性、代表性以及农户习惯的相似性等因素，本文选取已经形成较大集中连片猕猴桃产区的陕西省眉县、周至县、武功县和杨陵区作为调研地区。在获取调研数据的基础上，本研究将内在因素感知价值和外在因素政府支持纳入农户绿色生产技术采纳行为影响的分析框架中，运用多种模型分析方法，按照“绿色生产技术采纳意愿—绿色生产技术采纳行为—绿色生产技术持续采纳行为—绿色生产技术采纳效应”的过程展开研究，为提升农业政府支持水平提供理论依据和政策建议，为乡村振兴战略下的农业绿色生产转型提供决策参考和研究支持。但是“意愿”和“行为”之间是否有关系，“使用”和“持续使用”之间是否也有关系，这是今后将进一步探讨的问题。

(4)农户采纳绿色生产技术受到多种因素的影响，本研究在现有研究的基础上，融入社会学、心理学、经济学等多学科知识。但是在部分实证章节模型运用中，未考虑样本选择问题或者自变量与因变量之间可能存在的因果关系以及遗漏变量和联立性，难以规避出现变量的内生性问题。在各个模型的随机残差项中，难免会有一些未列为自变量的因素。虽然本研究的实证研究均做了稳健性检验，并且感知价值和政府支持变量是因子分析得到的综合指数，这些均可在一定程度上减轻内生性的影响，但是在未来的研究中，还是应进一步提高实证研究和模型使用的科学性，寻找合适的工具变量，以保证模型估计结果的稳健性。

参考文献

白长虹，廖伟，2001. 基于感知价值的顾客满意研究[J]. 南开学报(6)：14－20.

白琳，2009. 顾客感知价值、顾客满意和行为倾向的关系研究述评[J]. 管理评论，21(1)：87－93.

鲍曙光，2022. 农业领域政府和社会资本合作是否推动了县域农业经济发展?：基于多期倍差法的经验证据[J]. 中国农村经济(1)：61－75.

毕素梅，田亮，2004. 顾客价值的整合实施研究[J]. 企业活力(5)：22－23.

卞晨，初钊鹏，王晗，2022."双碳"目标下政府支持企业绿色低碳技术研发政策模拟研究[J]. 软科学(10)：1－12.

别智鑫，翟梅枝，李春茂，2006. 不同施肥处理对"秦美"猕猴桃贮藏性及其品质的影响[J]. 西北植物学报，26(9)：1950－1954.

宾幕容，覃一枝，周发明，2016. 湘江流域农户生猪养殖污染治理意愿分析[J]. 经济地理，36(11)：154－160.

波特，2005. 竞争优势[M]. 陈小悦，译. 北京：华夏出版社.

曹光乔，张宗毅，2008. 农户采纳保护性耕作技术影响因素研究[J]. 农业经济问题(8)：69－74.

曹慧，赵凯，2019. 农户非农就业、耕地保护政策认知与亲环境农业技术选择：基于产粮大县1422份调研数据[J]. 农业技术经济(5)：52－65.

曹前满，2020. 我国绿色农业发展的层次与结构体系的逻辑研究[J]. 当代经济管理，42(9)：1－9.

蔡键，2013. 不同资本禀赋下资金借贷对农业技术采纳的影响分析[J]. 中国科技论坛(10)：93－98.

蔡起华，朱玉春，2015. 社会信任、关系网络与农户参与农村公共产品供给[J]. 中国农村经济(7)：57－69.

蔡荣，汪紫钰，杜志雄，2019. 示范家庭农场技术效率更高吗?：基于全国家庭农场监测数据[J]. 中国农村经济(3)：65－81.

蔡卫星，高明华，2013. 政府支持、制度环境与企业家信心[J]. 北京工商大学学报(社会科学版)(5)：118－126.

蔡宇平，2000. 论西方市场失灵理论的局限性[J]. 财政研究(8)：49－58.

畅华仪，张俊飚，何可，2019. 技术感知对农户生物农药采用行为的影响研究[J]. 长江流域资源与环境，28(1)：202－211.

畅倩，李晓平，谢先雄，等，2020. 非农就业对农户生态生产行为的影响：基于农业生产经营特征的中介效应和家庭生命周期的调节效应[J]. 中国农村观察(1)：76－93.

陈多闻，陈明惠，2018. 公众生态认知和生态行为的调查：基于四川省的数据[J]. 云南农业大学学报(社会科学)，12(2)：63－68.

陈刚，李树，2012. 政府如何能够让人幸福?：政府质量影响居民幸福感的实证研究[J]. 管理世界(8)：55－67.

陈吉宁，2016. 有序有力有效推进地方环保管理体制改革[J]. 环境保护，44(18)：9－10.

陈亮，谢琦，2018. 乡村振兴过程中公共事务的"精英俘获"困境及自主型治理：基于H省L县"组组通工程"的个案研究[J]. 社会主义研究(5)：113－121.

陈雷，2012. 保护好生命之源、生产之要、生态之基：落实最严格水资源管理制度[J]. 求是(14)：38－40.

陈美球，冯黎妮，周丙娟，等，2008. 农户耕地保护性投入意愿的实证分析[J]. 中国农村观察(5)：23－29.

陈前恒，林海，郭沛，2011. 贫困地区农村基础教育可及性与农民的主观幸福感[J]. 中国人口科学(5)：94－102.

陈前恒，林海，吕之望，2014. 村庄民主能够增加幸福吗?：基于中国中西部120个贫困村庄1800个农户的调查[J]. 经济学，13(2)：723－744.

陈儒，姜志德，2018. 农户对低碳农业技术的后续采用意愿分析[J]. 华南农业大学学报(社会科学版)，17(2)：31－43.

陈素琼，张广胜，2017. 城市农民工家庭化迁移模式变迁及其幸福效应：基于CGSS数据的追踪研究[J]. 农业技术经济(8)：67－80.

陈雪婷，冯中朝，黄炜虹，等，2021. 经营规模对农户异质性生态生产行为的影响研究[J]. 长江流域资源与环境，30(5)：1252－1263.

陈雪婷，黄炜虹，齐振宏，等，2020. 生态种养模式认知、采纳强度与收入效应：以长江中下游地区稻虾共作模式为例[J]. 中国农村经济(10)：71－90.

陈永伟，史宇鹏，2013. 幸福经济学视角下的空气质量定价：基于CFPS 2010年数据的研究[J]. 经济科学(6)：77－88.

陈雨露，马勇，杨栋，2009. 农户类型变迁中的资本机制：假说与实证[J]. 金融研究(4)：52－62.

陈雨生，朱玉东，张琳，2016. 农户环保型农资选择行为研究?：基于实验经济学[J]. 农业经济问题，37(8)：33－40.

陈宇翔，黄善林，刘兆军，2022. 风险认知对农户土地托管决策影响研究[J]. 中国土地科学,36(10):21 - 30.

陈玉萍,吴海涛,陶大云,等,2010.基于倾向得分匹配法分析农业技术采用对农户收入的影响:以滇西南农户改良陆稻技术采用为例[J].中国农业科学,43(17):3667 - 3676.

陈振明,1996.市场失灵与政府失败:公共选择理论对政府与市场关系的思考及其启示[J].厦门大学学报(哲学社会科学版)(2):1 - 7.

成海清,李敏强,2007.顾客价值概念内涵、特点及评价[J].西北农林科技大学学报(社会科学版),7(2):34 - 38.

程琳琳,张俊飚,何可,2019.网络嵌入与风险感知对农户绿色生产技术采纳行为的影响分析:基于湖北省615个农户的调查数据[J].长江流域资源与环境(7):1736 - 1746.

程名望,华汉阳,2020.购买社会保险能提高农民工主观幸福感吗?:基于上海市2942个农民工生活满意度的实证分析[J].中国农村经济(2):46 - 61.

储成兵,李平,2013.农户农用地流转意愿及流转数量影响因素实证分析:基于安徽省278户农户的调查数据[J].软科学,27(4):83 - 87.

储成兵,2015.农户病虫害综合防治技术的采纳决策和采纳密度研究:基于Double-Hurdle模型的实证分析[J].农业技术经济(9):117 - 127.

褚彩虹,冯淑怡,张蔚文,2012.农户采用环境友好型农业技术行为的实证分析:以有机肥与测土配方施肥技术为例[J].中国农村观察(3):68 - 77.

崔宝玉,张忠根,2009.农村公共产品农户供给行为的影响因素分析:基于嵌入性社会结构的理论分析框架[J].南京农业大学学报(社会科学版),9(1):85 - 104.

崔宝玉,刘峰,2013.快速发展战略选择下的合作社政府规制及其改进[J].农业经济问题(2):49 - 55.

崔宝玉,2014.政府规制、政府俘获与合作社发展[J].南京农业大学学报(社会科学版),14(5):26 - 33.

崔登峰,黎淑美,2018.特色农产品顾客感知价值对顾客购买行为倾向的影响研究:基于多群组结构方程模型[J].农业技术经济(12):119 - 129.

崔民,张济舟,夏显力,2021.参与培训对农户生态农业技术采纳行为的影响:基于生态认知的中介效应和遮掩效应[J].干旱区资源与环境,35(11):38 - 46.

崔亚飞,BLUEMLING B,2018.农户生活垃圾处理行为的影响因素及其效应研究:基于拓展的计划行为理论框架[J].干旱区资源与环境,32(4):37 - 42.

戴薇,张博,2012.周至县猕猴桃产业升级的调查与思考[J].西北农林科技大学学报(社会科学版),12(2):73 - 77.

邓大才,2013.改造传统农业:经典理论与中国经验[J].学术月刊,45(3):14 - 25.

邓祥宏,穆月英,钱加荣,2011.我国农业技术补贴政策及其实施效果分析:以测土配方施肥补贴为例[J].经济问题(5):79-83.

邓远建,肖锐,严立冬,2015.绿色农业产地环境的生态补偿政策绩效评价[J].中国人口·资源与环境,25(1):120-126.

丁长发,2010.百年小农经济理论逻辑与现实发展:与张新光商榷[J].农业经济问题,31(1):96-102.

丁鹏程,孙玉栋,梅正午,2019.财政分权、地方政府行为与环境污染:基于30个省份SO_2排放量的实证研究[J].经济问题探索(11):37-48.

东梅,赵家艺,高越红,等,2019.安置区移民生态意识会影响其生态行为吗?:来自宁夏的证据[J].干旱区资源与环境,33(9):50-56.

董红敏,李玉娥,朱志平,2009.农村户用沼气CDM项目温室气体减排潜力[J].农业工程学报(11):293-296.

董景荣,张文卿,陈宇科,2021.环境规制工具、政府支持对绿色技术创新的影响研究[J].产业经济研究(3):1-16.

董莹,穆月英,2019.农户环境友好型技术采纳的路径选择与增效机制实证[J].中国农村观察(2):34-48.

窦璐,2016.旅游者感知价值、满意度与环境负责行为[J].干旱区资源与环境(1):197-202.

杜斌,康积萍,李松柏,2014.农户安全生产意愿影响因素分析[J].西北农林科技大学学报(社会科学版),14(4):71-75.

杜丽群,程俊霞,2021."经济人"假设与人工智能时代[J].北京大学学报(哲学社会科学版),58(6):147-157.

杜运伟,景杰乡,2019.乡村振兴战略下农户绿色生产态度与行为研究[J].云南民族大学学报(哲学社会科学版),36(1):95-103.

杜志雄,2015."新农人"引领中国农业转型的功能值得重视[J].世界农业(9):248-250.

段文婷,江光荣,2008.计划行为理论述评[J].心理科学进展,16(2):315-320.

樊翔,张军,王红,2017.农户禀赋对农户低碳农业生产行为的影响:基于山东省大盛镇农户调查[J].水土保持研究(1):265-271.

范庆泉,周县华,张同斌,2016.动态环境税外部性、污染累积路径与长期经济增长:兼论环境税的开征时点选择问题[J].经济研究,51(8):116-128.

范秀成,罗海成,2003.基于顾客感知价值的服务组织竞争力探析[J].南开管理评论(6):24-27.

方松海,孔祥智,2005.农户禀赋对保护地生产技术采纳的影响分析:以陕西、四川和宁夏为例[J].农业技术经济(3):35-42.

房敏,孙颖,2022.高等教育对主观幸福感的净效应评估:基于多组倾向得分匹配的准实验研究[J].大学教育科学(5):72-84.

丰军辉,何可,张俊飚,2014.家庭禀赋约束下农户作物秸秆能源化需求实证分析:湖北省的经验数据[J].资源科学,36(3):530-537.

冯小,2015.新型农业经营主体培育与农业治理转型:基于皖南平镇农业经营制度变迁的分析[J].中国农村观察(2):23-32.

冯晓龙,霍学喜,2016.社会网络对农户采用环境友好型技术的激励研究[J].重庆大学学报(社会科学版),22(3):72-81.

冯燕,吴金芳,2018.合作社组织、种植规模与农户测土配方施肥技术采纳行为:基于太湖、巢湖流域水稻种植户的调查[J].南京工业大学学报(社会科学版),17(6):28-37.

傅军胜,2014.让农村经济为农村居民幸福服务:中国农村居民幸福指数研究书评[J].中国农村经济(12):90-92.

傅新红,宋汶庭,2010.农户生物农药购买意愿及购买行为的影响因素分析:以四川省为例[J].农业技术经济(6):120-128.

盖豪,颜廷武,张俊飚,2018.基于分层视角的农户环境友好型技术采纳意愿研究:以秸秆还田为例[J].中国农业大学学报,23(4):170-182.

盖豪,颜廷武,何可,等,2019.社会嵌入视角下农户保护性耕作技术采用行为研究:基于冀、皖、鄂 3 省 668 份农户调查数据[J].长江流域资源与环境,28(9):2141-2153.

盖豪,颜廷武,张俊飚,2020.感知价值、政府规制与农户秸秆机械化持续还田行为:基于冀、皖、鄂三省 1288 份农户调查数据的实证分析[J].中国农村经济(10):106-123.

盖豪,颜廷武,周晓时,2021.政策宣传何以长效?:基于湖北省农户秸秆持续还田行为分析[J].中国农村观察(6):65-84.

淦未宇,刘伟,徐细雄,2015.组织支持感对新生代农民工离职意愿的影响效应研究[J].管理学报,12(11):1623-1631.

高翠云,王倩,2020.绿色经济发展与政府环保行为的互动效应[J].资源科学,42(4):776-789.

高辉灵,梁昭坚,陈秀兰,2011.测土配方施肥技术采纳意愿的影响因素分析:基于对福建省农户的问卷调查[J].福建农林大学学报(哲学社会科学版),14(1):52-56.

高仙草,2018.乡村振兴战略背景下农户绿色生产行为研究[J].乡村科技(9):27-28.

高祥照,2008.我国测土配方施肥进展情况与发展方向[J].中国农业资源与区划(1):

7－10.
高昕，2019. 乡村振兴战略背景下农户绿色生产行为内在影响因素的实证研究[J]. 经济经纬，36(3)：41－48.
高杨，牛子恒，2019. 风险厌恶、信息获取能力与农户绿色防控技术采纳行为分析[J]. 中国农村经济(8)：109－127.
高瑛，王娜，李向菲，等，2017. 农户生态友好型农田土壤管理技术采纳决策分析：以山东省为例[J]. 农业经济问题，38(1)：38－47.
高芸，2014. 农户有机农业生产意愿及发展路径：基于江苏的实证研究[D]. 无锡：江南大学.
郜亮亮，冀县卿，黄季焜，2013. 中国农户农地使用权预期对农地长期投资的影响分析[J]. 中国农村经济(13)：24－33.
葛继红，周曙东，2011. 农业面源污染的经济影响因素分析：基于1978—2009年的江苏省数据[J]. 中国农村经济(5)：72－81.
耿宇宁，郑少锋，陆迁，2017. 经济激励、社会网络对农户绿色防控技术采纳行为的影响：来自陕西猕猴桃主产区的证据[J]. 华中农业大学学报(社会科学版)(6)：59－69.
耿宇宁，郑少锋，王建华，2017. 政府推广与供应链组织对农户生物防治技术采纳行为的影响[J]. 西北农林科技大学学报(社会科学版)，17(1)：116－122.
耿宇宁，郑少锋，刘婧，2018. 农户绿色防控技术采纳的经济效应与环境效应评价：基于陕西省猕猴桃主产区的调查[J]. 科技管理研究(2)：245－251.
巩前文，张俊飚，李瑾，2008. 农户施肥量决策的影响因素实证分析：基于湖北省调查数据的分析[J]. 农业经济问题(10)：63－68.
龚继红，黄梦思，马玉申，等，2016. 农民背景特征、生态环境保护意识与农药施用行为的关系[J]. 生态与农村环境学报，32(4)：546－551.
龚继红，何存毅，曾凡益，2019. 农民绿色生产行为的实现机制：基于农民绿色生产意识与行为差异的视角[J]. 华中农业大学学报(社会科学版)(1)：68－76.
谷树忠，1994. 恰亚诺夫家庭发展分析法及其现实意义[J]. 人口与经济(1)：57－60.
官皓，2010. 收入对幸福感的影响研究：绝对水平和相对地位[J]. 南开经济经纬(5)：56－70.
郭格，陆迁，2018. 基于TAM的内在感知对影响农户不同节水灌溉技术采用的研究：以甘肃张掖市为例[J]. 中国农业资源与区划，39(7)：129－136.
郭锦墉，肖剑，汪兴东，2019. 主观规范、网络外部性与农户农产品电商采纳行为意愿[J]. 农林经济管理学报(4)：453－461.
郭清卉，李世平，李昊，2018. 基于社会规范视角的农户化肥减量化措施采纳行为研究[J]. 干旱区资源与环境,32(10):50 - 55.

郭晓彬,姚娟,付鹏飞,2021. 游客生态系统文化服务价值感知的生态消费行为选择意愿效应[J]. 华中师范大学学报(自然科学版)(10):1 - 9.

郭晓鸣,任永昌,廖祖君,2009. 中新模式,现代农业发展的重要探索:基于四川蒲江县猕猴桃产业发展的实证分析[J]. 中国农村经济(11):17 - 24.

国亮,侯军歧,2011. 农业节水灌溉技术扩散过程中的影响因素分析[J]. 西安电子科技大学学报(社会科学版),21(1):50 - 55.

韩长赋,2010. 毫不动摇地加快转变农业发展方式[J]. 求是(10):29 - 32.

韩成英,2016. 农户感知价值对其农业废弃物资源化行为的影响研究[D]. 武汉:华中农业大学.

韩洪云,蔡书凯,2011a. 农药施用健康成本及其影响因素研究:基于粮食主产区农户调研数据[J]. 中国农业大学学报,16(5):163 - 170.

韩洪云,杨增旭,2011b. 农户测土配方施肥技术采纳行为研究:基于山东省枣庄市薛城区农户调研数据[J]. 中国农业科学,44(23):4962 - 4970.

韩会平,2013. 农户采用测土配方施肥技术的影响因素分析[D]. 南京:南京农业大学.

韩礼星,李明,黄贞光,等,2004. 世界猕猴桃进出口概况[J]. 世界农业(3):27 - 28.

韩青,2005. 农户灌溉技术选择的激励机制:一种博弈视角的分析[J]. 农业技术经济(6):22 - 25.

韩一军,李雪,付文阁,2015. 麦农采用农业节水技术的影响因素分析:基于北方干旱缺水地区的调查[J]. 南京农业大学学报(社会科学版),15(4):62 - 69.

郝身永,白艳娟,2015. 幸福指数作为经济社会发展程度度量指标的适用性研究[J]. 西安财经学院学报,28(6):103 - 108.

何浩然,张林秀,李强,2006. 农民施肥行为及农业面源污染研究[J]. 农业技术经济(6):2 - 10.

何可,张俊飚,2014. 农业废弃物资源化的生态价值:基于新生代农民与上一代农民支付意愿的比较分析[J]. 中国农村经济(5):62 - 73.

何可,张俊飚,张露,等,2015. 人际信任、制度信任与农民环境治理参与意愿:以农业废弃物资源化为例[J]. 管理世界(5):75 - 88.

何立新,潘春阳,2011. 破解中国的“Easterlin 悖论”:收入差距、机会不均与居民幸福感[J]. 管理世界(8):11 - 22.

何凌霄,南永清,张忠根,2016a. 老龄化、社会网络与家庭农业经营:来自 CFPS 的证据[J]. 经济评论(2):85 - 97.

何凌霄,南永清,张忠根,2016b. 老龄化、服务性消费与第三产业发展:来自中国省级面板数据的证据[J]. 财经论丛(10):11－18.
何凌云,黄季焜,2001. 土地使用权的稳定性与肥料使用:广东省实证研究[J]. 中国农村观察(5):42－48.
何秀荣,2018. 技术制度、与绿色农业[J]. 河北学刊(11):293－296.
贺京同,那艺,郝身永,2014. 决策效用、体验效用与幸福[J]. 经济研究,49(7):176－188.
贺文丽,李星敏,朱琳,等,2011. 基于 GIS 的关中猕猴桃气候生态适宜性区划[J]. 中国农学通报,27(22):202－207.
贺志武,胡伦,陆迁,2018. 农户风险偏好、风险认知对节水灌溉技术采用意愿的影响[J]. 资源科学,40(4):797－808.
侯晓康,刘天军,黄腾,等,2019. 农户绿色农业技术采纳行为及收入效应[J]. 西北农林大学学报(社会科学版)(3):121－131.
胡帮勇,2012. 贫困地区农户采用 IPM 技术的调查与思考:以四川省仪陇县为例[J]. 江苏农业科学,40(10):408－410.
胡海华,2016. 社会网络强弱关系对农业技术扩散的影响:从个体到系统的视角[J]. 华中农业大学学报(社会科学版)(5):47－54.
胡宏兵,高娜娜,2019. 教育程度与居民幸福感:直接效应与中介效应[J]. 教育研究,40(11):111－123.
胡伦,陆迁,2018. 干旱风险冲击下节水灌溉技术采用的减贫效应:以甘肃省张掖市为例[J]. 资源科学,40(2):417－426.
胡鹏辉,田牧野,2014. 农业绿色转型:意义与道路[J]. 西南石油大学学报(社会科学版),16(1):46－49.
胡平波,钟漪萍,2019. 政府支持下的农旅融合促进农业生态效率提升机理与实证分析:以全国休闲农业与乡村旅游示范县为例[J]. 中国农村经济(12):85－104.
胡银根,杨春梅,董文静,等,2020. 基于感知价值理论的农户宅基地有偿退出决策行为研究:以安徽省金寨县典型试点区为例[J]. 资源科学,42(4):685－695.
胡宗义,李继波,刘亦文,2017. 中国环境质量与经济增长的空间计量分析[J]. 经济经纬,34(3):13－18.
华春林,张灿强,2016. 农户响应农业面源污染治理教育引导机制的行为研究:以测土配方施肥项目为例[J]. 生态经济,32(10):193－197.
黄炳凯,耿献辉,2022. 劳动力机会成本上升是生猪养殖资本化发展的原因吗? [J]. 农林经济管理学报,21(3):331－341.
黄飞雪,2011. 生态补偿的科斯与庇古手段效率分析:以园林与绿地资源为例[J]. 农业经济问题,32(3):92－97.
黄国斌,李家贵,2010. 测土配方施肥对玉米养分吸收、产量及效益的影响[J]. 贵州农业科学，38(1)：23－25.
黄季焜，齐亮，陈瑞剑，2008. 技术信息知识、风险偏好与农民施用农药[J]. 管理世界(5)：71－76.
黄季焜，胡瑞法，智华勇，2009. 基层农业技术推广体系30年发展与改革：政策评估和建议[J]. 农业技术经济(1)：4－11.
黄嘉文，2016. 收入不平等对中国居民幸福感的影响及其机制研究[J]. 社会，36(2)：123－145.
黄京，乔岩，刘瑞涵，等，2021. 京郊农户草莓绿色生产现状调查初报[J]. 中国植保导刊，41(6)：105－108.
黄丽，黄天齐，2016. 基于财政激励的农业资源利用正外部性研究[J]. 中国农业资源与区划，37(8)：230－236.
黄鹏进，2008. 农民的行动逻辑：社会理性抑或经济理性：关于"小农理性"争议的回顾与评析[J]. 社会科学论坛(学术评论卷)(8)：65－73.
黄琪，2014. 信息不对称与市场效率的关系研究[D]. 济南：山东大学.
黄少安，2013. 罗纳德·科斯与新古典制度经济学[J]. 经济学动态(11)：97－109.
黄腾，赵佳佳，魏娟，等，2018. 节水灌溉技术认知、采用强度与收入效应：基于甘肃省微观农户数据的实证分析[J]. 资源科学，40(2)：347－358.
黄婷婷，刘莉倩，王大华，2016. 经济地位和计量地位：社会地位比较对主观幸福感的影响及其年龄差异[J]. 心理学报，48(9)：1163－1174.
黄炜虹，齐振宏，邬兰娅，等，2016. 农户环境意识对环境友好行为的影响：社区环境的调节效应研究[J]. 中国农业大学学报，21(11)：155－164.
黄武，2010. 农户对有偿技术服务的需求意愿及其影响因素分析：以江苏省种植业为例[J]. 中国农村观察(2)：54－62.
黄晓慧，王礼力，陆迁，2019. 农户认知、政府支持与农户水土保持技术采用行为研究：基于黄土高原1152户农户的调查研究[J]. 干旱区资源与环境，33(3)：21－25.
黄晓慧，陆迁，王礼力，2020. 资本禀赋、生态认知与农户水土保持技术采用行为研究：基于生态补偿政策的调节效应[J]. 农业技术经济，30(9)：64－72.
黄炎忠，罗小锋，2018. 既吃又卖：稻农的生物农药施用行为差异分析[J]. 中国农村经济(7)：63－78.
黄永明，何凌云，2013. 城市化、环境污染与居民主观幸福感：来自中国的经验证据[J]. 中国软科学(12)：82－93.
黄玉祥，韩文霆，周龙，等，2012. 农户节水灌溉技术认知及其影响因素分析[J]. 农业工程学报，28(18)：113－120.
黄祖辉，高钰玲，2012. 农民专业合作社服务功能的实现程度及其影响因素[J]. 中国农村经济(7):4－16.
黄祖辉,钟颖琦,王晓莉,2016.不同政策对农户农药施用行为的影响.中国人口·资源与环境,26(8):148－155.
惠文静,2016.电商模式下"互联网＋现代农业"前景研究:以陕西省眉县猕猴桃产业为例[D].咸阳:西北农林科技大学.
霍尚一,2011.猕猴桃产业发展的奇迹:新西兰猕猴桃的案例启示[J].生态经济(5):131－135.
姬琳雪,孔荣,2023.收入质量、社会地位与农户主观幸福感:基于陕西省农户调查数据的实证分析[J].新疆农垦经济(1):16－26.
季磊,王金锋,李小功,2021.陕西省渭南市临渭区猕猴桃产业发展现状与对策建议[J].林业经济问题(4):5－7.
贾晋,李雪峰,2019."富人治村"是否能够带动农民收入增长:基于CFPS的实证研究[J].农业技术经济(11):93－103.
贾蕊,2018.集体行动对农户水土保持措施采用影响研究[D].咸阳:西北农林科技大学.
贾雪莉,董海荣,戚丽丽,等,2011.蔬菜种植户农药使用行为研究:以河北省为例[J].林业经济问题,31(3):266－270.
贾亚娟,叶凌云,赵敏娟,2022.村庄制度对农村居民生活垃圾分类治理行为的影响研究:基于计划行为理论的分析[J].生态经济(9):1－15.
姜维军,颜廷武,张俊飚,2021.互联网使用能否促进农户主动采纳秸秆还田技术:基于内生转换Probit模型的实证分析[J].农业技术经济(3):50－62.
姜维军,颜廷武,2023."情理兼顾":社会支持对农户秸秆还田技术主动采纳行为的影响分析[J].中国农业大学学报,28(1):263－277.
姜雅莉,张祖庆,贾金荣,2007.陕西周至县猕猴桃产业存在的问题及对策[J].安徽农业科学(21):6413－6414.
靳乐山,郭建卿,2011.农村居民对环境保护的认知程度及支付意愿研究:以纳板河自然保护区居民为例[J].资源科学,33(1):50－55.
金影怡,许彬,张蔚文,2019.风险、模糊与个体决策行为研究综述:兼论其在农业技术扩散中的应用[J].农业技术经济(7):15－27.
鞠磊,2010.科学发展观下的社会性规制问题研究:以蔬菜安全为例[D].北京:北京工商大学.
康晓梅,2015.何处是"田园净土"?:农业污染已超工业[J].生态经济,31(6):6－9.
孔祥斌,2020.中国耕地保护生态治理内涵及实现路径[J].中国土地科学,34(12):1－10.

孔祥智,方松海,庞晓鹏,等,2004.西部地区农户禀赋对农业技术采纳的影响分析[J].经济研究(12):85-95.

孔祥智,李圣军,马九杰,等,2006.农村公共产品供给现状及农户支付意愿研究[J].中州学刊(4):54-58.

孔祥智,楼栋,2012.农业技术推广的国际比较、时态举证与中国对策[J].改革(1):12-23.

旷浩源,2014.农村社会网络与农业技术扩散的关系研究:以G乡养猪技术扩散为例[J].科学学研究,32(10):1518-1524.

邝佛缘,金建君,邱欣,2022.农户绿色生产技术采纳行为及其效应:以测土配方施肥技术为例[J].中国农业大学学报,27(10):226-235.

雷卫,2016.宗教信仰、经济收入与城乡居民主观幸福感[J].农业技术经济(7):98-110.

李爱国,2007.第三方物流顾客感知价值模型实证研究[D].四川:西南交通大学.

李傲群,李学婷,2019.基于计划行为理论的农户农业废弃物循环利用意愿与行为研究:以农作物秸秆循环利用为例[J].干旱区资源与环境,33(12):33-40.

李芬妮,张俊飚,何可,2019.非正式制度、环境规制对农户绿色生产行为的影响:基于湖北1105份农户调查数据[J].资源科学,41(7):1227-1239.

李丰,2015.稻农节水灌溉技术采用行为分析:以干湿交替灌溉技术(AWD)为例[J].农业技术经济(11):53-61.

李海燕,蔡银莺,2012.征地前后农民感知变化与征地意愿的结构方程模型研究:以武汉市江夏区被征农户为例[J].自然资源学报,27(11):1834-1844.

李昊,李世平,南灵,2018.农户农业环境保护为何高意愿低行为?:公平性感知视角新解[J].华中农业大学学报(社会科学版)(2):18-27.

李辉婕,胡侦,陈洋庚,2019.资本禀赋、获得感与农民有序政治参与行为:基于CGSS2015数据的实证研究[J].农业技术经济(10):13-26.

李宏岳,2017.我国地方政府环保财政支出和环保行为的环境治理效应实证研究[J].经济体制改革(4):130-136.

李后建,2012.农户对循环农业技术采纳意愿的影响因素实证分析[J].中国农村观察(2):229-235.

李华强,范春梅,贾建民,2009.突发性灾害中的公众风险感知与应急管理:以"5·12"汶川地震为例[J].管理世界(6):52-60.

李瑾,李树德,2003.天津都市型生态农业可持续发展综合评价研究[J].农业技术经济(5):57-60.

李曼,陆迁,乔丹,2017.技术认知、政府支持与农户节水灌溉技术采用:基于张掖甘州区的调查研究[J].干旱区资源与环境,31(12):27-32.

李明月，陈凯，2020. 农户绿色农业生产意愿与行为的实证分析[J]. 华中农业大学学报（社会科学版）(4)：10－19.
李乾，王玉斌，2018. 畜禽养殖废弃物资源化利用中政府行为选择：激励抑或惩罚[J]. 农村经济(9)：55－61.
李倩莹，刘方，黎志华，2022. 主观社会经济地位对成年早期幸福感的影响：一个链式中介模型[J]. 中国临床心理学杂志，30(4)：802－807.
李强，2019. 财政分权、FDI 与环境污染：来自长江经济带的例证[J]. 统计与决策，35(4)：173－175.
李庆江，廖超子，刘建华，等，2014. 绿色生产视角下的“三品一标”发展研究[J]. 中国农业资源与区划，35(5)：135－138.
李然嫣，陈印军，2017. 东北典型黑土区农户耕地保护利用行为研究：基于黑龙江省绥化市农户调查的实证分析[J]. 农业技术经济(11)：80－91.
李世杰，朱雪兰，洪满伟，等，2013. 农户认知、农药补贴与农户安全农产品生产用药意愿：基于对海南省冬季瓜菜种植农户的调查问卷[J]. 中国农村观察(5)：55－70.
李树，陈刚，2012. “关系”能否带来幸福?：来自中国农村的经验证据[J]. 中国农村经济，8：66－78.
李太平，张锋，胡浩，2011. 中国化肥面源污染 EKC 验证及其驱动因素[J]. 中国人口·资源与环境，21(11)：118－123.
李卫，薛彩霞，姚顺波，2017. 农户保护性耕作技术采用行为及其影响因素：基于黄土高原 476 户农户的分析[J]. 中国农村经济(1)：44－57.
李文兵，2011. 古村落游客忠诚模型研究：基于游客感知价值及其维度视角[J]. 地理研究，30(1)：37－48.
李文欢，王桂霞，2021. 社会资本对农户养殖废弃物资源化利用技术采纳行为的影响：兼论环境规制政策的调节作用[J]. 农林经济管理学报，20(2)：199－208.
李武，2017. 感知价值对电子书阅读客户端用户满意度和忠诚度的影响研究[J]. 中国图书馆学报，43(6)：35－49.
李想，穆月英，2013. 农户可持续生产技术采用的关联效应及影响因素：基于辽宁省蔬菜种植户的实证分析[J]. 南京农业大学学报，13(4)：62－68.
李小保，吕厚超，2022. 主观社会地位与幸福感的关系：平衡时间洞察力的中介作用[J]. 中国临床心理学杂志，30(1)：116－120.
李晓红，2010. 陕西猕猴桃产业发展现状与对策[J]. 西北园艺(1)：8－10.
李晓云，张安录，闵捷，等，2006. 农户农地城市流转的意愿与流转决策研究：基于武汉市城乡交错区农户样本分析[J]. 农业技术经济(4)：26－34.
李雪娇，邓金钱，安梦天，2018. 中国农业污染的理论与实证分析：政治经济学视角下的经验证明[J]. 西部论坛,28(4):95-105.
李洋阳,刘思宇,单春艳,等,2015. 保护性耕作综合效益评价体系构建及实例分析[J]. 农业工程学报,31(15):48-54.
李由甲,2017. 我国绿色农业发展的路径选择[J]. 农业经济(3):6-8.
李周,2018. 用绿色理念引领山区生态经济发展[J]. 中国农村经济(1):11-22.
廖冰,张晓琴,2018. 引入中介与调节变量的生态认知对生态行为作用机理实证研究[J]. 资源开发与市场,34(4):539-546.
廖永松,2014. "小富即安"的农民:一个幸福经济学的视角[J]. 中国农村经济(9):4-16.
林成,2007. 从市场失灵到政府失灵:外部性理论及其政策的演进[D]. 沈阳:辽宁大学.
林黎,李敬,肖波,2021. 农户绿色生产技术采纳意愿决定:市场驱动还是政府推动?[J]. 经济问题(12):67-74.
林丽梅,刘振宾,黄森慰,2017. 农村生活垃圾集中处理的农户认知与行为响应:以治理情境为调节变量[J]. 生态与农村环境学报,33(2):127-134.
林万龙,2017. 农地经营规模:国际经验与中国的现实选择[J]. 农业经济问题,38(7):33-42.
林星,吴春梅,2018. 政府支持对农民合作社规范化的影响[J]. 学习与实践(11):114-121.
林毅夫,1998. 深化市场改革是解决当前农民问题的关键[J]. 经济研究(11):127-134.
凌文辁,杨海军,方俐洛,2006. 企业员工的组织支持感[J]. 学习与实践(2):281-287.
梁小民,1985. 舒尔茨及其《改造传统农业》[J]. 世界经济(11):75-77.
梁小民,1999. 曼昆著《经济学原理》简评[J]. 经济学动态(10):78-80.
刘保平,刘向玲,龙云,2021. 农业面源污染治理中政策认知对农户耕地质量保护行为的影响:基于湖南省衡阳市田野调查的研究[J]. 南华大学学报(社会科学版),22(2):95-104.
刘聪,2018. 中国农业化肥面源污染的成因及负外部性研究[D]. 杭州:浙江大学.
刘迪,孙剑,黄梦思,等,2019. 市场与政府对农户绿色防控技术采纳的协同作用分析[J]. 长江流域资源与环境,28(5):1154-1163.
刘刚,拱晓波,2007. 顾客感知价值构成型测量模型的构建[J]. 统计与决策(22):131-133.
刘光哲,2012. 多元化农业推广理论与实践的研究[D]. 咸阳:西北农林科技大学.
刘国光,2015. 政府和市场关系的核心是资源配置问题[J]. 毛泽东邓小平理论研究(11):1-6.

刘国勇,陈彤,2010.干旱区农户灌溉行为选择的影响因素分析:基于新疆焉耆盆地的实证研究[J].农村经济(9):105-108.

刘辉,1999.市场失灵理论及其发展[J].当代经济研究(8):5-10.

刘辉,陈思羽,2012.农户参与小型农田水利建设意愿影响因素的实证分析:基于对湖南省粮食主产区475户农户的调查[J].中国农村观察(2):54-66.

刘辉,2014.制度规则影响小型农田水利治理绩效的实证分析:基于湖南省192个小型农田水利设施的调查[J].农业技术经济(12):110-117.

刘丽,2020.资源禀赋对农户水土保持耕作技术采用的影响研究[D].咸阳:西北农林科技大学.

刘丽萍,刘丽,孙炜琳,2023.政府支持、技术认知与农户绿色农业技术采纳行为研究:以水肥一体化技术为例[J].林业经济,45(1):20-34.

刘米娜,杜俊荣,2013.住房不平等与中国城市居民的主观幸福感:立足于多层次线性模型的分析[J].经济经纬(5):117-121.

刘濛,2013.国外绿色农业发展及对中国的启示[J].世界农业(1):95-98.

刘明月,陆迁,2013.农户秸秆还田意愿的影响因素分析[J].山东农业大学学报(社会科学版)(4):34-38.

刘强,2013.四川省猕猴桃产业可持续发展及对策研究[D].成都:西南财经大学.

刘庆强,2013.河北省农村新民居建设中基于感知价值的农民需求意愿研究[D].北京:林业大学.

刘帅,沈兴兴,朱守银,2020.农业产业化经营组织制度演进下的农户绿色生产行为研究[J].农村经济(11):37-44.

刘胜林,王雨林,卢冲,等,2015.感知价值理论视角下农户政策性生猪保险支付意愿研究:以四川省三县调查数据的结构方程模型分析为例[J].华中农业大学学报(社会科学版)(3):21-27.

刘天军,蔡起华,2013.不同经营规模农户的生产技术效率分析:基于陕西省猕猴桃生产基地县210户农户的数据[J].中国农村经济(3):37-46.

刘新智,李奕,2016.政府购买农业技术推广服务存在的问题及对策[J].经济纵横(5):79-83.

刘延风,1996.宏观技术需求与农户技术采用的差异及纠正[J].农业技术经济(2):1-4.

刘艳婷,陈美球,邝佛缘,2020.预期收益、可行能力对农户生态耕种采纳意愿的影响及其代际差异[J].长江流域资源与环境,29(3):738-747.

刘莹,黄季焜,2010.农户多目标种植决策模型与目标权重的估计[J].经济研究,45(1):148-157.

刘兆征,2009.当前农村环境问题分析[J].农业经济问题(3):70-74.

刘铮,利爽,葛立群,等,2023.水稻种植户绿色防控技术采纳行为研究[J].农业经济(1):28-30.

龙冬平,李同昇,芮旸,等,2015.特色种植农户对不同技术供给模式的行为响应:以陕西省周至县猕猴桃种植示范村为例[J].经济地理,35(5):135-142.

娄博杰,宋敏,张庆文,等,2014.农户高毒农药施用行为影响因素分析:以东部六省调研数据为例[J].农村经济(7):108-112.

卢华,陈仪静,胡浩,2021.农业社会化服务能促进农户采用亲环境农业技术吗?[J]农业技术经济(3):36-49.

卢现祥,2002.环境、外部性与产权[J].经济评论(4):70-74.

路永莉,康婷婷,张晓佳,等,2016.秦岭北麓猕猴桃果园施肥现状与评价:以周至县俞家河流域为例[J].植物营养与肥料学报,22(2):380-387.

吕杰,金雪,韩晓燕,2016.农户采纳节水灌溉的经济及技术评价研究:以通辽市玉米生产为例[J].干旱区资源与环境,30(10):151-157.

罗必良,2017.科斯定理:反思与拓展:兼论中国农地流转制度改革与选择[J].经济研究,52(11):178-193.

罗楚亮,2009.绝对收入、相对收入与主观幸福感:来自中国城乡住户调查数据的经验分析[J].财经研究(11):79-91.

罗金耀,2003.节水灌溉理论与技术[M].武汉:武汉大学出版社.

罗岚,李桦,许贝贝,2020.绿色认知、现实情景与农户生物农药施用行为:对意愿与行为悖离的现象解释[J].农业现代化研究,41(4):649-658.

罗岚,刘杨诚,李桦,2021.第三域:非正式制度与正式制度如何促进绿色生产?[J].干旱区资源与环境,35(6):8-14.

罗岚,杨小芳,牛文浩,2022.认知规范、制度环境与果农绿色生产技术多阶段动态采纳过程:基于 Triple-Hurdle 模型的分析[J].农业技术经济(10):98-113.

罗小娟,冯淑怡,石晓平,等,2013.太湖流域农户环境友好型技术采纳行为及其环境和经济效应评价:以测土配方施肥技术为例[J].自然资源学报(11):1891-1902.

罗小娟,冯淑怡,黄挺,等,2014.测土配方施肥项目实施的环境和经济效果评价[J].华中农业大学学报(社会科学版)(1):86-94.

马骥,2009.我国农户秸秆就地焚烧的原因:成本收益比较与约束条件分析:以河南省开封市杜良乡为例[J].农业技术经济(2):77-84.

马九杰,崔怡,孔祥智,等,2021.水权制度、取用水许可管理与农户节水技术采纳:基于差分模型对水权改革节水效应的实证研究[J].统计研究,38(4):116-130.

马良灿,2014.理性小农抑或生存小农:实体小农学派对形式小农学派的批判与反思[J]. 社会科学战线(4):165-172.

马千惠,郑少锋,陆迁,2022. 社会网络、互联网使用与农户绿色生产技术采纳行为研究:基于 708 个蔬菜种植户的调查数据[J]. 干旱区资源与环境,36(3):16-21.

马琼,王雅鹏,尹宁,2015. 中国棉花生产的环境外部性价值评估[J]. 生态经济,31(5):103-107.

马睿,周伟,黄保华,2016. 城乡结合部农地非农转换价值感知研究:以西宁市郊区农户调查为例[J]. 资源科学(12):2392-2405.

马贤磊,2009. 现阶段农地产权制度对农户土壤保护性投资影响的实证分析:以丘陵地区水稻生产为例[J]. 中国农村经济(10):31-41.

马晓丽,2010. 我国农产品市场信息不对称问题研究[D]. 泰安:山东农业大学.

满明俊,周民良,李同昇,2010. 农户采用不同属性技术行为的差异分析:基于陕西、甘肃、宁夏的调查[J]. 中国农村经济(2):68-78.

毛慧,胡蓉,周力,等,2022. 农业保险、信贷与农户绿色农业技术采用行为:基于植棉农户的实证分析[J]. 农业技术经济(11):95-111.

毛小平,罗建文,2012. 影响居民幸福感的社会因素研究:基于 CGSS2005 数据的分析[J]. 湖南科技大学学报(社会科学版),15(3):42-45.

梅祖寿,2002. 试析小富即安心态[J]. 理论月刊(8):69-71.

孟凡杰,于晓芳,高聚林,2020. 黑土地保护性耕作发展的制约瓶颈和突破路径[J]. 农业经济问题(2):135-142.

米建伟,黄季焜,陈瑞剑,等,2012. 风险规避与中国棉农的农药施用行为[J]. 中国农村经济(7):60-71.

苗建青,2011. 西南岩溶石漠化地区土地禀赋对农户采用生态农业技术行为的影响研究[D]. 重庆:西南大学.

慕宏杰,2019. 社会规范视角下农户参与绿色生产行为研究[D]. 兰州:兰州财经大学.

倪鹏飞,李清彬,李超,2012. 中国城市幸福感的空间差异及影响因素[J]. 财贸经济(5):9-17.

聂英,董娜,孔祥露,2015. 基于 Logistic 模型的农户节水技术选择行为研究[J]. 统计与决策(10):92-95.

聂志平,郭岩,吴北河,2022. 社会规范视角下空巢小农绿色农业生产行为:现实境遇、作用机理与优化路径:以江西省赣州市 M 村为例[J]. 生态经济,38(12):104-110.

牛海鹏,2010. 耕地保护的外部性及经济补偿研究[D]. 武汉:华中农业大学.

牛海鹏,张杰,张安录,2014. 耕地保护经济补偿的基本问题分析及其政策路径[J].

资源科学,36(3):427－437.
牛善栋,吕晓,谷国政,2021.感知利益对农户黑土地保护行为决策的影响研究:以“梨树模式”为例[J].中国土地科学,35(9):44－53.
牛星,周惠敏,俞振宁,等,2022.计划行为理论视角下环境感知对农户宅基地退出意愿的影响研究:基于上海涉农郊区农户的调查[J].中国农业资源与区划,43(2):141－149.
农业部农村经济研究中心课题组,2005.我国农业技术推广体系调查与改革思路[J].中国农村经济(2):46－54.
潘丹,孔凡斌,2015.养殖户环境友好型畜禽粪便处理方式选择行为分析:以生猪养殖为例[J].中国农村经济(9):17－29.
潘丹,胡启志,2022.主观感知的环境污染对农民幸福感的影响[J].中国人口·资源与环境,32(9):119－131.
潘坤,黄杰,2018.农村污染治理中的农民主体性思考[J].农村经济(4):105－110.
潘璐,2020.从“家庭农场”到“农民合作”:恰亚诺夫的合作化思想及其对中国现代农业发展的启示[J].开放时代(2):193－205.
潘世磊,严立冬,屈志光,等,2018.绿色农业发展中的农户意愿及其行为影响因素研究:基于浙江丽水市农户调查数据的实证[J].江西财经大学学报(2):79－89.
逄锦聚,2021.坚持理论创新不断推进马克思主义政治经济学中国化[J].经济学动态(12):16－24.
裴厦,谢高地,章予舒,2011.农地流转中的农民意愿和政府角色:以重庆市江北区统筹城乡改革和发展试验区为例[J].中国人口·资源与环境,21(6):55－60.
裴婷婷,2014.农民土地价值观对农地利用的影响研究[D].兰州:甘肃农业大学.
裴正兵,2017.价值链提升:基于“顾客价值”的价值环构建[J].会计之友(10):16－20.
彭代彦,吴宝新,2008.农村内部的收入差距与农民的生活满意度[J].世界经济(4):79－85.
祁力钧,傅泽田,1998.影响农药施药效果的因素分析[J].中国农业大学学报(2):80－84.
钱龙,饶清玲,刘同山,2022.节水灌溉技术采纳对种植结构“非粮化”的影响:基于黄淮海地区的调查[J].农村经济(10):47－55.
钱忠好,崔红梅,2010.农民秸秆利用行为:理论与实证分析:基于江苏省南通市的调查数据[J].农业技术经济(9):4－9.
乔丹,2018.社会网络与推广服务对农户节水灌溉技术采用影响研究[D].咸阳:西北农林科技大学.
乔金杰,穆月英,赵旭强,2016.政府补贴对低碳农业技术采用的干预效应:基于山西和河北省农户调研数据[J]. 干旱区资源与环境，30(4)：46 - 50.

秦国庆，杜宝瑞，刘天军，朱玉春，2019. 农民分化、规则变迁与小型农田水利集体治理参与度[J]. 中国农村经济(3)：111 - 127.

秦晖，金雁，1989. 恰亚诺夫与苏联 20 年代“组织-生产”学派[J]. 国际共运史研究(2)：39 - 46.

秦诗乐，吕新业，2020. 农户绿色防控技术采纳行为及效应评价研究[J]. 中国农业大学学报(社会科学版)，37(4)：50 - 60.

邱敏，何灏，曹银贵，等，2022. 基于产权效应的耕地保护决策行为分析[J]. 中国农业资源与区划，43(7)：74 - 84.

仇焕广，栾昊，李瑾，2014. 风险规避对农户化肥过量施用行为的影响[J]. 中国农村经济(3)：85 - 96.

曲环，2007. 农业面源污染控制的补偿理论与途径研究[D]. 北京：中国农业科学院.

屈振江，周广胜，2017. 中国主栽猕猴桃品种的气候适宜性区划[J]. 中国农业气象，38(4)：257 - 266.

全为民，严力蛟，2002. 农业面源污染对水体富营养化的影响及其防治措施[J]. 生态学报(3)：291 - 299.

饶静，2017. “项目制”下节水农业建设困境研究：以河北省 Z 市高效节水农业技术推广为例[J]. 农业经济问题，38(1)：83 - 90.

饶静，纪晓婷，2011. 微观视角下的我国农业面源污染治理困境分析[J]. 农业技术经济(12)：11 - 16.

任立，甘臣林，吴萌，等，2018. 基于感知价值理论的移民安置区农户土地投入行为研究[J]. 资源科学，40(8)：1539 - 1549.

任旭峰，李晓平，2011. 中国农户收入最大化与耕地保护行为研究[J]. 中国人口·资源与环境(11)：79 - 85.

桑贤策，罗小锋，黄炎忠，2021. 政策激励、生态认知与农户有机肥施用行为：基于有调节的中介效应模型[J]. 中国生态农业学报(中英文)，29(7)：1274 - 1284.

尚光引，杨欣，2021. 政策认知对农户低碳农业技术采纳决策的影响[J]. 应用生态学报，32(4)：1373 - 1382.

尚惠芳，易小燕，张宗芳，2021. 农户耕地质量提升行为的逻辑路径与驱动力：研究进展与展望[J]. 中国生态农业学报，29(7)：1253 - 1261.

尚燕，颜廷武，江鑫，等，2018. 绿色化生产技术采纳：家庭经济水平能唤醒农户生态自觉性吗？[J]. 生态与农村环境学报，34(11)：988 - 996.

邵颖红，朱堃源，韦方，2021. PPP 模式中民营企业合作意愿的影响研究：基于机会主义感知和合作风险感知的链式中介模型[J].管理工程学报,35(6):140-149.

沈辉,李宁,2021.生态产品的内涵阐释及其价值实现[J].改革(9):145-155.

沈杰,2006.从"GDP崇拜"到幸福指数关怀:发展理论视野中发展观的几次深刻转折[J].江苏行政学院学报(3):65-70.

沈满洪,何灵巧,2002.外部性的分类及外部性理论的演化[J].浙江大学学报(人文社会科学版)(1):314-319.

沈昱雯,罗小锋,余威震,2020.激励与约束如何影响农户生物农药施用行为:兼论约束措施的调节作用[J].长江流域资源与环境(4):1040-1050.

申云,贾晋,2016.收入差距、社会资本与幸福感的经验研究[J].公共管理学报,13(3):100-110.

石洪景,2015.农户采纳台湾农业技术行为及其影响因素分析:基于制度及其认知视角的分析[J].湖南农业大学学报(社会科学版),16(1):25-30.

石玉平,1996.市场失灵与政府的经济职能[J].华南师范大学学报(社会科学版)(6):42-48.

石志恒,晋荣荣,慕宏杰,2018.基于媒介教育功能视角下农民亲环境行为研究:环境知识-价值观的中介效应分析[J].干旱区资源与环境,32(10):76-81.

石志恒,崔民,2020.个体差异对农户不同绿色生产行为的异质性影响:年龄和风险偏好影响劳动密集型与资本密集型绿色生产行为的比较[J].西部论坛,30(1):111-119.

石志恒,符越,2022.技术扩散条件视角下农户绿色生产意愿与行为悖离研究:以无公害农药技术采纳为例[J].农林经济管理学报,21(1):29-39.

司瑞石,2020.风险认知、环境规制与养殖户病死猪无害化处理行为研究[D].咸阳:西北农林科技大学.

司瑞石,张雪倩,2022.免耕技术采纳对农地转入户家庭收入结构的影响:基于陕西、甘肃、宁夏的微观实证[J].干旱区资源与环境,236(7):47-55.

宋圭武,2002.农户行为研究若干问题述评[J].农业技术经济(4):59-64.

宋金田,祁春节,2013.农户农业技术需求影响因素分析:基于契约视角[J].中国农村观察(6):52-59.

宋敏,张安录,2009.湖北省农地资源正外部性价值量估算:基于对农地社会与生态之功能和价值分类的分析[J].长江流域资源与环境,18(4):314-319.

宋燕平,滕瀚,2016.农业组织中农民亲环境行为的影响因素分析[J].华中农业大学学报(社会科学版)(3):53-60.

孙鳌,2009.治理环境外部性的政策工具[J].云南社会科学(5):94-97.

孙法军,2005.政府在农产品质量安全管理中的职能定位研究[D].北京:中国农业大学.

孙凤芝,刘瑞,欧阳辰姗,等,2020.旅游者感知价值与行为意愿关系研究:基于民宿旅游者的视角[J].山东社会科学(1):126-133.

孙计领,2016.收入不平等、分配公平感与幸福[J].经济学家(1):42-49.

孙金龙,2021.持续改善环境质量[J].中国环境监察(1):15-17.

孙三百,黄薇,洪俊杰,等,2014.城市规模、幸福感与移民空间优化[J].经济研究,49(1):97-111.

孙小燕,刘雍,2019.土地托管能否带动农户绿色生产?[J].中国农村经济(10):60-80.

索滢,王忠静,2018.典型节水灌溉技术综合性能评价研究[J].灌溉排水学报,37(11):113-120.

谭秋成,2015.作为一种生产方式的绿色农业[J].中国人口·资源与环境(9):44-51.

谭永风,徐戈,陆迁,2022."一揽子"补贴促进规模养殖户环境污染治理了吗?:以畜禽粪污资源化利用为例[J].农村经济(2):62-71.

汤荣丽,王志彬,2011.陕西省猕猴桃生产影响因素分析[J].华中农业大学学报(社会科学版)(4):15-19.

唐博文,罗小锋,秦军,2010.农户采用不同属性技术的影响因素分析:基于9省(区)2110户农户的调查[J].中国农村经济(6):49-57.

唐学玉,李世平,2012.安全农产品生产户生态环境意识研究:以江苏省321户无公害韭菜种植户为例[J].生态经济(4):104-117.

滕玉华,金雨乐,范小红,等,2022.情感支持、人际信任对农村居民生活自愿亲环境行为的影响研究:以国家生态文明试验区(江西)为例[J].信阳师范学院学报(哲学社会科学版),42(5):31-37.

田国强,杨立岩,2006.对"幸福:收入之谜"的一个解答[J].经济研究(11):4-15.

田璞玉,郑晶,孙红,2019.信息不对称、养殖户重大动物疫病防控与政策激励:基于委托代理理论视角[J].农业技术经济(1):54-68.

田云,张俊飚,何可,2015.农户农业低碳生产行为及其影响因素分析:以化肥施用和农药使用为例[J].中国农村观察(4):61-70.

同延安,陈黎岭,高义民,等,2011.施肥对猕猴桃产量和品质的影响[J].西北农林科技大学学报(自然科学版)(39)10:171-176.

佟大建,黄武,2018.社会经济地位差异、推广服务获取与农业技术扩散[J].中国农村经济(11):128-143.

童洪志,刘伟,2017.农户秸秆还田技术采纳行为影响因素实证研究:基于311户农户的调查数据[J].农村经济(4):108-114.

万凌霄,蔡海龙,2021.合作社参与对农户测土配方施肥技术采纳影响研究:基于标准化生产视角[J]. 农业技术经济(3):63-77.
王常伟,顾海英,2013. 市场VS政府,什么力量影响了我国菜农农药用量的选择?[J]. 管理世界(11):50-66.
王格玲,陆迁,2015. 社会网络影响农户技术采用倒U型关系的检验:以甘肃省民勤县节水灌溉技术采用为例[J]. 农业技术经济(10):92-106.
王国华,2014. 日本农业环境政策体系分析与评价[J]. 世界农业(2):92-96.
王海龙,赵光洲,2007. 循环经济对资源环境外部性的作用及问题探讨[J]. 经济问题探索(2):22-26.
王浩,刘芳,2012. 农户对不同属性技术的需求及其影响因素分析:基于广东省油茶种植业的实证分析[J]. 中国农村观察(1):53-64.
王洪会,2011. 基于市场失灵的美国农业保护与支持政策研究[D]. 长春:吉林大学.
王建华,刘茁,李俏,2015. 农产品安全风险治理中政府行为选择及其路径优化:以农产品生产过程中的农药施用为例[J]. 中国农村经济(11):54-62.
王建华,钭露露,王缘,2022. 环境规制政策情境下农业市场化对畜禽养殖废弃物资源化处理行为的影响分析[J]. 中国农村经济(1):93-111.
王金霞,张丽娟,黄季焜,2009. 黄河流域保护性耕作技术的采用:影响因素的实证研究[J]. 资源科学,31(4):641-647.
王静,霍学喜,2015. 农户技术选择对其生产经营收入影响的空间溢出效应分析:基于全国七个苹果主产省的调查数据[J]. 中国农村经济(1):31-43.
王璐瑶,颜廷武,2022. 社会信任、感知价值对农户秸秆还田技术采纳意愿的影响:基于鄂豫两省样本农户的实证[J]. 干旱区资源与环境,36(11):1-12.
王娜娜,武永峰,胡博,等,2015. 基于环境保护正外部性视角的我国生态补偿研究进展[J]. 生态学杂志,34(11):3253-3260.
王培刚,2010. 主观幸福感结构情感要素和认知要素二元分类图式的诊断[J]. 社会,30(4):143-162.
王奇,姜明栋,黄雨萌,2020. 生态正外部性内部化的实现途径与机制创新[J]. 生态学杂志,12(6):21-28.
王淇韬,郭翔宇,2020. 感知利益、社会网络与农户耕地质量保护行为:基于河南省滑县410个粮食种植户调查数据[J]. 中国土地科学,34(7):43-51.
王倩,管睿,余劲,2019. 风险态度、风险感知对农户农地流转行为影响分析:基于豫鲁皖冀苏1429户农户面板数据[J]. 华中农业大学学报(社会科学版)(6):149-158.
王巧义,刘启生,2011. 关于小型农田水利建设投融资问题的思考[J]. 农业经济(7):53-54.

王清清，郑少锋，2017. 陕西猕猴桃种植户技术效率及影响因素分析[J]. 北方园艺(18)：197－204.

王世尧，金媛，韩会平，2017. 环境友好型技术采用决策的经济分析：基于测土配方施肥技术的再考察[J]. 农业技术经济(8)：15－26.

王舒娟，蔡荣，2014. 农户秸秆资源处置行为的经济学分析[J]. 中国人口·资源与环境，24(8)：162－167.

王太祥，滕晨光，张朝辉，2020. 非正式社会支持、环境规制与农户地膜回收行为[J]. 干旱区资源与环境，34(8)：109－115.

王太祥，杨红红，2021. 社会规范、生态认知与农户地膜回收意愿关系的实证研究：以环境规制为调节变量[J]. 干旱区资源与环境，35(3)：14－20.

王图展，2017. 自生能力、外部支持与农民合作社服务功能[J]. 农业经济问题，(5)：14－27.

王锡秋，2005. 顾客价值及其评估方法研究[J]. 南开管理评估(5)：31－34.

王晓飞，2020. 农户测土配方施肥技术采纳意愿的影响因素及路径[J]. 湖南农业大学学报(社会科学版)(2)：1－7.

王晓敏，颜廷武，2019. 技术感知对农户采纳秸秆还田技术自觉性行为的影响研究[J]. 农业现代化研究，40(6)：964－973.

王昕，陆迁，2017. 农户生态行为影响因素的实证分析[J]. 华中农业大学学报(社会科学版)(3)：43－46.

王璇，张俊飚，何可，2020. 风险感知、公众形象诉求对农户绿色农业技术采纳度的影响[J]. 中国农业大学学报，25(7)：213－226.

王学婷，何可，张俊飚，等，2018. 农户对环境友好型技术的采纳意愿及异质性分析：以湖北省为例[J]. 中国农业大学学报，23(6)：197－209.

王学婷，张俊飚，童庆蒙，2021. 参与农业技术培训能否促进农户实施绿色生产行为?：基于家庭禀赋视角的 ESR 模型分析[J]. 长江流域资源与环境，30(1)：202－211.

王一帆，吴佩林，2015. 我国传统农业改造与工业化、城镇化建设：读舒尔茨《改造传统农业》的思考[J]. 农业经济(1)：45－47.

王英姿，2014. 中国现代农业发展要重视舒尔茨模式[J]. 农业经济问题(2)：41－44.

王永进，孟珊珊，2022. 企业自生进口网络、沉没成本与出口市场选择：基于“矩不等式”估计方法的研究[J]. 南开经济研究(2)：103－119.

王雨林，刘国强，李后建，等，2015. 农户继续从事生猪散养行为的影响因素分析：基于四川省 25 个县(市、区)的调查[J]. 中国农村观察(5)：85－96.

王玉环，徐恩波，2005. 论政府在农产品质量安全供给中的职能[J]. 农业经济问题(3)：

53－57.

王志刚，吕冰，2009.蔬菜出口产地的农药使用行为及其对农民健康的影响：来自山东省莱阳、莱州和安丘三市的调研证据[J].中国软科学(11)：72－80.

韦佳培，张俊飚，吴洋滨，2011.农民对农业生产废弃物的价值感知及其影响因素分析：以食用菌栽培废料为例[J].中国农村观察(4)：77－85.

温忠麟，叶宝娟，2014.中介效应分析：方法和模型发展[J].心理科学进展，22(5)：731－745.

文长存，吴敬学，2016.农户"两型农业"技术采用行为的影响因素分析：基于辽宁省玉米水稻种植户的调查数据[J].中国农业大学学报，21(9)：179－187.

翁贞林，2008.农户理论与应用研究进展与述评[J].农业经济问题(8)：93－100.

邬兰娅，齐振宏，黄炜虹，2017.环境感知、制度情境对生猪养殖户环境成本内部化行为的影响：以粪污无害化处理为例[J].华中农业大学学报(社会科学版)(5)：28－35.

吴比，刘俊杰，徐雪高，等，2016.农户组织化对农民技术采用的影响研究：基于11省1022个农户调查数据的实证分析[J].农业技术经济(8)：25－33.

吴菲，王俊秀，2017.相对收入与主观幸福感：检验农民工的多重参照群体[J].社会(2)：74－105.

吴璟，昝梦莹，王征兵，2020.感知价值对农户参与耕地质量保护意愿的影响：以陕西省为例[J].中国土地科学，34(6)：66－74.

吴璟，王天宇，王征兵，2021.社会网络和感知价值对农户耕地质量保护行为选择的影响[J].西北农林科技大学学报(社会科学版)，21(6)：138－147.

吴敬学，杨巍，张扬，2008.中国农户技术需求行为的经济机理分析[J].江西财经大学学报(4)：50－54.

吴开超，白莹，2004.市场失灵与市场自矫正机制[J].财经科学(5)：57－61.

吴丽丽，李谷成，2016.农户劳动节约型技术采纳意愿及影响因素研究[J].华中农业大学学报(社会科学版)(2)：15－22.

吴林海，侯博，高申荣，2011.基于结构方程模型的分散农户农药残留认知与主要影响因素分析[J].中国农村经济(3)：35－48.

吴凌菲，2008.基于感知创业价值的大学生创业意愿形成研究[D].上海：同济大学.

吴晓燕，2007.现代小农经济的一种解释：兼评恰亚诺夫的《农民经济组织》[J].生产力研究(6)：146－48.

吴雪莲，2016.农户绿色农业技术采纳行为及政策激励研究：以湖北水稻生产为例[D].武汉：华中农业大学.

武康平,童健,储成君,2015.环境质量对居民幸福感的影响:从追求健康水平的消费动机出发[J].技术经济,34(6):95-105.

郗伟东,武晓艺,韩洁平,2021.农业有机废弃物能源化对化学农业负外部性纠正研究[J].生态经济,37(4):110-117.

夏刊,2010.农技推广投资不足分析及对策建议[J].财务与金融,38(5):42-45.

夏雯雯,杜志雄,郜亮亮,2019.家庭农场经营者应用绿色生产技术的影响因素研究:基于三省452个家庭农场的调研数据[J].经济纵横(6):101-108.

夏午宁,岳宏志,2022.农村公共产品多元主体协同供给:历史回顾、内在逻辑与机制创新[J].经济体制改革(5):92-98.

夏永祥,殷杰,2005.改造传统农业:中国的历史经验、现实与对策[J].中国农村观察(5):74-79.

项朝阳,潘秋雨,王珍,2020.减还是不减:矛盾态度视角下农户减肥减药行为的实证研究[J].农业技术经济(2):83-92.

向东梅,周洪文,2007.现有农业环境政策对农户采用环境友好技术行为的影响分析[J].生态经济(2):88-91.

谢依林,文高辉,胡贤辉,2021.农户分化、生态认知对农户农田面源污染治理受偿意愿的影响[J].长江流域资源与环境,30(8):1992-2001.

谢玉华,李路瑶,覃亚洲,等,2019.基于SOR理论框架的员工抱怨研究述评与展望[J].管理学报(5):783-790.

邢美华,张俊飚,黄光体,2009.未参与循环农业农户的环保认知及其影响因素分析:基于晋、鄂两省的调查[J].中国农村经济(4):72-79.

邢占军,2011.我国居民收入与幸福感关系的研究[J].社会学研究,25(1):196-219.

幸家刚,周洁红,2014.农业标准化示范基地绩效测评[J].华南农业大学学报(社会科学版)(1):11-19.

熊彩云,孟荣钊,史亚峰,2014.我国农民幸福指数的实证研究[J].农业经济问题,35(12):33-40.

徐建青,1998.恰亚诺夫《农民经济理论》简介[J].中国经济史研究(4):147-156.

徐健,2004.生物农药推广过程中农民决策行为的实证研究:以扬州郊区农民采用生物农药技术为例[D].北京:中国农业大学.

徐林,凌卯亮,卢昱杰,2017.城市居民垃圾分类的影响因素研究[J].公共管理学报,14(1):142-153.

徐娜,张莉琴,2014.劳动力老龄化对我国农业生产效率的影响[J].中国农业大学学报,19(4):227-233.

徐森福,2011.现代农业技术推广[M].杭州:浙江大学出版社.

徐涛，姚柳杨，乔丹，等，2016. 节水灌溉技术社会生态效益评估：以石羊河下游民勤县为例[J]. 资源科学，38(10)：1925－1934.

徐涛，赵敏娟，李二辉，等，2018a. 技术认知、补贴政策对农户不同节水技术采用阶段的影响分析[J]. 资源科学，40(4)：809－817.

徐涛，赵敏娟，李二辉，等，2018b. 规模化经营与农户“两型技术”持续采纳：以民勤县滴灌技术为例[J]. 干旱区资源与环境，32(2)：37－43.

徐旭初，2014. 农民合作社发展中政府行为逻辑：基于赋权理论视角的讨论[J]. 农业经济问题，35(1)：19－29.

徐志刚，张骏逸，吕开宇，2018. 经营规模、地权期限与跨期农业技术采用：以秸秆直接还田为例[J]. 中国农村经济(3)：61－74.

许恒周，2008. 市场失灵与农地非农化过度性损失研究[D]. 南京：南京农业大学.

许佳彬，王洋，李翠霞，2021. 环境规制政策情境下农户认知对农业绿色生产意愿的影响：来自黑龙江省 698 个种植户数据的验证[J]. 中国农业大学学报，26(2)：164－176.

许朗，刘金金，2013. 农户节水灌溉技术选择行为的影响因素分析：基于山东省蒙阴县的调查数据[J]. 中国农村观察(6)：945－51.

薛彩霞，姚顺波，2016. 地理标志使用对农户生产行为影响分析：来自黄果柑种植农户的调查[J]. 中国农村经济(7)：23－35.

薛姣姣，刘天军，朱嘉林，2019. 社会网络对农户绿色生产行为的影响：来自苹果主产区 1086 个农户的实证分析[J]. 江苏农业科学，47(11)：50－56.

严法善，1998. 经济发展与政府环境政策[J]. 复旦学报(社会科学版)(4)：37－39.

严立冬，邓远建，蔡运涛，2009. 绿色农业发展的外部性问题探析[J]. 调研世界(8)：11－14.

闫贝贝，刘天军，孙晓琳，2022. 社会学习对农户农产品电商采纳的影响：基于电商认知的中介作用和政府支持的调节作用[J]. 西北农林科技大学学报(社会科学版)，22(4)：97－108.

闫迪，郑少锋，2021. 互联网使用能提高农户生产效率吗?：以陕冀鲁三省蔬菜种植户为例[J]. 南京农业大学学报(社会科学版)，21(1)：155－166.

闫岩，2014. 计划行为理论的产生、发展和评述[J]. 国际新闻界，36(7)：113－129.

颜廷武，何可，崔蜜蜜，等，2016a. 农民对作物秸秆资源化利用的福利响应分析：以湖北省为例[J]. 农业技术经济(4)：28－40.

颜廷武，何可，张俊飚，2016b. 社会资本对农民环保投资意愿的影响分析：来自湖北农村农业废弃物资源化的实证[J]. 中国人口·资源与环境，26(1)：158－164.

颜廷武，张童朝，何可，等，2017. 作物秸秆还田利用的农民决策行为研究：基于皖鲁等七省的调查[J]. 农业经济问题(4):39 - 48.
阳义南,章上峰,2016. 收入不公平感、社会保险与中国国民幸福[J]. 金融研究(8):34 - 50.
杨滨键,尚杰,于法稳,2019. 农业面源污染防治的难点、问题及对策[J]. 中国生态农业学报,27(2):236 - 245.
杨彩艳,齐振宏,黄炜虹,等,2021. 效益认知对农户绿色生产技术采纳行为的影响:基于不同生产环节的异质性分析[J]. 长江流域资源与环境,30(2):448 - 458.
杨德才,2009. 三农迷局:路在何方:从梁漱溟到舒尔茨的思考及其启示[J]. 江海学刊(2):162 - 171.
杨福霞,郑欣,2021. 价值感知视角下生态补偿方式对农户绿色生产行为的影响[J]. 中国人口·资源与环境,31(4):164 - 171.
杨钢桥,龚晓晨,吴九兴,等,2014. 基于感知价值的农民参与农地整理项目意愿影响因素研究[J]. 华中农业大学学报(社会科学版)(4):105 - 111.
杨继东,章逸然,2014. 空气污染的定价:基于幸福感数据的分析[J]. 世界经济,37(12):162 - 188.
杨静,2015. 新自由主义"市场失灵"理论的双重悖论及其批判:兼对更好发挥政府作用的思考[J]. 马克思主义研究(8):70 - 80.
杨柳,2018a. 社会信任、组织支持对农户参与农田灌溉系统治理绩效的影响研究[D]. 咸阳:西北农林科技大学.
杨柳,朱玉春,任洋,2018b. 社会信任、组织支持对农户参与小农水管护绩效的影响[J]. 资源科学,40(6):1230 - 1245.
杨廷忠,裴晓明,马彦,2002. 合理行动理论及其扩展理论:计划行为理论在健康行为认识和改变中的应用[J]. 中国健康教育(12):2 - 5.
杨伟荣,张方玉,2020. 从"小富即安"到"且富且安":中国农民的中庸理性考察[J]. 天津师范大学学报(社会科学版)(5):34 - 40.
杨兴杰,齐振宏,陈雪婷,2021. 政府培训、技术认知与农户生态农业技术采纳行为:以稻虾共养技术为例[J]. 中国农业资源与区划,42(5):198 - 208.
杨阳,周玉玺,周霞,2015. 差序氛围、组织支持与农户合作意愿:基于小型农田水利建管护的调查[J]. 南京农业大学学报(社会科学版),15(4):87 - 97.
杨永华,2003. 舒尔茨的《改造传统农业》与中国三农问题[J]. 南京社会科学(9):28 - 31.
杨宇,王金霞,黄季焜,2016. 农户灌溉适应行为及对单产的影响:华北平原应对严重干旱事件的实证研究[J]. 资源科学,38(5):900 - 908.
杨志海,王雅鹏,麦尔旦·吐尔孙,2015. 农户耕地质量保护性投入行为及其影响因素分析:基于兼业分化视角[J]. 中国人口·资源与环境,25(12):105 - 112.

杨志海,2018.老龄化、社会网络与农户绿色生产技术采纳行为:来自长江流域六省农户数据的验证[J].中国农村观察(4):44-58.

杨志武,钟甫宁,2010.农户种植业决策中的外部性研究[J].农业技术经济(1):27-33.

姚科艳,陈利根,刘珍珍,2018.农户禀赋、政策因素及作物类型对秸秆还田技术采纳决策的影响[J].农业技术经济(12):64-75.

姚柳杨,赵敏娟,徐涛,2016.经济理性还是生态理性?农户耕地保护的行为逻辑研究[J].南京农业大学学报(社会科学版),15(5):86-95.

姚文,2016.家庭资源禀赋、创业能力与环境友好型技术采用意愿:基于家庭农场视角[J].经济经纬(1):36-41.

叶初升,马玉婷,2020.人力资本及其与技术进步的适配性何以影响了农业种植结构?[J].中国农村经济(4):34-55.

叶敬忠,张明皓,2021.恰亚诺夫主义视角的农政问题与农政变迁[J].开放时代(3):47-59.

叶静怡,张睿,王琼,2017.农民进城务工与子女教育期望:基于2010年中国家庭追踪调查数据的实证分析[J].经济科学(1):90-105.

叶林祥,张尉,2020.主观空气污染、收入水平与居民幸福感[J].财经研究(1):126-140.

叶孙红,齐振宏,黄炜虹,等,2019.经营规模、信息技术获取与农户生态生产行为:对不同生产行为及农户类型的差异性分析[J].中国农业大学学报,24(3):173-186.

叶雨寒,姜维军,颜廷武,2022.参与生态农业技术培训如何提升农户生态耕种技术采纳强度?[J].农业现代化研究,43(3):465-474.

尹胜,2021.中国共产党改造传统农业的理论逻辑与实践路径分析:以不同理论进路的比较性考察为基础[J].岭南学刊(3):15-21.

尹世久,吴林海,2008.全球有机农业发展对生产者收入的影响研究[J].南京农业大学学报(社会科学版)(3):8-14.

尹振涛,李俊成,杨璐,2021.金融科技发展能提高农村家庭幸福感吗?:基于幸福经济学的研究视角[J].中国农村经济(8):63-79.

尤亮,霍学喜,杜文超,2018.绝对收入、社会比较与农民主观幸福感:基于陕西两个整村农户的实证考察[J].农业技术经济(4):111-125.

于法稳,2016.实现我国农业绿色转型发展的思考[J].生态经济,32(4):42-44.

于法稳,2018.新时代农业绿色发展动因、核心及对策研究[J].中国农村经济(5):19-34.

于婷,于法稳,2019.环境规制政策情境下畜禽养殖废弃物资源化利用认知对养殖户参与意愿的影响分析[J].中国农村经济(8):91-108.

于潇,2017.环境规制政策的作用机理与变迁实践分析:基于1978—2016年环境规制政策演进的考察[J]. 中国科技论坛(12):15－24.
于艳丽,李桦,薛彩霞,等,2019. 政府支持、农户分化与农户绿色生产知识素养[J]. 西北农林科技大学学报(社会科学版),19(6):150－160.
余威震,罗小锋,黄炎忠,等,2019. 内在感知、外部环境与农户有机肥替代:技术持续使用行为[J]. 农业技术经济(5):66－74.
喻永红,张巨勇,喻甫斌,2006. 可持续农业技术(SAT)采用不足的理论分析[J]. 经济问题探索(2):67－71.
喻永红,张志坚,刘耀森,2021. 农业生态保护政策目标的农民偏好及其生态保护参与行为:基于重庆十区县的农户选择实验分析[J]. 中国农村观察(1):85－105.
袁华萍,赵仑,2014. 大气污染治理、倒逼机制与财税政策优化研究:以北京市为例[J]. 商业时代(24):150－158.
袁人杰,袁勤俭,2021. 感知价值理论及其在信息系统研究领域的应用及展望[J]. 现代情报,41(10):150－158.
臧敦刚,余爽,李后建,2016. 公共服务、村庄民主与幸福感:基于民族地区 757 个行政村 31615 个农户的调查[J]. 农业经济问题,37(3):79－87.
展进涛,陈超,2009. 劳动力转移对农户农业技术选择的影响:基于全国农户微观数据的分析[J]. 中国农村经济(3):75－84.
张成玉,肖海峰,2009. 我国测土配方施肥技术增收节支效果研究:基于江苏、吉林两省的实证分析[J]. 农业技术经济(2):11－18.
张成玉,2010. 测土配方施肥技术推广中农户行为实证研究[J]. 技术经济,29(8):76－81.
张聪颖,冯晓龙,霍学喜,2017. 我国苹果主产区测土配方施肥技术实施效果评价:基于倾向得分匹配法的实证分析[J]. 农林经济管理学报,16(3):343－350.
张复宏,宋晓丽,霍明,2017. 果农对过量施肥的认知与测土配方施肥技术采纳行为的影响因素分析:基于山东省 9 个县(区、市)苹果种植户的调查[J]. 中国农村观察(3):117－130.
张慧鹏,2018. 农民经济的分化与转型:重返列宁-恰亚诺夫之争[J]. 开放时代(3):112－128.
张红,张再生,2015. 基于计划行为理论的居民参与社区治理行为影响因素分析:以天津市为例[J]. 天津大学学报(社会科学版)(6):523－528.
张红丽,李洁艳,史丹丹,2021. 环境规制、生态认知对农户有机肥采纳行为影响研究[J]. 中国农业资源与区划,42(11):42－50.
张红丽,祝振华,李洁艳,2023. 差序格局、感知价值与畜禽养殖废弃物资源化行为:基于新疆农户的调查数据[J]. 农林经济管理学报(2):1－12.

张红宇，禤燕庆，王斯烈，2014. 如何发挥工商资本引领现代农业的示范作用：关于联想佳沃带动猕猴桃产业化经营的调研与思考[J]. 农业经济问题，35(11)：4－9.

张宏军，2007. 环境外部性的计量、矫正及其治理：兼论“庇古手段”与“科斯手段”的偏颇[J]. 改革与战略(8)：1－4.

张洪新，2021. 城乡融合发展图景：一种恰亚诺夫主义的分析[J]. 学习与实践(10)：37－47.

张慧静，周静，和梦琳，等，2016. 菜农使用无公害或绿色农药意愿的影响因素研究：基于山东省蔬菜种植户的调查[J]. 农业经济(4)：27－29.

张计育，莫正海，黄胜男，等，2014. 21世纪以来世界猕猴桃产业发展以及中国猕猴桃贸易与国际竞争力分析[J]. 中国农学通报，30(23)：48－55.

张嘉琪，颜廷武，江鑫，2021. 价值感知、环境责任意识与农户秸秆资源化利用：基于拓展技术接受模型的多群组分析[J]. 中国农业资源与区划，42(4)：99－107.

张经纬，陈志，丁士军，2021. 就业质量、社会信任与农民工主观幸福感研究[J]. 华中农业大学学报(社会科学版)(2)：128－137.

张静，雍会，2022. 政府规制对农户地膜回收意愿的影响机制研究：基于感知价值的中介效应[J]. 干旱区资源与环境，36(11)：90－98.

张利国，李礼连，李学荣，2017. 农户道德风险行为发生的影响因素分析：基于结构方程模型的实证研究[J]. 江西财经大学学报(6)：77－86.

张莉敏，刘合光，罗良国，2011. 我国农业废弃物资源化利用的激励机制研究[J]. 农业环境与发展(6)：74－78.

张露，罗必良，2020. 农业减量化：农户经营的规模逻辑及其证据[J]. 中国农村经济(2)：81－99.

张昴，王一鸣，2019. 农村市场失灵及其演变：基于交易成本理论的分析[J]. 农村经济(11)：27－35.

张平淡，2018. 地方政府环保真作为吗?：基于财政分权背景的实证检验[J]. 经济管理，40(8)：23－37.

张瑞金，李国鑫，王茹，2014. 移动数据业务手机用户感知价值结构模型研究[J]. 中国软科学(8)：138－149.

张同斌，张琦，范庆泉，2017. 政府环境规制下的企业治理动机与公众参与外部性研究[J]. 中国人口·资源与环境，27(2)：36－43.

张彤，郎亮明，陆迁，2022. 组织支持激励保护性耕作技术采用效应与路径：基于北方瓜果种植户的实证研究[J]. 农业技术经济(11)：1603－1623.

张童朝，颜廷武，何可，等，2017. 资本禀赋对农户绿色生产投资意愿的影响：以秸秆还田为例[J]. 中国人口·资源与环境，27(8)：78－88.

张童朝，颜廷武，王镇，2020. 社会网络、收入不确定与自雇佣妇女的保护性耕作技术采纳行为[J]. 农业技术经济(8)：101-116.

张维理，徐爱国，冀宏杰，等，2004. 中国农业面源污染形势估计及控制对策Ⅲ：中国农业面源污染控制中存在问题分析[J]. 中国农业科学(7)：1026-1033.

张文娥，罗宇，赵敏娟，2022. 社会网络、信息获取与农户地膜回收行为：以黄河流域农户为样本[J]. 农林经济管理学报，21(3)：40-48.

张新宁，2021. 有效市场和有为政府有机结合：破解“市场失灵”的中国方案[J]. 上海经济研究(1)：5-14.

张秀娥，李梦莹，2019. 社会支持对创业坚持的影响研究[J]. 科学学研究，37(11)：2008-2015.

张旭光，赵元凤，2018. 畜牧业保险能够稳定农牧民的收入吗?：基于内蒙古包头市奶牛养殖户的问卷调查[J]. 干旱区资源与环境，2016，30(10)：40-46.

张学志，才国伟，2011. 收入、价值观与居民幸福感：来自广东成人调查数据的经验证据[J]. 管理世界(9)：63-73.

张亚如，2018. 社会网络对农户绿色农业生产技术采用行为影响研究[D]. 武汉：华中农业大学.

张云华，马九杰，孔祥智，等，2004. 农户采用无公害和绿色农药行为的影响因素分析：对山西、陕西和山东15县(市)的实证分析[J]. 中国农村经济(1)：41-49.

赵丹丹，周宏，高富雄，2020. 农户分化、技术约束与耕地保护技术选择差异：基于不同约束条件下的农户技术采纳理论分析框架[J]. 自然资源学报，35(12)：2956-2967.

赵奉军，2004. 收入与幸福关系的经济学考察[J]. 财经研究(5)：75-84.

赵佳佳，刘天军，魏娟，2017. 风险态度影响苹果安全生产行为吗？基于苹果主产区的农户实验数据[J]. 农业技术经济(4)：95-105.

赵连阁，蔡书凯，2012. 农户IPM技术采纳行为影响因素分析：基于安徽省芜湖市的实证[J]. 农业经济问题，33(3)：50-57.

赵连阁，蔡书凯，2013. 晚稻种植农户IPM技术采纳的农药成本节约和粮食增产效果分析[J]. 中国农村经济(5)：78-87.

赵秋倩，夏显力，2020. 社会规范何以影响农户农药减量化施用：基于道德责任感中介效应与社会经济地位差异的调节效应分析[J]. 农业技术经济(10)：61-73.

赵肖柯，周波，2012. 种稻大户对农业新技术认知的影响因素分析：基于江西省1077户农户的调查[J]. 中国农村观察(4)：29-36.

赵晓颖，郑军，张明月，2020. 茶农生物农药属性偏好及支付意愿研究：基于选择实验的实证分析[J]. 技术经济(4)：103-111.

赵晓颖，郑军，张明月，2022. 流转地经营权稳定性对家庭农场耕地保护行为的影响：

以增施有机肥及测土配方施肥为例[J]. 中国农业资源与区划,43(8):31－42.
赵志坚,胡小娟,彭翠婷,等,2012. 湖南省化肥投入与粮食产出变化对环境成本的影响分析[J]. 生态环境学报,21(12):2007－2012.
赵佐平,闫莎,刘芬,2014. 陕西果园主要分布区氮素投入特点及氮负荷风险分析[J]. 生态学报,34(19):5642－5649.
郑红维,吕月河,张亮,等,2011. 基层农业技术推广体系构建及运行机制研究:基于河北省640个农户的调查分析[J]. 中国科技论坛(2):125－132.
郑纪刚,张日新,2021. 认知冲突、政策工具与秸秆还田技术采用决策:基于山东省892个农户样本的分析[J]. 干旱区资源与环境,35(1):65－69.
郑伟,刘帅,2022. 心理认知、社会互动与农村居民绿色农业生产意愿研究:价值感知的中介效应[J]. 干旱区资源与环境,36(7):70－76.
郑鑫,2010. 丹江口库区农户氮肥施用强度的影响因素分析[J]. 中国人口·资源与环境,20(5):75－79.
郑祥生,徐若梅,2020. 农村人口老龄化与农业能源效率:基于直接与间接效应视角[J]. 山西农业大学学报(社会科学版)(6):37－47.
郑旭媛,王芳,应瑞瑶,2018. 农户禀赋约束、技术属性与农业技术选择偏向:基于不完全要素市场条件下的农户技术采用分析框架[J]. 中国农村经济(3):18－29.
郑烨,吴建南,2017. 政府支持行为何以促进中小企业创新绩效?:一项基于扎根理论的多案例研究[J]. 科学学与科学技术管理(10):41－54.
郅建功,颜廷武,2021. 技术感知、风险规避与农户秸秆还田技术采纳行为:基于对鄂皖冀3省1490个农户的调查[J]. 干旱区资源与环境,35(11):74－80.
周长城,曹亚娟,2019. 绿色生活方式与美好生活构建:政府环保工作的效用分析[J]. 哈尔滨工业大学学报(社会科学版),21(1):43－51.
周峰,徐翔,2008. 无公害蔬菜生产者农药使用行为研究:以南京为例[J]. 经济问题(1):94－96.
周宏,王全忠,张倩,2014. 农村劳动力老龄化与水稻生产效率缺失:基于社会化服务的视角[J]. 中国人口科学(3):53－65.
周锦,孙杭生,2009. 江苏省农民的环境意识调查与分析[J]. 中国农村观察(3):47－52.
周建华,杨海余,贺正楚,2012. 资源节约型与环境友好型技术的农户采纳限定因素分析[J]. 中国农村观察(2):37－43.
周孟亮,刘洋,翟雪玲,2020. 农膜回收政策对棉农农膜回收行为的影响:基于新疆维吾尔自治区1029户棉农的调查数据[J]. 农村经济(3):84－92.
周敏,雷国平,匡兵,2017. 信息不对称下的农地流转"柠檬"市场困境:以黑龙江省西城村例证[J]. 华中农业大学学报(社会科学版)(4):118－123.

周镕基，吴思斌，皮修平，2017. 农业生产正外部性环境价值评估及其提升研究：以湖南省为例[J]. 农业现代化研究，38(3)：383－388.

周绍杰，王洪川，苏杨，2015. 中国人如何能有更高水平的幸福感：基于中国民生指数调查[J]. 管理世界(6)：8－21.

周涛，鲁耀斌，张金隆，2009. 基于感知价值与信任的移动商务用户接受行为研究[J]. 管理学报，6(10)：1407－1412.

周晓舟，唐创业，2008. 免耕抛栽水稻测土配方施肥效果分析[J]. 作物杂志(4)：46－49.

周新德，2013. 产业化和集群化：我国绿色农业产业发展探析[J]. 农村经济(10)：40－46.

周玉玺，周霞，宋欣，2014. 影响农户农业节水技术采用水平差异的因素分析：基于山东省 17 市 333 个农户的问卷调查[J]. 干旱区资源与环境，28(3)：37－43.

朱淀，张秀玲，牛亮云，2014. 蔬菜种植农户施用生物农药意愿研究[J]. 中国人口·资源与环境，24(4)：64－70.

朱富强，2021. 市场失灵视域下的政府功能[J]. 人文杂志(5)：50－60.

朱建芳，杨晓兰，2009. 中国转型期收入与幸福的实证研究[J]. 统计研究，26(4)：7－12.

朱萌，齐振宏，邬兰娅，2015. 新型农业经营主体农业技术需求影响因素的实证分析：以江苏省南部 395 户种稻大户为例[J]. 中国农村观察(1)：30－38.

朱萌，齐振宏，邬兰娅，等，2016. 种稻大户资源禀赋对其环境友好型技术采用行为的影响：基于苏南微观数据的分析[J]. 生态与农村环境学报，32(5)：735－742.

朱庆莹，陈银蓉，胡伟艳，2019. 社会资本、耕地价值认知与农户耕地保护支付意愿：基于一个有调节的中介效应模型的实证[J]. 中国人口·资源与环境，29(11)：120－131.

朱秋博，白军飞，彭超，等，2019. 信息化提升了农业生产率吗？[J]. 中国农村经济(4)：22－40.

朱润，何可，张俊飚，2021. 环境规制如何影响规模养猪户的生猪粪便资源化利用决策：基于规模养猪户感知视角[J]. 中国农村观察(6)：85－107.

朱新华，蔡俊，2016. 感知价值-可行能力对农户宅基地退出意愿的影响及其代际差异[J]. 中国土地科学，30(9)：64－72.

左翔，李明，2016. 环境污染与居民政治态度[J]. 经济学，15(4)：1409－1438.

左喆瑜，付志虎，2021. 绿色农业补贴政策的环境效应和经济效应：基于世行贷款农业面源污染治理项目的断点回归设计[J]. 中国农村经济(2)：106－121.

ABADI B, 2018. The determinants of cucumber farmers' pesticide use behavior in central Iran: Implications for the pesticide use management[J]. Journal of Cleaner Production, 205: 1069－1081.

ABATE C T, FRANCESCONI C N, CETNE K, 2014. Impact of agricultural cooperatives on smallholders' technical efficiency: Empirical Evidence from Ethiopia[J]. Annals of Public and Cooperative Economics, 85(2): 257 - 286.

ABDOLLAHZADEH G, SHARIFZADEH M S, DAMALAS C A, 2015. Perceptions of the beneficial and harmful effects of pesticides among Iranian rice farmers influence the adoption of biological control[J]. Crop Protection, 75: 124 - 131.

ABDULAI A, HUFFMAN W, 2014. The adoption and impact of soil and water conservation technology: An endogenous switching regression application[J]. Land economics, 90(1): 26 - 43.

ADNAN N, NORDIN S M, ALI M, 2018. A solution for the sunset industry: Adoption of Green Fertiliser Technology amongst Malaysian paddy farmers[J]. Land use policy(79): 575 - 584.

AJZEN I, 1991. The theory of planning behavior[J]. Organizational Behavior and Human Decision Processes, 50(2): 453 - 474.

AL-AMIN A Q, MASUD M M, SARKAR M S K, et al., 2020. Analysing the socioeconomic and motivational factors affecting the willingness to pay for climate change adaptation in Malaysia[J]. International Journal of Disaster Risk Reduction, 50: 101708.

ALAMRY G, 2022. The Role of Interior Design in Enhancing Happiness and Comfort at Educational Institutions in Saudi Arabia: A Case Study of Girls' College of Science and Arts in Mahayel Aseer, at. King Khalid University [J]. Multidisciplinary Scientific Journal, 5(4): 455 - 469.

ALESINA A, TELLA R D, MACCULLOCH R, 2004. Inequality and happiness: Are Europeans and Americans different? [J]. Journal of Public Economics, 88(9 - 10): 2009 - 2042.

ALPIZAR F, CARLSSON F, JOHANSSON-STENMAN O, 2005. How much do we care about absolute versus relative income and consumption? [J]. Journal of Economic Behavior and Organization, 56(3): 405 - 421.

ALSHAREF A, BANERJEE S, UDDIN S M J, et al., 2021. Early Impacts of the COVID-19 Pandemic on the United States Construction Industry[J]. International Journal of Environmental Research Public Health, 18(4): 1559.

AUHTALA A, 2010. Income effects and the inconvenience of private provision of public goods for bads: The case of recycling in Finland[J]. Ecological Economics, 69(8): 1675 - 1681.

ARYAL J P, SAPKOTA T B, KRUPNIK T J, et al., 2021. Factors affecting farmers' use of organic and inorganic fertilizers in South Asia[J]. Environmental Science and Pollution Research, 28: 51480 - 51496.

ARAMPATZI E, BURGER M J, NOVIK N, 2018. Social Network Sites, Individual Social Capital and Happiness[J]. Journal of Happiness Studies, 19: 99 - 122.

ARTHAUD-DAY M L, NEAR J P, 2005. The wealth of nations and the happiness of nations: why "accounting" matters[J]. Social Indicators Research (74): 511 - 548.

ASRAVOR R K, 2018. Farmers' risk preference and the adoption of risk management strategies in Northern Ghana[J]. Journal of Environmental Planning and Management, 62: 881 - 900.

ASADULLAHM N, CHAUDHURY N, 2012. Subjective well-being and relative poverty in rural Bangladesh[J]. Journal of Economic Psychology, 33(5): 940 - 950.

BABINB J, DARDEN W R, GRIFFIN M, 1994. Work and/or fun: Measuring hedonic and utilitarian shopping[J]. Journal of Consumer Research(20): 644 - 649.

BAO B, JIANG A, JIN S, et al., 2021. The evolution and influencing factors of total factor productivity of grain production environment: Evidence from Poyang Lake Basin, China[J]. Land, 10: 606.

BARONR M, KENNY D A, 1986. Themoderator-mediator variable distinction in social psychological research: Conceptual, strategic and statistical considertions[J]. Journal of personal and social Psychology, 51(6): 1173 - 1182.

BAGHERI A, EMAMI N, DAMALAS C A, 2020. Farmers' behavior towards safe pesticide handling: An analysis with the theory of planned behavior[J]. Science of the Total Environment, 751: 141709.

BARLING D, LANG T, 2003. The politics of UK food policy: Anoveriview[J]. Political Quarterly, 74(1): 4 - 7.

BECERRIL J, ABDULAI A, 2010. The impact of improved maize varieties on poverty in Mexico: A propensity score-matching approach[J]. World Development, 38: 1024 - 1035.

BEN-ZUR H, 2003. Happy adolescents: The link between subjective well-being, internal resources, and parental factors[J]. Journal of Youth and Adolescence, 32: 67 - 79.

BEREZAN O, KRISHEN A S, AGARWAL S, et al., 2018. The pursuit of virtual happiness: Exploring the social media experience across generations[J]. Journal of Business Research, (89): 455-461.

BERRADA H, FERNANDEZ M, RUIZ M, et al., 2010. Surveillance of pesticide residues in fruits from Valencia during twenty months (2004/05) [J]. Food Control, 21(1): 36-44.

BERRY L, 2000. Cultivating service brand equity[J]. Journal of the Academy of Marketing Science, 28 (1): 128-137.

BHATTACHERJEE A, 2001. Understanding information systems continuance: An expectation-confirmation model[J]. MIS Quarterly, 25: 351-370.

BIRKINSHAW J, VISNJIC I, BEST S, 2018. Responding to a potentially disruptive technology: How big pharma embraced biotechnology[J]. California Management Review, 60: 1-27.

BLANCHFLOWER D G, OSWALD A J, 2004. Wellbeing over time in Britain and the USA[J]. Journal of Public Economic(88): 1359-1386.

BOLTONR N, DREW J H, 1991. A Multi-stage model of customer assessments of service, quality and value[J]. Journal of consumer research, (17): 375-380.

BOTETZAGIAS I, DIMA A F, MALESIOS C, 2015. Extending the Theory of Planned Behavior in the context of recycling: The role of moral norms and of demographic predictors[J]. Resources, Conservation and Recycling, 95: 58-67.

BOYCEC J, BROWN G D, MOORE S C, 2010. Money and happiness: Rank of income, not income, affects life satisfaction[J]. Psychology Science(21): 471-475.

BRUNERG C, KUMAR A, 2005. Explaining consumer acceptance of handheld Internet devices[J]. Journal of Business Research, 58: 553-558.

CÁCERES G, MILLAN P, PEREIRA M, et al., 2021. Smart farm irrigation: Model predictive control for economic optimal irrigation in agriculture[J]. Agronomy-Basel, 11: 1810.

CAPONE V, JOSHANLOO M, SCHEIFINGER H, 2021. Predictors of life satisfaction in a large representative sample from Italy[J]. Current Psychology, 40: 3609-3627.

CARD D, 2012. Inequality at Work: The Effect of Peer Salaries on Job Satisfaction[J]. American Economic Review, 102(6): 6-9.

CHAE J, 2018. Reexamining the relationship between social media and happiness: The effects of various social media platforms on reconceptualized happiness[J]. Telematics and Informatics, 35(6): 1656 - 1664.

CHATZIMICHAEL K, GENIUS M, TZOUVELEKAS V, 2014. Informational cascades and technology adoption: Evidence from Greek and German organic growers[J]. Food Policy, 49: 186 - 195.

CHATZIPANAGIOTOU P, KATSAROU E, 2023. Crisis management, school leadership in disruptive times and the recovery of schools in the post COVID - 19 era: A systematic literature review[J]. Education Sciences, 13(2): 118.

CHEN X P, WASTI S A, TRIANDIS H C, 2007. When does group norm or group identity predict cooperation in a public goods dilemma?: The moderating effects of idiocentrism and allocentrism[J]. International Journal of Intercultural Relations, 31(2): 259 - 276

CHITCHAI N, SENASU K, SAKWORAWICH, 2018. The moderating effect of love of money on relationship between socioeconomic status and happiness [J]. Kasetsart Journal of Social Sciences(8): 1 - 9.

CLARK A, FRIJTERS P, SHIELDS M, 2008. Relative income, happiness and utility: An explanation for the Easterlin paradox and other puzzles[J]. Journal of Economic Literature, 46(1): 95 - 144.

CLAYP M, SMITH C L, 2022. Measuring subjective and objective well-being: Analyses from five Marine commercial fisheries—Where Are We Now? [J]. Human Organization, 81: 83 - 85.

CONLEYT G, UDRY C R, 2010. Learning about a new technology: Pineapple in Ghana[J]. American Economic Review, 100: 35 - 69.

CONSTANTINE K L, KANSIIME M K, MUGAMBI I, et al., 2020. Why don't smallholder farmers in Kenya use more biopesticides? [J]. Pest Management Science, 76: 3615 - 3625.

CRONIN J, BRADY M K, HULT G T M, 2000. Assessing the effects of quality, value, and customer satisfaction on consumer behavioral intentions in service environments[J]. Journal of Retailing, 76(2): 193 - 218.

CUI M, ZHANG J, XIA X, 2021. Effect of training on farmer's adoption of eco agricultural technology: The intermediary effect and masking effect[J]. Journal of Arid Land Resources and Environment, 35: 38 - 46.

CUI S, LI Y, JIAO X, et al., 2022. Hierarchical linkage between the basic characteristics of smallholders and technology awareness determines small-holders' willingness to adopt green production technology[J]. Agriculture, 12: 1275.

DAMALAS C A, KOUTROUBAS S D, ABDOLLAHZADEH G, 2019. Drivers of personal safety in agriculture: A case study with pesticide operators[J]. Agriculture, 9: 34.

DANG Y, CHEN L, ZHANG W, et al., 2020. How does growing city size affect residents' happiness in urban China?: A case study of the Bohai rim area[J]. Habitat International, 97: 102－120.

DANSOG, DRECHSEL P, FIALOR S, et al., 2006. Estimating the demand for municipal waste compost via farmers' willingness-to-pay in Ghana[J]. Waste Management, 26(12): 1400－1409.

DAVIS F D, BAGOZZI R P, WARSHAW P R, 1989. User acceptance of computer technology models[J]. Management Science, 35: 982－1003.

DENG X, GIBSON J, 2019. Improving eco-efficiency for the sustainable agricultural production: A case study in Shandong, China[J]. Technological Forecasting and Social Change, 144: 394－400.

DENG X P, SHAN L, ZHANG H, et al., 2006. Improving agricultural water use efficiency in arid and semiarid areas of China[J]. Agricultural Water Management, 80(13): 23－40.

DEVOTO F, DUFLO E, DUPAS P, et al., 2012. Happiness on tap: Piped water adoption in urban Morocco[J]. Economic Policy, 4: 68－99.

DIENER E, 1984. Subjective well-being[J]. Psychological Bulletin, 95: 542－575.

DIENER E, EMMONS R A, LARSEN R J, et al., 1985. The satisfaction with life scale[J]. Journal of Personality Assessment, 49(1): 71－75.

DIENER E, LUCAS R E, OISHI S, 2018a. Advances and open questions in the science of subjective well-being[J]. Collabra Psychology, 4: 15.

DIENERE, OISHI S, TAY L, 2018b. Advances in subjective well-being research[J]. Nature Human Behavior, 2(4): 253－260.

DÍAZ HERÁNDES E L, BRITO P R B, GARCÍA HERNÁNDEI A M, 2022. Happiness and Mental Disorders[J]. Healthcare, 10(9): 1781.

DIEZR A V, MAIR C, 2010. Neighborhoods and health[J]. Annals of the New York Academy of Sciences, 1186(1): 125－145.

DOLAN P, PEASGOOD T, WHITE M, 2008. Do we really know what makes us happy?: A review of the economic literature on the factors associated with subjective well-being[J]. Journal of Economic Psychology, 29: 94 - 122.

DONKOR E, ONAKUSE S, BOGUE J, et al., 2019. Fertiliser adoption and sustainable rural livelihood improvement in Nigeria[J]. Land Use Policy, 88: 104193.

DUNCOMBE W, ROBBINS M D, STONECASH J, 2003. Measuring Citizen Preferences for Public Services Using Surveys: Does a "Gray Peril" threaten public funding for education? [J]. Public Budgeting and Finance, 23: 45 - 72.

EASTERLINR A, 1974. Does economic growth improve the human lot?: Some empirical evidence[J]. Nations and households in economic growth. 2: 89 - 125.

EEK F, LARSSON C, WISEN A, et al., 2021. Self-perceived changes in physical activity and the relation to life satisfaction and rated physical capacity in Swedish adults during the COVID - 19 Pandemic: A cross sectional study[J]. International Journal of Environmental Research Public Health, 18: 671.

EISENBERGER R, SINGLHAMBER F, VANDENBERGHE C, et al., 2002. Perceived supervisor support: Contributions to perceived organizational support and employee retention[J]. Journal of Applied Psychology, 87(3): 565.

FALCONER K, HODGE I, 2001. Pesticide taxation and multiobjective policy-making: farm modelling to evaluate profit/environment trade-offs[J]. Ecological Economics, 36(2): 263 - 279.

FAN L, NIU H, YANG X, et al., 2015. Factors affecting farmers' behaviour in pesticide use: Insights from a field study in northern China[J]. Science of the Total Environment, 537: 360 - 368.

FARH J L, HACKETT R, LIANG J, 2007. Individual-level cultural values as moderators of perceived organizational support-employee outcome relationships in China: Comparing the effects of power distance and traditionality [J]. Academy of Management Journal, 50(3): 715 - 729.

FEDER G, 1991. The economic impact of agricultural extension: A review[J]. Economic Development and Cultural Change, 39(3): 607 - 650.

FENG L, XU L, ZHOU Z, et al., 2022 The influence of social preference and governments' strong reciprocity on agricultural green production networks under intensive management in China[J]. Sustainability, 14: 16124.

FISHBEIN M, 1963. An investigation of the relationships between beliefs about an object and the attitude toward that object[J]. Human Relations, 16(3): 233 - 239.

FITSUM H, GAYATHRI J, BEKELE A S, 2012. Agricultural water management and poverty in Ethiopia[J]. Agricultural Economics, 43(1): 99 - 111.

FLINT D J, WOODRUFF R B, CARDIAL S F, 1997. Customer value change in industrial marketing relationships: A call for new strategies and research[J]. Journal of Industrial Marketing Management, 26(2): 163 - 175.

FLINT D J, WOODRUFF R B, GARDIAL S F, 2002. Exploring the phenomenon of customers' desired value change in a business-to-business context[J]. Journal of Marketing, 66: 102 - 117.

FOSTERA D, ROSENZWEIG M R, 1995. Learning by doing and learning from others: Human capital and technical change in agriculture[J]. Journal of Political Economy, 103: 1176 - 1209.

FRANK A, MANUEL P V, 2008. Water conservation can increase water use [J]. Proceedings of the National Academy of Sciences of the United States of America, 105(47): 18215 - 18220.

FREY B S, STUTZER A, 2002. What can economists learn from happinessresearch? [J]. Journal of Economic literature, 40(2): 402 - 435.

GAO Y, LI M, LI Q, et al., 2022. Inheritors' happiness and its relevant factors in intangible cultural heritage[J]. Sustainability, 14: 14084.

GARET H G, 1996. Explaining technology choices: A micro-parameter approach [J]. American Journal of Agricultural Economics, 78(4): 1064 - 1072.

GHODS A A, SOTODEH-ASL N, ZIA H, et al., 2022. Effect of citrus aurantium aroma on the happiness of pre-hospital emergency staff: A randomized controlled trial[J]. Healthcare, 10: 2475.

GINTIS H, 2000. Strong reciprocity and human sociality[J]. Journal of Theoretical Biology, 206: 169 - 179.

GONG T, BATTESE G E, VILLANO R A, 2019. Family farms plus cooperatives in China: Technical efficiency in crop production[J]. Journal of Asian Economic, 64: 101129.

GRAHAM C, ZHOU S, ZHANG J, 2017. Happiness and health in China: The paradox of progress[J]. World Development, 96: 231 - 244.

GRANOVETTER M S, 1973. The strength of weakties[J]. American Journal of Sociology, 78(6): 1360 - 1380.

GROCHTDREIS T, ROHR S, JUNG F U, et al., 2021. Health care services utilization and health-related quality of life of Syrian refugees with post-traumatic stress symptoms in Germany (the Sanadak trial)[J]. International Journal of Environmental Research and Public Health, 18: 3408 – 3419.

GRONROOS C, 1997. Value-driven relational marketing: From products to resources and competencies [J]. Journal of marketing management, 13 (5): 407.

GRZELAK A, GUTH M, MATUSZCZAK A, et al., 2019. Approaching the environmentally sustainable value in agriculture: How factor endowments foster the eco-efficiency[J]. Journal of Cleaner Production, 241: 118304.

GU L, CHENG Y, PHILLIPS D R, et al., 2019. Understanding the wellbeing of the oldest-old in China: A study of socio-economic and geographical variations based on CLHLS data[J]. Int. Journal of Environmental Research Public Health(16): 601 – 611.

GUO X, HUANG S, WANG Y, 2020. Influence of agricultural mechanization development on agricultural green transformation in western China: based on the ML index and spatial panel model[J]. Mathematical Problems in Engineering, 2020: 6351802.

GUO Z, BAI L, GONG S, 2019. Government regulations and voluntary certifications in food safety in China: A review[J]. Trends in Food Science and Technology(90): 160 – 165.

HALLT J, DENNIS J H, LOPEZ R G, 2009. Factors affecting growers' willingness to adopt sustainable floriculture practices[J]. HortScience, 44 (5): 1346 – 1351.

HARTOG J, OOSTERBEK H, 1998. Health, wealth and happiness: Why pursue a higher education[J]. Economics of Education Review(17): 245 – 256.

HAYO B, WOLFGANG S, 2003. Subjective economic well-being in Eastern Europe[J]. Journal of Economic Psychology, 24: 329 – 348.

HE K, ZHANG J, FENG J, et al., 2015. The impact of social capital on farmers' willingness to reuse agricultural waste for sustainable development[J]. Sustainable Development, 24: 101 – 108.

HE K, ZHANG J, ZENG Y, 2020. Households' willingness to pay for energy utilization of crop straw in rural China: Based on an improved UTAUT model[J]. Energy Policy, 140: 111373.

HE P, ZHANG J, LI W, 2021. The role of agricultural green production technologies in improving low-carbon efficiency in China: Necessary but not effective[J]. Journal of Environmental Management, 293: 112837.

HE Z, JIA Y, JI Y, 2023. Analysis of influencing factors and mechanism of farmers' green production behaviors in China[J]. International Journal of Environmental Research and Public Health, 20: 961.

HENDRIK S M, BARTRAM D, 2016. Macro-conditions and immigrants' happiness: Is moving to a wealthy country all that matters? [J]. Social Science Research, (56): 90 - 107.

HOEFMAN R J, VAN EXEL N J A, FOETS M, et al., 2011. Sustained informal care: The feasibility, construct validity and test-retest reliability of the CarerQol instrument to measure the impact of informal care in long-term care [J]. Aging and Mental Health, 15: 1018 - 1027.

HOGAN M J, LEYDEN K M, CONWAY R, et al., 2016. Happiness and health across the lifespan in five major cities: The impact of place and government performance[J]. Social Science and Medicine, 162: 168 - 176.

HOHL K, GASKELL G, 2008. European public perceptions of food risk: Cross-national and methodological comparisons[J]. Risk Analysis, 28: 311 - 324.

HOLBROOK M B, 1994. Ethics in consumer research: An overview and prospectus[J]. Advances in Consumer Research, 21(1): 566 - 571.

HOLBROOK M B, 1996. Customer value: A framework for analysis and research[J]. Advances in Consumer Research, 23: 138 - 141.

HOORN V A, 2018. Is the happiness approach to measuring preferences valid? [J]. Journal of Behavioral and Experimental Economics, 73: 53 - 65.

HU R, CAI Y, CHEN K Z, et al., 2012. Effects of inclusive public agricultural extension service: Results from a policy reform experiment in western China [J]. China Economic Review, 23: 962 - 974.

HUANG Z, LIANG Q, 2018. Agricultural organizations and the role of farmer cooperatives in China since 1978: Past and future[J]. China Agricultural Economic Review, 10: 48 - 64.

INGRAM J, MILLS J, DIBARI C, et al., 2016. Communicating soil carbon science to farmers: Incorporating credibility, salience and legitimacy[J]. Journal Rural Study, 48: 115 - 128.

IZZO F, BAIOCCO R, PISTELLA J, 2022. Children's and adolescents' happiness and family functioning: A systematic literature review[J]. International Journal of Environmental Research and Public Health, 19: 16593.

JAGDISH N, SHETH B I, NEWMAN B L, et al., 1991. Why we buy what we buy: A theory of consumption values[J]. Journal of Business Research, 22(2): 159 - 170.

JALLOW M F, AWADH D G, ALBAHO M S, et al., 2017. Pesticide risk behaviors and factors influencing pesticide use among farmers in Kuwait[J]. Science of the Total Environment, 574: 490 - 498.

JANINE F M, LUIS D R J, MARCELO N C, 2016. Influence of perceived value on purchasing decisions of green products in Brazil[J]. Journal of Cleaner Production, 110: 158 - 169.

JARDIMA N, CALDAS E D, 2012. Brazilian monitoring programs for pesticide residues in food: Results from 2001 to 2010[J]. Food Control, 25(2): 607 - 616.

JEREMYD F, 2003. The economics of water-conserving technology adoption in Tunisia: An empirical estimation of farmer technology choice[J]. Economic Development and Cultural Change, 51(2): 359 - 373.

JIANG L, CHEN Y, LIANG W, et al., 2023. Convergence analysis of cross-province human well-being in China: A spatiotemporal perspective[J]. International Journal of Environmental Research and Public Health, 20: 1858.

JIAO C, CHEN L, SUN C, et al., 2019. Evaluating national ecological risk of agricultural pesticides from 2004 to 2017 in China[J]. Environment Pollution, 259: 113778.

JIN Y, LIN Q, MAO S, 2022. Tanzanian farmers' intention to adopt improved maize technology: Analyzing influencing factors using SEM and fsQCA methods[J]. Agriculture, 12: 1991.

JIN Z, ZENG S, CAO C, et al., 2020. Impacts of pollution abatement projects on happiness: An exploratory study in China[J]. Journal of Cleaner Production, 274: 122869.

JUNÇA-SILVA A, SILVA D, 2021. How is the life without unicorns?: A within-individual study on the relationship between uncertainty and mental health indicators: The moderating role of neuroticism[J]. Personality and Individual Differences, 188: 111462.

KAISER F G, HUBNER G, BOGNER F X, 2005. Contrasting the theory of planned behavior with the value-belief-norm model in explaining conservation behavior[J]. Journal of Applied Social Psychology, 35: 2150 - 2170.

KANSANGA M, ANDERSEN P, KPIENBAAREH D, et al., 2018. Traditional agriculture in transition: Examining the impacts of agricultural modernization on smallholder farming in Ghana under the New Green Revolution[J]. International Journal of Sustainable Development and World Ecology, 26: 11 - 24.

KASSIE M, JALETA M, SHIFERAW B, et al., 2013. Adoption of interrelated sustainable agricultural practices in smallholder systems: Evidence from rural Tanzania[J]. Technol. Forecast Social Change, 80: 525 - 540.

KHAN M, MAHMOOD H Z, DAMALAS C A, 2015. Pesticide use and risk perceptions among farmers in the cotton belt of Punjab, Pakistan[J]. Crop Protection, 67: 184 - 190.

KHANS N, MOHSIN M, 2017. The power of emotional value: Exploring the effects of values on green product consumer choice behavior[J]. Journal of Cleaner Production. 150: 65 - 74.

KHANNA M, 2001. Sequentialadoption of site-specific technologies and its implications for nitrogen productivity: A double selectivity model[J]. American Journal of Agricultural Economics, 83(1): 35 - 51.

KIM C, MORRIS H, 1997. Thinking about values in prospect and retrospect: Maximizing experienced utility[J]. Marketing Letters, 8(3): 323 - 334.

KIM S S, SON J Y, 2009. Out of dedication or constraint?: A dual model of post-adoption phenomena and its empirical test in the context of online services[J]. MIS Quarterly, 33: 49 - 70.

KOTLER P, 1997. Marketing management: Analysis, planning, implementation, and control[M]. New York: Prentice-Hall: 156 - 174.

KOUNDOURI P, NAUGES C T, ZOUVELEKAS V, 2006. Technology adoption under production uncertainty: Theory and application to irrigation technology[J]. American Journal of Agricultural Economics, 88(3): 657 - 670.

KRISTOUFEKL, 2018. Does solar activity affect human happiness? [J]. Physica A: Statistical Mechanics and its Applications(493): 47 - 53.

KUMINOFFN V, SCHOELLMAN T, TIMMINSY C, 2015. Environmental regulations and the welfare effects of job layoffs in the United States: A spatial approach [J]. Review of Environmental Economics and Policy, 9: 198 - 218.

LAFFAN K, 2018. Every breath you take, every move you make: Visits to the outdoors and physical activity help to explain the relationship between air pollution and subjective wellbeing[J]. Ecological Economics, 147: 96 - 113.

LAMICHHANEJ R, 2017. Pesticide use and risk reduction in European farming systems with IPM: An introduction to the special issue[J]. Crop Protection (97): 1-6.

LANE T, 2017. How does happiness relate to economic behaviour?: A review of the literature[J]. Journal of behavioral and experimental economics, 68: 62-78.

LAYARD R, 2010. Measuring subjective well-being[J]. Science, 327: 534-535.

LELKES O, 2006. Tasting freedom: Happiness, religion and economic transition [J]. Journal of Economic Behavior and Organization, 59: 173-194.

LEWIS B D, PATTINASARANY D, 2009. Determining citizen satisfaction with local public education in Indonesia: The significance of actual service quality and governance conditions[J]. Growth and Change, 40(1): 85-115.

LI F, LIU J, ZHANG M, et al., 2023. Assessment of economic recovery in Hebei Province, China: Under the COVID-19 pandemic using Nighttime Light data[J]. Remote Sensing, 15: 22.

LI M, WANG J, ZHAO P, et al., 2020. Factors affecting the willingness of agricultural green production from the perspective of farmers' perceptions[J]. Science of the Total Environment, 738: 140289.

LI Y, FAN Z, JIANG G, et al., 2021. Addressing the differences in farmers' willingness and behavior regarding developing green agriculture: A case study in Xichuan County, China[J]. Land, 10: 316.

LIAO W, XIANG D, CHEN M, et al., 2018. The impact of perceived value on farmers' regret mood tendency[J]. Sustainability, 10: 3650.

LICHTENBERG E, 2013. Economics of pesticide use and regulation[J]. Encyclopedia of Energy, Natural Resource and Environmental Economics(3): 86-97.

LIM H, WIDDOWS R, PARK J, 2006. M-loyalty: Winning strategies for mobile carriers[J]. Journal of Consumer Marketing, 23(4): 208-218.

LINTON M J, DIEPPE P, MEDINA-LARA A, 2016. Review of 99 self-report measures for assessing well-being in adults: Exploring dimensions of well-being and developments over time[J]. BMJ Open, 6(7): e010641.

LIU E M, HUANG J, 2013. Risk preferences and pesticide use by cotton farmers in China[J]. Journal of Development Economics, 103: 202-215.

LIU Y, FENG C, 2019. What drives the fluctuations of "green" productivity in China's agricultural sector?: A weighted Russell directional distance approach[J]. Resources Conservation and Recycling, 147: 201-213.

LIU Y, SUN D, WANG H, et al., 2020a. An evaluation of China's agricultural green production: 1978—2017[J]. Journal of Cleaner Production, 243: 118483.

LIU Y, ZOU L, WANG Y, 2020b. Spatial-temporal characteristics and influencing factors of agricultural eco-efficiency in China in recent 40 years[J]. Land Use Policy, 97: 104794.

LOEWENSTEIN G, KRISHNAMURTI T, KOPSIC J, et al., 2015. Does increased sexual frequency enhance happiness? [J]. Journal of Economic Behavior and Organization, 116: 206-218.

LU H, HU L, ZHENG W, et al., 2020. Impact of household land endowment and environmental cognition on the willingness to implement straw incorporation in China[J]. Journal of Cleaner Production, 262: 121479.

LUO L, WANG Y, QIN L, 2014. Incentives for promoting agricultural clean production technologies in China[J]. Journal of Cleaner Production(74): 54-61.

LUTTMER E, 2005. Neighbors as negatives: Relative earnings and well-being [J]. Quarterly Journal of Economics, 120(3): 963-1002.

MA B, CAI Z, ZHENG J, et al., 2019. Conservation, ecotourism, poverty and income inequality: A case study of nature reserves in Qinling, China[J]. World Development, 115: 236-244.

MACHADON V A, TEIXEIRA R, LADEIRA W J, et al., 2020. Meta-analytic review of food safety risk perception[J]. Food Control, 112: 107089.

MANSOUR O E, RADFORD S K, 2016. Rethinking the environmental and experiential categories of sustainable building design: A conjoint analysis[J]. Building and Environment, 98: 47-54.

MAO H, ZHOU L, YING R, et al., 2021. Time preferences and green agricultural technology adoption: Field evidence from rice farmers in China[J]. Land Use Policy, 109: 105627.

MARR E J, HOWLEY P, 2019. The accidental environmentalists: Factors affecting farmers' adoption of pro-environmental activities in England and Ontario[J]. Journal of Rural Studies, 68: 100-111.

MARTEY E, KUWORNU J K, ADJEBENG-DANQUAH J, 2019. Estimating the effect of mineral fertilizer use on land productivity and income: Evidence from Ghana[J]. Land Use Policy, 85: 463-475.

MASLOW A H, GREEN C D, 1943. Dynamics of personality organization[J]. Psychological Review, 50(1): 370-396.

MCBRIDE M, 2001. Relative-income effects on subjective well-being in the cross-section[J]. Journal of Economic Behavior Organization(3): 251-278.

MITCHELL P, HURLEY T, 2004. Adverse selection, moral hazard and grower compliance with bottom refuge[J]. Agricultural and Applied Economics (10): 1-19.

MOCHÓN F, 2018. Happiness and technology: Special consideration of digital technology and internet[J]. International Journal of Interactive Multi media and Artificial Intelligence, 5: 162-168.

MONROEK B, 1991. Pricing-making profitable decisions[M]. New York: McGraw Hill: 25-27.

MORAIS M, BORGES J A R, BINOTTO E, 2018. Using the reasoned action approach to understand Brazilian successors' intention to take over the farm [J]. Land use policy(71): 445-452.

MORRISONP S, 2011. Local expressions of subjective well-being: The New Zealand experience[J]. Regional Studies, 45(8): 1039-1058.

MURALIDHARAN S, ROTH-COHEN O, LAFERLE C, 2022. Considering the subjective well-being of Israeli Jews during the COVID-19 pandemic: Messaging insights from religiosity and spirituality as coping mechanisms[J]. International Journal of Environmental Research and Public Health, 19: 12010.

MZOUGHI N, 2011. Farmers' adoption of integrated crop protection and organic farming: Do moral and social concerns matter? [J]. Ecological Economics, 70(8): 1536-1545.

NEWEY W K, 1987. Efficient estimation of limited dependent variable models with endogenous explanatory variables[J]. Journal Economia, 36: 231-250.

NICOLOPOULOU-STAMATI P, MAIPAS S, KOTAMPASI C, et al., 2016. Chemical pesticides and human health: The urgent need for a new concept in agriculture[J]. Frontiers in Public Health, 4: 148.

NIE P, SOUSA-POZA A, 2018. Commute time and subjective well-being in urban China[J]. China Economic Review, 48: 188-204.

NOLANJ M, SCHULTZ P W, CIALDINI R B, et al., 2008. Normative social influence is underdetected[J]. Personality and Social Psychology Bulletin (34): 913-923.

NYANGAU P, MURIITHI B, DIIRO G, et al., 2020 Farmers' knowledge and management practices of cereal, legume and vegetable insect pests, and willingness to pay for biopesticides[J]. Journal of Integrated Pest Management, 66: 1－13.

OSTROM, E, 2003. Social capital: The epidemic of fever or basic concepts[J]. Comparatice Economic and Social System(2): 26－34.

OSWALD A, WU S, 2010. Objective confirmation of subjective measures of human well-being: Evidence from the USA[J]. Science, 327: 576－580.

OTTJ C, 2011. Government and happiness in 130 nations: Good governance fosters higher level and more equality of happiness[J]. Social Indicators Research, 10: 23－22.

PARASURAMA N, 2000. The impact of technology of the quality-value-loyalty chain: A research agenda[J]. Journal of the Academy of Marketing Science, 2(81): 156－174.

PARVATHI P, WAIBEL H, 2016. Organic agriculture and fair trade: A happy marriage?: A case study of certified smallholder black pepper farmers in India[J]. World Development, 77: 206－220.

PAUL S, GUILBERT D, 2013. Income-happiness paradox in Australia: Testing the theories of adaptation and social comparison[J]. Economic Modelling. 30: 900－910.

PAVOT W, DIENER E D, COLVIN C R, et al. , 1991. Further validation of the satisfaction with life scale: Evidence for the cross-method convergence of well-being measures[J]. Journal of Personality Assessment, 57: 149－161.

PIETERSR G M, 1987. Perceived costs and benefits of buying and using a subsidized compost container[J]. Resources and Conservation, 14: 139－154.

PIETOLA K S, LANSINK A O, 2001. Farmer response to policies promoting organic farming technologies in Finland[J]. European Review of Agricultural Economics. 28: 1－15.

PILVERE I, NIPERS A, PILVERE A, 2022. Evaluation of the European green deal policy in the context of agricultural support payments in Latvia[J]. Agriculture, 12: 2028.

PRASENJIT S, SARMILA B, SOMDUTTA B, 2016. Willingness to pay before and after program implementation: The case of Municipal Solid Waste Management in Bally Municipality, India[J]. Environment, Development and Sustainability, 18(2): 481－498.

PREACHER K J, RUCKER D D, HAYES A F, 2007. Addressing moderated mediation hypotheses: Theory, methods, and prescriptions[J]. Multivariate Behavioral Research, 42: 185 - 227.

PREMKUMAR G, BHATTACHERJEE A, 2008. Explaining information technology usage: A test of competing models[J]. Omega, 36: 64 - 75.

QIAO D, LI N, CAO L, et al., 2022. How agricultural extension services improve farmers' organic fertilizer use in China?: The perspective of neighborhood effect and ecological cognition[J]. Sustainability, 14: 7166.

QIU L, ZHENG X, WANG Y F, 2008. Revision of the positive affect and negative affect scale (PANAS)[J]. Chinese Journal of Applied Psychology, 14: 249 - 254.

RAIVIO M, KAUTIAINEN H, IMMONEN S, et al., 2016. Alcohol use and happiness among retired Finns living in Spain compared to those in Finland [J]. European Geriatric Medicine, 7(1): 3 - 7.

RAM R, 2009. Governmentspending and happines of the population: Additional evidence from large cross-country samples[J]. Public Choice, 138(3): 483 - 490.

RAM R, 2017. Kuznets curve in happiness: A cross-country exploration[J]. Economic Modelling, 66: 272 - 278.

RAMIREZ A, 2013. The influence of social networks on agricultural technology adoption[J]. Procedia Social Behavior Science, 79: 101 - 116.

RAVALD A, GRONROOS C, 1996. The value concept and relationship marketing[J]. European Journal of Marketing, 30(2): 19 - 30.

RAVALLION M, LOKSHIN M, 2010. Who cares about relative deprivation? [J]. Journal of Economic Behavior and Organization, 73(2) : 171 - 185.

REN J, LEI H, REN H, 2022. Livelihood capital, ecological cognition and farmers' green production behavior[J]. Sustainability, 14: 16671.

REZAEI R, SEIDI M, KARBASIOUN M, 2019. Pesticide exposure reduction: Extending the theory of planned behavior to understand Iranian farmers' intention to apply personal protective equipment[J]. Safety Science, 120: 527 - 537.

RICO H, LIU J, 2017. Risk assessment within agricultural production: Soil conservation strategies and its environmental and economic aspects: A case study for Bavaria[J]. International Journal of Agricultural Resources. Governance and Ecology, 13(1): 1 - 20.

RIVERS D, VUONG Q H, 1988. Limited information estimators and exogeneity tests for simultaneous Probit models[J]. Journal Economia, 39: 347 - 366.

ROMY G, DANIEL G, 2011. Farmers' intrinsic motivations, barriers to the adoption of conservation practices and effectiveness of policy instruments: Empirical evidence from northern Australia[J]. Land Use Policy, 28(1): 257-265.

ROSENBAUMP R, RUBIN D B, 1985. Constructing a control group using multivariate matched sampling methods that incorporate the propensity score[J]. American Statistician, 39: 33-38.

RYANR M, DECI E L, 2000. Intrinsic and extrinsic motivations: Classic definitions and new directions[J]. Contemporary Educational Psychology, 25: 54-67.

RYFF C D, 2014. Psychological well-being revisited: Advances in the science and practice of eudaimonia[J]. Psychotherapy and Psychosomatics, 83: 10-28.

SCHREINEMACHER S P, BERGER T, AUNE J B, 2007. Simulating soil fertility and poverty dynamics in Uganda: A bio-economic multi-agent systems approach[J]. Ecological Economics, 64(2): 387-401.

SCHULTZT W, 1961. Investment in human capital[J]. The American Economic Review, 51(1): 1-17.

SHEE A, AZZARRI C, HAILE B, 2020. Farmers' willingness to pay for improved agricultural technologies: Evidence from a field experiment in Tanzania[J]. Sustainability, 12: 216.

SIMOGLOUK B, RODITAKIS E, 2022. Consumers' benefit: Risk perception on pesticides and food safety: A survey in Greece[J]. Agriculture, 12: 192.

SOARESW L, SOUZA P M F, 2009. Estimating the social cost of pesticide use: An assessment from acute poisoning in Brazil[J]. Ecological Economics, 68(10): 2721-2728.

SONG M, WANG S, 2016. Can employment structure promote environment-based technical progress? [J]. Technological Forecasting and Social Change, 112: 285-292.

SONG P, WANG X, WANG C, et al., 2020. Analysis of agricultural water use efficiency based on analytic hierarchy process and fuzzy comprehensive evaluation in Xinjiang, China[J]. Water, 12(11): 3266.

SONG Y, LI M, ZHANG M, et al., 2019. Study on the impact of air pollution control on urban residents' happiness from microscopic perspective[J]. Journal of Cleaner Production(229): 1307-1318.

STUTZER A, 2004. The role of income aspirations in individual happiness[J].

Journal of Economic Behavior Organization, 54(1): 89 - 109.

SWEENEY J, SOUTAR G, 2001. Consumer perceived value: The development of a multiple item scale[J]. Journal of retailing, 77(2): 203 - 220.

THAEM L J K, 2007. Contextual perceived value?: Investigating the role of contextual marketing for customer relationship management in a mobile commerce context[J]. Journal of Business Process Management, 13(6): 798 - 814.

THONG J Y L, HONG S J, TAM K Y, 2006. The effects of post-adoption beliefs on the expectation-confirmation model for information technology continuance[J]. International Journal of Human-Computer Studies, 64: 799 - 810.

TIAN L, ZHENG S F, CHEN R J, 2022. Study on the factors influencing the adoption of green prevention and control technology and income effect: An empirical analysis based on survey data of 792 vegetable farmers[J]. Chinese Journal of Ecology Agricultural, 30: 1687 - 1697.

TIAN X, LIU C, ZOU G, et al., 2015. Positive resources for combating job burnout among Chinese telephone operators: Resilience and psychological empowerment[J]. Psychiatry Research, 228: 411 - 415.

TIMPRASERT S, DATTA A, RANAMUKHAARACHCHI S L, 2014. Factors determining adoption of integrated pest management by vegetable growers in Nakhon Ratchasima Province, Thailand[J]. Crop Protection(62): 32 - 39.

TOUBURG G, VEENHOVEN, R, 2015. Mental health care and average happiness: Strong effect in developed nations[J]. Administration and Policy in Mental Health, 42: 394 - 404.

UNE P, 2011. Towards a green economy: Pathways to sustainable development and poverty eradication[M]. Nairobi: United Nations Environment Programme.

VAN LANDEGHEM B, VAN DE PLAS A, 2018. The relationship between status and happiness: Evidence from the caste system in rural India[J]. Journal of Behavioral and Experimental Economics(77): 62 - 71.

VEENHOVEN R, 1996. Happy life expectancy: A comprehensive measure of quality of life in nations[J]. Social Indicators Research, 39(1): 1 - 58.

WALSH L C, BOEHM J K, LYUBOMIRSKY S, 2018. Does happiness promote career success?: Revisiting the evidence[J]. J. Career Access, 26: 199 - 219.

WANG J, TAO J, YANG C, et al., 2017. A general framework incorporating knowledge, risk perception and practices to eliminate pesticide residues in food: A structural equation modelling analysis based on survey data of 986 Chinese farmers[J]. Food Control(80): 143－150.

WANG X, SHEN J, ZHANG W, 2014. Energy evaluation of agricultural sustainability of Northwest China before and after the grain for green policy[J]. Energy Policy, 67: 508－516.

WANG Y, WANG Y, HUO X, et al., 2015. Why some restricted pesticides are still chosen by some farmers in China?: Empirical evidence from a survey of vegetable and apple growers[J]. Food Control(51): 417－424.

WILLYD K, HOLM-MULLER K, 2013. Social influence and collective action effects on farm level soil conservation effort in rural Kenya[J]. Ecological Economics, 90(3): 94－103.

WOODRUFFR B, 1997. Customer value: The next source for competitive advantage[J]. Journal of the Academy of Marketing Science(25): 139－153.

XIE H, HUANG Y, 2021. Influencing factors of farmers' adoption of pro-environmental agricultural technologies in China: Meta-analysis[J]. Land Use Policy, 109: 105622.

XING Q, HE G, 2021. Mining area ecological protection: Knowledge production from the perspective of planned behavior theory[J]. Geomatic Natural Hazards and Risk, 12: 244－260.

XU B, NIU Y, ZHANG Y, et al., 2022. China's agricultural non-point source pollution and green growth: Interaction and spatial spillover[J]. Environmental Science and Pollution Research, 29: 60278－60288.

XUE T, CHONG W, 2008. An empirical research on influence of peasant household resource endowment on choosing new varieties of high-quality wheat: A survey in Fengxian County of Jiangsu Province[J]. Chinese Agricultural Science Bulletin, 24: 224－228.

YAN B, LIU T, 2022. Can e-commerce adoption improve agricultural productivity?: Evidence from apple growers in China[J]. Sustainability, 15: 150.

YAN B B, ZHENG X, QIU L, 2003. The influence of social support on college students' subjective well-being[J]. Chinese Journal of Applied Psychology, 9: 22－28.

YANG Y, 2008. Social inequalities in happiness in the United States 1972 to 2004: An age-period-cohort analysis[J]. American Sociological Review(2): 204－226.

YANG Z, WANG D, DU T, et al., 2018. Total factor energy efficiency in China's agricultural sector: Trends, disparities and potentials [J]. Energies, 11: 853.

YE F, YANG Z, YU M, et al., 2023. Can market-oriented reform of agricultural subsidies promote the growth of agricultural green total factor productivity?: Empirical evidence from maize in China[J]. Agriculture, 13: 251.

YI X, ZOU Q, ZHANG Z, et al., 2023. What motivates greenhouse vegetable farmers to adapt organic-substitute-chemical-fertilizer (OSCF)?: An empirical study from Shandong, China[J]. International Journal of Enviromental Research and Public Health, 20: 1146.

YIN C, SHAO C, DONG C, et al., 2019. Happiness in urbanizing China: The role of commuting and multiscale built environment across urban regions[J]. Transportation Research Part D: Transport and Environment(74): 306 - 317.

YIN Y, ZHAO R, YANG Y, et al., 2021. Steady-state N balance approach for sustainable smallholder farming[J]. Proceeding of the National Academy of Sciences of the United State of America, 118: e2106576118.

YING L, WANG P G, 2014. Influence of prudential value on the subjective well-being of Chinese urban: Rural residents[J]. Social Indicators Research, 118: 1249 - 1267.

YUAN L, CHEN X Y, 2015. Managerial learning and new product innovativeness in high-tech industries: Curvilinear effect and the role of multilevel institutional support[J]. Industrial Marketing Management, (50): 51 - 59.

ZAPATA-LAMANA R, POBLETE-VALDERRAMA F, LEDEZMA-DAMES A, et al., 2022. Health, functional ability, and environmental quality as predictors of life satisfaction in physically active older adults. Social Science, 11: 265 - 276.

ZEITHAMLV A, 1988. Consumer perceptions of price, quality, and value: A means-end model and synthesis of evidence[J]. Journal of marketing. 52(3): 2 - 22.

ŽELINSKÝ T, HUDEC O, MOJSEJOVÁ, et al., 2021. The effects of population density on subjective well-being: A case-study of Slovakia[J]. Socio-Economic Planning Sciences, 78: 101061.

ZEWELD W, VAN HUYLENBROECK G, TESFAY G, et al., 2017. Smallholder farmers' behavioural intentions towards sustainable agricultural practices[J]. Journal of Environmental Management(187): 71 - 81.

ZHANG C, XIAO H, 2009. Study on the effect of increasing income and saving expenditure of soil testing formula fertilization technology in China: Empirical analysis based on 5 cases in Jiangsu and Jilin provinces[J]. Journal of Agro-technical Economics(2): 44 - 51.

ZHANG T, 2019. Why are Chinese small farmers planting more grain crops?: Review of the logic of grain planting[J]. China Agricultural Economic Review, 12: 173 - 175.

ZHANG X, ZHANG X, CHEN X, 2017. Happiness in the air: How does a dirty sky affect mental health and subjective well-being? [J]. Journal of environmental economics and management(85): 81 - 94.

ZHANG Y, XIAO C, ZHOU G, 2020. Willingness to pay a price premium for energy-saving appliances: Role of perceived value and energy efficiency labeling[J]. Journal of Cleaner Production, 242: 118555.

ZHAO D, JIANG J, YIN Z, 2020. Can entrepreneurship bring happiness?: Evidence from China[J]. Economic Modelling, 91: 679 - 686.

ZHAO L, ARAM J D, 1995. Networking and growth of young technology intensive ventures in China[J]. Journal of Business Venturing, 10(5): 349 - 370.

ZHAO X, SUN Z, 2020. The effect of satisfaction with environmental performance on subjective well-being in China: GDP as a moderating factor[J]. Sustainability, 12: 1745.

ZHENG W, LUO B, HU X, 2020. The determinants of farmers' fertilizers and pesticides use behavior in China: An explanation based on label effect[J]. Journal of Cleaner Production, 272: 123054.